高等职业教育课程改革项目研究成果系列教材
"互联网+"新形态教材

测量技术及应用

主　编　周　暖
副主编　商园春　刘小斌
主　审　张峻颖

北京理工大学出版社
BEIJING INSTITUTE OF TECHNOLOGY PRESS

内 容 简 介

本书按被测量的分类编排内容，分为电量的测量及应用和非电量的测量及应用两大部分，共五个项目。主要介绍了误差分析的基础理论和测量数据的误差分析方法，电量测量的仪器仪表的使用，电阻、电容、电感、功率等电量的测量及误差分析，传感器的基本概念、特性、工作原理和测量电路及应用。采用工作页式教材，每个项目在教学内容中分为不同的任务阶段，每个任务阶段对应相应的子任务，使每个知识点和技能点都有实际的内容与其对应实施，做到学一个做一个掌握一个。项目的选取以典型的生产工作任务为案例，工学结合。本书配有丰富的数字资源，包括课程课件、教学录像、动画视频、习题讲解、工作页等资料，便于线上学习。同时在教材中嵌入二维码，读者用手机"扫一扫"就可以打开相应的视频、动画、参考文献等。

本书可作为高等职业院校机电一体化、自动化、智能制造等相关专业的教材，亦适用于职业本科教学，也可作为相关专业技术人员的参考书。

版权专有　侵权必究

图书在版编目（CIP）数据

测量技术及应用 / 周暖主编. －－北京：北京理工大学出版社，2022.9
ISBN 978-7-5763-1689-6

Ⅰ. ①测… Ⅱ. ①周… Ⅲ. ①测量技术-教材 Ⅳ. ①P2

中国版本图书馆 CIP 数据核字（2022）第 162806 号

出版发行 / 北京理工大学出版社有限责任公司
社　　址 / 北京市海淀区中关村南大街5号
邮　　编 / 100081
电　　话 / （010）68914775（总编室）
　　　　　　（010）82562903（教材售后服务热线）
　　　　　　（010）68944723（其他图书服务热线）
网　　址 / http://www.bitpress.com.cn
经　　销 / 全国各地新华书店
印　　刷 / 河北盛世彩捷印刷有限公司
开　　本 / 787毫米×1092毫米　1/16
印　　张 / 20.5　　　　　　　　　　　　　　　责任编辑 / 张鑫星
字　　数 / 412千字　　　　　　　　　　　　　 文案编辑 / 张鑫星
版　　次 / 2022年9月第1版　2022年9月第1次印刷　 责任校对 / 周瑞红
定　　价 / 52.00元　　　　　　　　　　　　　　 责任印制 / 施胜娟

图书出现印装质量问题，请拨打售后服务热线，本社负责调换

前言

根据高等职业教育的培养目标，力图使学生具备工业领域所需的基本测量技术知识与技能，故编写了本书。

本书基于被测量的分类，以"测量对象的检测与处理"为主线、项目化教学为牵引、具体实施任务为驱动设置教材内容。全书分为两大部分，共五个项目：第一部分为电量的测量及应用，包括测量数据的分析与处理和声光控楼道灯控制器，共计两个项目，学习误差分析的基础理论和测量数据的误差分析方法，电量测量的仪器仪表的使用，电阻、电容、电感、功率等电量的测量及误差分析，并予以实践；第二部分为非电量的测量及应用，包括电子秤、物料自动分拣系统、自动恒温控制系统，共计三个项目，基于典型的被测对象，学习多种传感器的基本概念、工作原理和测量电路，并予以实践。

为了便于教学，本书配有电子教学课件、教学录像、动画视频、习题讲解、工作页等丰富的数字资源，部分资源以二维码的形式设置加以拓展。与本教材配套的课程网址如下：https://www.icve.com.cn/portal_new/courseinfo/courseinfo.html？courseid＝lzrmad2tcjdhqaookmidkq。本书可作为高等职业院校机电一体化、自动化、智能制造等相关专业的教材，亦适用于职业本科教学，也可作为相关专业技术人员的参考书。本书参考学时为64~76学时，使用时可根据各自专业的设置，进行课时调整。

本书由上海电子信息职业技术学院周暖任主编，编写项目一、二、三，并对全书统稿；商园春任副主编，编写项目四；刘小斌副教授任副主编，编写项目五。

本书由上海电子信息职业技术学院张峻颖副教授担任主审，对书稿进行了认真、负责、全面地审阅。

在编写过程中，还得到了上海电子信息职业技术学院孟秋静老师、李鹏宇老师和李云庆老师的大力支持，他们提供了相关的图纸、图片等素材，并对书稿内容提出了宝贵意见，作者在此一并表示衷心感谢。

限于作者水平，书中难免存在遗漏和不足之处，敬请读者予以批评指正。

编　者
2022年4月

目 录

项目一　测量数据的分析与处理 ……………………………………………………… (1)

  项目描述 ………………………………………………………………………………… (1)
  项目准备 ………………………………………………………………………………… (1)
  任务 1.1　识别单位与标准 ……………………………………………………………… (2)
  任务 1.2　分类测量误差 ………………………………………………………………… (5)
    工作页 ………………………………………………………………………………… (11)
  任务 1.3　掌握测量误差的分布 ………………………………………………………… (13)
    工作页 ………………………………………………………………………………… (17)
  任务 1.4　掌握测量误差的传递 ………………………………………………………… (19)
    工作页 ………………………………………………………………………………… (22)
  项目实施 ………………………………………………………………………………… (26)
  项目评价 ………………………………………………………………………………… (29)
  项目小结 ………………………………………………………………………………… (31)

项目二　声光控楼道灯控制器 …………………………………………………………… (32)

  项目描述 ………………………………………………………………………………… (32)
  项目准备 ………………………………………………………………………………… (32)
  任务 2.1　理解通用仪器的特性 ………………………………………………………… (33)
    工作页 ………………………………………………………………………………… (37)
  任务 2.2　熟练使用万用表 ……………………………………………………………… (39)
    工作页 ………………………………………………………………………………… (44)
  任务 2.3　测量直流电流、电压 ………………………………………………………… (46)
    工作页 ………………………………………………………………………………… (50)
  任务 2.4　测量交流电流、电压 ………………………………………………………… (52)
    工作页 ………………………………………………………………………………… (59)
  任务 2.5　测量阻抗 R 与误差分析 …………………………………………………… (62)
    工作页 ………………………………………………………………………………… (67)

任务 2.6　掌握电桥法测电阻 R ……(71)
　　工作页 ……(74)
任务 2.7　掌握电桥法测量电容及电感 ……(76)
　　工作页 ……(80)
任务 2.8　测量直流电及交流电的功率 ……(82)
　　工作页 ……(89)
项目实施 ……(92)
实施任务 2.1　声光控楼道灯控制电路方案设计 ……(92)
实施任务 2.2　声光控楼道灯控制电路装配与调试 ……(93)
项目评价 ……(96)
项目小结 ……(98)

项目三　电子秤 ……(100)

项目描述 ……(100)
项目准备 ……(101)
任务 3.1　电阻式传感器的认知与应用 ……(101)
　　工作页 ……(108)
任务 3.2　电阻应变式传感器的测量电路 ……(110)
　　工作页 ……(117)
任务 3.3　压电式传感器的认知与应用 ……(120)
　　工作页 ……(130)
任务 3.4　测量转换电路-集成运算放大电路的应用 ……(132)
　　工作页 ……(141)
　　工作页 ……(147)
项目实施 ……(150)
实施任务 3.1　电子秤电路的方案设计 ……(150)
实施任务 3.2　电子秤的装配与调试 ……(155)
项目小结 ……(161)

项目四　物料自动分拣系统 ……(162)

项目描述 ……(162)
项目准备 ……(163)
任务 4.1　电感式传感器的认知与应用 ……(163)
　　工作页 ……(179)
任务 4.2　电容式传感器的认知与应用 ……(181)
　　工作页 ……(192)
任务 4.3　霍尔传感器的认知与应用 ……(195)
　　工作页 ……(201)
任务 4.4　光电式传感器的认知与应用 ……(203)

工作页 ·· (215)
　任务 4.5　接近开关的认知与应用 ··· (216)
　　工作页 ·· (226)
　项目实施 ··· (228)
　实施任务 4.1　闸门开闭设计/物料计数器设计 ·· (228)
　实施任务 4.2　物料自动分拣系统的组装与调试 ······································ (236)
　项目评价 ··· (246)
　项目小结 ··· (248)

项目五　自动恒温控制系统 ··· (249)

　项目描述 ··· (249)
　项目准备 ··· (249)
　任务 5.1　热电阻传感器的认知与应用 ··· (249)
　　工作页 ·· (256)
　任务 5.2　热电偶传感器的认知与应用 ··· (258)
　　工作页 ·· (270)
　任务 5.3　测量电路——模数转换器的应用 ·· (273)
　　工作页 ·· (285)
　任务 5.4　测量电路——数模转换器的应用 ·· (287)
　　工作页 ·· (297)
　　工作页（实验） ··· (300)
　项目实施 ··· (303)
　实施任务 5.1　自动恒温控制系统的方案设计 ··· (303)
　实施任务 5.2　自动恒温控制系统的装配与调试 ······································ (306)
　项目评价 ··· (308)
　项目小结 ··· (310)

附录 A　Pt100 热电阻分度表 ·· (311)

附录 B　镍铬-镍硅（K）热电偶分度表 ·· (314)

项目一

测量数据的分析与处理

测量技术应用在几乎所有自然科学和工程科学领域，无论是在电子、机械，还是在医学、环境技术或者化学等，它都起着很重要的作用。人们不仅仅是为了测量而测量，而是通过测量的结果了解新的知识，获知结论，或者对理论进行实验论证，并由此为继续发展而建立基础。

项目描述

通常对一个有确定值的实验，可以用客观的符合实际的测量，进行有目的的分析处理。比如通过实验对电压、电流的大小进行测量，或者通过特别的方法来测定数据，例如通过现代传感器技术获得温度、压力、湿度等相关的非电量。通过相应的计算、单位换算等找出数据的测量误差、弱点或者错误，并将其进行计算修正，甚至消除。这样的方法不仅被应用于测量电信号，而且借助于不同的传感器也可以应用在非电量信号的测量上，由此测量技术中的数据测量与分析被赋予了越来越重要的意义。它涉及了几乎所有的自然科学的理论体系。

本项目的任务就是需要针对测量的数据能够进行正确的数据分析和计算。

项目准备

测量技术的任务是：物理量客观的、可重复的以及在数量上的获取，可以分为广义的电子测量和狭义的电子测量技术。

意义：日常生活中处处离不开测量；科学的进步和发展离不开测量，离开测量就不会有真正的科学；生产发展离不开测量；在高新技术和国防现代化建设中则更是离不开测量。

如今越来越多的非电量信号以电量的形式被测量，这就是狭义的电子测量技术，利用传感器将被测量（如温度、压力或者流量）转换成一个电信号，并且这种热应力、电阻变化或频率变化以电信号形式被测量并被继续处理。无论是电量的测量还是非电量的测量，都需要对测量数据进行处理，因此我们需要对单位、标准、误差的产生原因、误差不确定性等做进一步的了解。

任务 1.1　识别单位与标准

> 知识目标：1. 掌握国际基本单位和数量级之间的换算。
> 　　　　　2. 了解电子测量技术的标准。
> 能力目标：能够转换单位。
> 思政目标：中国测量历史的文化认同感。

测量技术如此重要，各个国家之间的测量是否有关系呢？

▫ 问题引导 1：国内外的测量有标准吗？都有哪些？

1.1.1　标准

为使在不同的地方，用不同的手段测量同一量时，所得的结果一致，就要求统一的单位、基准、标准和测量器具，因此就必须制定统一的标准和准则。而建立这些标准需要一定的研究所和标准委员会。

重要的建立标准的研究所和标准委员会如表 1-1 所示。

表 1-1　重要的建立标准的研究所和标准委员会

缩写	中文全称	国别
DIN	德国标准化协会（德国工业标准）	德国
VDE	德国电工协会	德国
CENELEC	电气标准欧洲协调委员会	欧洲
IEC	国际电工委员会	国际
IEEE	电子电气工程师协会	美国
ANSI	美国国家标准协会	美国
ISO	国际标准化组织	国际
ETSI	欧洲电信标准研究所	欧洲
CCITT	国际电话电报咨询委员会	国际
ITU	国际电信联盟	国际

标准对于测量技术领域而言至关重要，在众多测量标准中，相对基本的部分如下：

DIN1301 单位；

DIN1304 公式符号；

DIN1313 物理量和方程式；

DIN1319 测量技术的基本概念；

VDI/VDE2600 计量学；

IEC 直接作用显示的电子测量仪表；
IEC359 对电子测量设备的操作方法的说明；
IEC1010 对电子测量、控制、调节和实验仪表的安全规定；
ISO1000 SI 单位；
ISO10012 测试工具的质量安全。

问题引导 2：测量数据时需要单位，那单位有统一标准吗？

1.1.2 单位

定义：令系数为 1 的量称为单位。单位是表征测量结果的重要组成部分，又是对两个同类量值进行比较的基础。

1960 年，第十一届国际计量大会上正式通过国际单位制 SI。

1984 年 2 月，国务院颁布了《中华人民共和国法定计量单位》，决定我国法定计量单位以国际单位制为基础。

1. SI 基本单位

SI 基本单位及其定义如表 1-2 所示。这些定义在后来的计量大会中被增补或者被用简单的定义形式来确定。摩尔（Mol）在 1971 年作为物质的量被作为基本单位，1979 年坎德拉作为光强单位被吸纳增补。

表 1-2　SI 基本单位及其定义

基本度量	符号	基本单位	基本单位的符号
长度	l	米	m
质量	m	千克	kg
时间	t	秒	s
电流强度	I	安培	A
温度	T	开尔文	K
物质的量	n	摩尔	mol
光强	Iv	坎德拉	cd

安培是指一恒定电流，若保持处于真空中相距 1 m 的两无限长而圆截面可忽略的平行直导线内，则此两导线之间产生的力在每米长度上等于 2×10^{-7} N。

热力学温度单位开尔文是指水三相点热力学温度的 1/273.16。

摩尔是一系统的物质的量，该系统中所包含的基本单元数与 0.012 kg 碳-12 的原子数目相等。在使用摩尔时，基本单元应予指明（可以是原子、分子、离子、电子及其他粒子，或是这些粒子的特定组合）。

坎德拉是一光源在给定方向上的发光强度，该光源发出频率为 540×10^{12} Hz 的色辐射。

2. SI 导出单位

SI 导出单位被这样定义的，其换算系数总是 1。表 1-3 所示为对于电子技术很重要的一些基本单位的导出单位。

表 1-3 SI 导出单位

度量	符号	单位
功率	P	瓦特
电压	U	伏特
电阻	R	欧姆
电导	G	西门子
能	E	焦耳
力	F	牛顿
压力	P	帕斯卡
频率	f	赫兹
电容	C	法拉
电感	L	亨利
电荷	Q	库仑
电荷密度	D	C/m^2
磁通量	Φ	韦伯
磁通密度	B	特斯拉
电场强度	Ev	V/m
磁场强度	H	A/m
平面角度	A	弧度
空间角度	Ω	空间弧度
光通量	Φ	鲁门
光照强度	E_{av}	勒克斯
能量剂量	D	戈雷
放射材料活度	A	贝可勒尔

3. 标准缩写

为了避免在计算时的不方便，通过用 10 的幂来放大或者缩小单位。表 1-4 所示为标准缩写及其符号和数值。

表 1-4 标准缩写及其符号和数值

前缀	Exa	Peta	Teta	Giga	Mega	Kilo	Hekto	Deka
符号	E	P	T	G	M	K	H	da
值	10^{18}	10^{15}	10^{12}	10^{9}	10^{6}	10^{3}	10^{2}	10^{1}
前缀	Dezi	Zenti	Milli	Mikro	Nano	Piko	Femto	Atto
符号	d	c	m	m	n	p	f	a
值	10^{-1}	10^{-2}	10^{-3}	10^{-6}	10^{-9}	10^{-12}	10^{-15}	10^{-18}

4. 自然常数

通过单位的确定，常数的数值和单位也将被确定。表 1-5 所示为电子技术领域最重要的一些常数。

表 1-5　电子技术领域最重要的一些常数

常数	符号	数值	单位
基本电荷常数	e_0	1.6022×10^{-3}	As
真空中光速	c_0	299 792 458	m/s
电场常数	ε_0	8.8542×10^{-12}	As/Vm
磁场常数	μ_0	1.2566×10^{-6}	Vs/Am
普朗克常数	h	6.6262×10^{-34}	Js
电子质量	m_0	9.1095×10^{-31}	kg
波尔兹曼常数	k	1.380×10^{-23}	J/K

任务 1.2　分类测量误差

测量的目的是把测定的物理量与标准单位量进行比较，看它是标准单位的多少倍。但任何测得值都会由于测量设备、测试方法或环境条件的非理想性，操作人员的失误等而受影响，所以通过测量所得到的被测量的真实值并非完全真实。精度及可能偏离真值的误差对于测量结果的判断是十分重要的。

> **知识目标**：1. 理解误差的分类。
> 　　　　　　2. 掌握误差的计算方法。
> **能力目标**：能够熟练地计算误差并应用计算出来的数据对结果分析。
> **思政目标**：计算的严谨性、精益求精是工匠精神的一种品质。

测量过程中根据误差的来源不同，会遇到不同情况下产生的误差。

假设用数字万用表测量一电压，所得测量读数值为 5.43 mV。这个测量数据是否准确呢？实际上其测量结果受下面因素的影响。问题是这一测量准确到什么程度，换一个问法就是哪些因素会导致测量误差。观察一下图 1-1，去思考下面的问题。

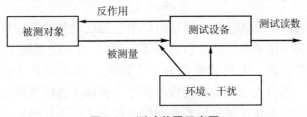

图 1-1　测试装置示意图

📔 **问题引导1：测量的误差来源有哪些？**

（1）仪器误差：由于测量仪器及其附件的设计、制造、检定等不完善，以及仪器使用过程中老化、磨损、疲劳等因素而使仪器带有的误差。

（2）影响误差：由于各种环境因素（温度、湿度、振动、电源电压、电磁场等）与测量要求的条件不一致而引起的误差。

误差来源及计算

（3）理论误差和方法误差：由于测量原理、近似公式、测量方法不合理而造成的误差。

（4）人为误差：由于测量人员感官的分辨能力、反应速度、视觉疲劳、固有习惯、缺乏责任心等原因，而在测量中使用操作不当、现象判断出错或数据读取疏失等而引起的误差。

（5）测量对象变化误差：测量过程中由于测量对象变化而使得测量值不准确，如引起动态误差等。

具体到细节，根据产生的原因不同，可从下面三方面阐述。

1.2.1　随机误差

定义：由于测量时不可控、不确定的影响而产生的误差。随机误差是不能事先确定的。如果在同样条件下对同一测试对象重复测试，会导致发散的测试结果，即不确定的测试结果。

原因：主要因为这些对测量值影响微小但相互之间却互不相关的大量因素共同造成的。这些因素主要包括室温、相对湿度和气压等环境条件的不稳定，分析人员操作的微小差异以及仪器的不稳定、零件的摩擦和配合间隙等。

数据处理：例如，在同样的测量条件下，测量不变的电流，其测量的数据是 120.01 mA、120.11 mA、119.91 mA、120.06 mA、119.99 mA。这是一组没有规律的数据，因此单次测量的误差是没有规律可循的，但是可以通过数理统计的方法来处理，即求算术平均值，即多次测量的总体服从统计规律。

$$\bar{x} = \frac{x_1 + x_2 + \cdots + x_n}{n} = \frac{1}{n}\sum_{i=1}^{n} x_i \tag{1-1}$$

1.2.2　系统误差

定义：在同样的测量条件下，多次重复测量同一量时，发现测量误差保持不变，或者即使测量条件改变时，但结果按一定规律变化的误差。系统误差表明了一个测量结果偏离真值或实际值的程度，值越小，测量就越准确。

即

$$\varepsilon = \bar{x} - A_0 \tag{1-2}$$

例如：测量设备校正不完善，每次测量时均由于测试设备的不理想性而导致被测量值的偏离结果都相同。如某电压表显示的数值总是要高3%，这就是系统误差。

产生原因：仪器的制造、安装或使用方法不正确，环境因素（温度、湿度等）影响，测量中使用计算公式，测量人员不良的读数习惯等。例如仪器的刻度误差和零位误差，或值随温度变化的误差，但是系统的测量误差在同样条件下进行重复测量是看不出来的。

数据处理：从产生系统误差根源上采取措施减小系统误差。

（1）测量原理和测量方法尽力做到正确、严格。

（2）测量仪器定期检定和校准，正确使用仪器。

（3）注意周围环境对测量的影响，特别是温度对电子测量的影响较大。

（4）尽量减少或消除测量人员主观原因造成的系统误差，应提高测量人员业务技术水平和工作责任心。

（5）用修正方法减少系统误差。

$$修正值 = -误差 = -(测量值 - 真值)$$
$$实际值 = 测量值 + 修正值（多次测量求平均不能减少系统误差）$$

1.2.3 粗大误差

定义：一种显然与实际值不符的误差。这样的数据是错误的。

产生原因：

（1）操作疏忽、失误：如测错、读错、记错以及实验条件未达到预定的要求就开始测量等。

（2）测量方法不当或错误，如用万用表的直流挡去测量交流电流等。

数据的处理：在数据处理时，应剔除掉。

✎ 练一练：写出三种误差的区别。

答案：

▭ 问题引导2：测量的数据如何计算和分析呢？

1.2.4 测量误差的相关描述

（1）测量值/示值 x：从仪器、仪表上直接读取的数字。

（2）真值 x_w：是被测量的清楚的客观存在的数值，也就是测量的目标值。它在理论上是不能得到的，因为测量值受测量仪表的外部影响或者自身反馈影响而被歪曲。

（3）实际值 A：是一个已知的值，它和真值的偏差被视作可以允许的。

（4）测量误差：是测量值和真值之间的偏差。

测量中相关数值之间的关系如图 1-2 所示。

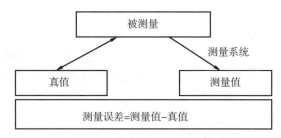

图 1-2 测量中相关数值之间的关系

1.2.5 测量误差的计算

1. 绝对误差

绝对误差 Δx：测量值 x 相对被测量真值 x_w 的误差：

$$\Delta x = x - x_w \tag{1-3}$$

修正值 C：与绝对误差的绝对值大小相等，但符号相反的量值，称为修正值。

$$C = -\Delta x = x_w - x \tag{1-4}$$

测量仪器的修正值可以通过上一级标准的检定给出，它可以是数值表格、曲线或函数表达式等形式。对自动测量仪器，可将修正值编程贮于仪器中，测量时仪器自动进行修正。

2. 相对误差

一个量的准确程度，不仅与它的绝对误差的大小有关，还与这个量本身的大小有关。

相对误差主要有三种形式：相对真误差、引用误差、分贝误差。

（1）相对真误差。

它指绝对误差与被测真值的比，通常用百分数表示：

$$\gamma = \frac{\Delta x}{x_w} \times 100\% = \frac{x - x_w}{x_w} \times 100\% \tag{1-5}$$

相对误差无量纲（因是两个同量纲量的比值），只有大小和符号，但反映测量的准确程度。当误差较小、要求不太严格时，可用示值相对误差来表示。

（2）引用误差：满度相对误差（引用相对误差）。

用测量仪器在一个量程范围内出现的最大绝对误差与该量程值（上限值-下限值）之比来表示的相对误差，称为满度相对误差（或称引用相对误差）。

$$\gamma_m = \frac{\Delta x_m}{x_m} \times 100\% \tag{1-6}$$

仪表各量程内绝对误差的最大值：

$$\Delta x_m = x_m \cdot \gamma_m \tag{1-7}$$

根据国标 GB 776—1976《电气测量指示仪表通用技术条例》规定，电气测量指示仪表按最大引用误差划分准确度的等级，即±s%，s 为等级，分为 0.1、0.2、0.5、1.0、1.5、2.5、5.0 等七个等级。0.2 级仪表的最大引用误差在±0.1%~±0.2%，其他等级类推。

注意：一旦仪表的等级选定后（即 s 一定），被测值越接近所选仪表的量程，其示值相对误差越小。一般情况下应使测量的示值尽可能在仪表满刻度（量限）的三分之二以上。

（3）分贝误差：相对误差的对数表示。

分贝误差是用对数形式（分贝数）表示的一种相对误差，单位为分贝（dB）。

电压增益的测得值为

$$A_X = \frac{U_o}{U_i}$$

误差为 $\Delta A = A_X - A_0$

分贝误差

$$\gamma_{dB} = 20\lg\left(1 + \frac{\Delta A}{A_0}\right) (dB) \tag{1-8}$$

📖 例题 1-1

测量电池两端电压，已知测得值为 1.27 V。假设该电压真值为已知，且由单向基准设备测得 1.283 V，请分析误差。

解：绝对误差　　　$\Delta x = x - x_w = 1.27 - 1.283 = -0.013 (V)$

相对误差　　　$\gamma = \dfrac{\Delta x}{x_w} = \dfrac{-0.013}{1.283} = -0.0101 = -1.01\%$

📖 例题 1-2

一块 0.5 级、100 mA 的电流表，发现在 10 mA 处取得最大误差为 1.4 mA，请分析这块表合格吗？

解：此表的引用误差为

$$\gamma = \frac{\Delta x}{x_m} \times 100\% = \frac{1.4}{100} \times 100\% = 1.4\% > 0.5\% (0.5 级)$$

所以该表不合格。

分析：仪表是否合格的判断标准是仪表的最大相对误差是否大于其精度等级 $s\%$，如果偏大，则不合格。

✏️ 练一练：

鉴定一块 1.5 级的满量程值 10 mA 的电流表，在 5 mA 处取得最大误差为 1 mA，请分析这块表合格吗？为什么？

✍ 知识点归纳：

测量数据根据误差产生的原因分为随机误差、绝对误差和粗大误差。在不同的条件下，各个误差是可以进行分析和修正的。

（1）随机误差不可消除，可以通过计算来分析。

（2）系统误差可以通过计算来修正。

（3）粗大误差必须剔除。

（4）从数据的误差计算的角度，采用相对误差的大小来确定测量的准确度。

☑ 课后思考：

如何根据仪器仪表的精度来确定测量仪器是否合格呢？

工作页

学习任务：	单位与标准和测量误差的分类	姓名：	
学习内容：	单位与标准、测量误差的计算	时间：	

本部分学习内容涉及注册计量师考试。

※**信息收集**

基本概念

（1）国际基本单位有几个？

（2）真值、测量值、绝对误差、相对误差的概念：

（3）误差按照来源分类：

※**能力扩展**

1. 误差相关概念之间的关系（真值、绝对误差、相对误差、实际值之间的关系）

测量电池两端电压，测得值为 1.23 V。假设该电压真值为已知，且由无反馈的参考仪表测得，为 1.28 V。因此可以求出：

误差：

真值：

测量值：

绝对误差：

相对误差：

其中满度相对误差可以用来判断仪器仪表是否合格。

2. 仪器仪表是否合格判断 ——1+X 职业资格证书

电工仪表将满度相对误差分为七个等级，如表 1-6 所示。

表 1-6 电工仪表精度等级

等级	0.1	0.2	0.5	1.0	1.5	2.5	5.0
±s%	0.1%	0.2%	0.5%	1.0%	1.5%	2.5%	5.0%

（1）用量程为 10 mA 的电流表测量电流，实际值为 8 mA，若读数是 8.15 mA。试求测量的绝对误差 ΔI、实际相对误差 γ_A、示值相对误差 γ_y 和引用相对误差 γ_m 分别为多少？若已知该表准确度等级 s 为 1.5 级，则该表是否合格？

习题讲解

（2）用准确度 $s=0.5$ 级（$\gamma_m = \pm 0.5\%$），满度值 10 A 的电流表测电流，求示值为 8 A 时的绝对误差和相对误差。

本节总结：

_____
_____
_____
_____
_____
_____
_____
_____

🏆以上问题是否全部理解。是□ 否□

确认签名：_____ 日期：_____

任务 1.3　掌握测量误差的分布

由于误差产生原因的多样性，决定了其测量结果的多样性，但同时符合一定的分布规律。

> 知识目标：1. 理解误差分布的概念。
> 　　　　　2. 掌握正态分布的置信区间和置信概率的概念。
> 能力目标：能够熟练地应用正态分布分析数据。
> 思政目标：能够接受不确定性。

随机误差是多个微小因素共同影响的结果，具有随机性，无确定的变化规律，使测量数据产生分散。对一次测量而言，随机误差的大小和符号都确定，没有规律，但同一条件下多次测量则随机误差使测量数据的分布服从一定的统计规律。利用概率论和统计学来研究随机误差的统计规律，大多接近正态分布。

▫ 问题引导 1：正态分布可以用来做什么呢？

概率论中心极限定理指出：构成随机变量总和的各独立随机变量足够多，且每个随机变量对总和的影响足够小，则随机变量总和的分布规律服从正态分布。

测量误差的分布

1.3.1　正态分布的描述

测量中的随机误差正是对测量值影响微小而又互相独立的多个随机因素造成的，即是多个微小误差的总和。例如用超声波测量两座楼房之间的距离，但由于受外界环境的变化影响、仪器的电磁波干扰等因素，会发现测量结果是不确定的，无法预料下一刻的干扰情况。但是多次测量，发现测量的结果形成了如图 1-3 所示的光滑曲线，这就是正态分布的分布密度函数曲线。阴影范围在 $[\mu-1.96\sigma, \mu+1.96\sigma]$，随机变量落在该区间的可能性为 95%。

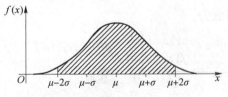

图 1-3　正态分布密度函数

在图 1-3 中，随机变量 95% 的可能性落在用阴影表示的这一区间中。如果测量值是规格化的，那么这就意味着：

所有值的 68.3% 位于 $\mu\pm\sigma$ 的范围中。

所有值的 95% 位于 $\mu\pm1.96\sigma$ 的范围中。

所有值的 99% 位于 $\mu\pm2.58\sigma$ 的范围中。

所有值的 99.7% 位于 $\mu\pm3\sigma$ 的范围中。

通过观察不难发现如下规律：

（1）对称性。测量的数据大致对称地分布在 μ 两侧。

（2）有界性。在一定的条件下，测量值有一定的分布范围，超过这个范围的可能性很小，根据莱恩准则，误差超过 3σ 的数据就是粗大误差。

（3）集中性。大部分数据集中在中间的 μ 附近。

问题引导 2：哪些量可以来描述正态分布呢？

分布函数和分布密度函数完整地表示一个随机量，可借助期望值和方差表明随机量的特性。

期望值 μ：一种衡量随机量分布是否位于中央的尺度。

$$\bar{x} = \frac{1}{n}\sum_{i=1}^{n} x_i \tag{1-9}$$

式中，n 是全体元素 x_i 的个数。

方差 σ^2 是一种衡量测量值在期望值周围分布的尺度，定义如下：

$$\sigma^2 = \frac{1}{n}\sum_{i=1}^{n}(x_i - \mu)^2 \tag{1-10}$$

方差的开方被称为标准差 σ 或离散 σ，与期望值因子的均方误差对应。被测量的标准差 σ 和方差 σ^2 是一种衡量被测量分散宽度的尺度。

标准差是代表测量数据和测量误差分布离散程度的特征数。

练一练：（填空）

标准差越小，则曲线形状越＿＿＿＿，说明数据越＿＿＿＿＿；标准差越大，则曲线形状越＿＿＿＿，说明数据越＿＿＿＿＿。

问题引导 3：均匀分布的特点是什么？

1.3.2 均匀分布

均匀分布或矩形分布是具有矩形形状的分布密度函数，所有出现的值都具有相同的概率。图 1-4 所示为均匀分布。

均匀分布的分布密度函数为

$$f(x) = \begin{cases} \dfrac{1}{2d} & \mu-d<x<\mu+d \\ 0 & 其他 \end{cases} \tag{1-11}$$

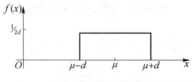

图 1-4 均匀分布

📄 **问题引导 4**：t 分布可以在什么情况下使用呢？

1.3.3 置信区间与概率

背离概率：期望值与平均值之间的差也是一个统计量，用来表明平均值附近的区间，具有一定概率的期望值位于该区间内，置信区间也称置信度。相关的概念主要包括：

置信度：对测量结果的可信程度，包括置信区间和置信概率。

置信区间：测量值存在于数学期望值附近的某一确定范围，即 $x<|E(x)\pm k\sigma|$。

置信概率：测量值存在于此范围的可能性。

置信限：$\Delta x = |\pm k\sigma|$，k 为置信系数（或置信因子）。

1.3.4 t 分布

常数 t 与抽样范围 n 和背离概率 α 有关，可从表中读取。置信区间的定义兼顾了标准误差仅是针对 σ 的预估的情况，同时也兼顾了对 n 较小时预估也会变得更不确定的情况。当 $n \to \infty$ 时该式取值相应为已知的标准误差。

经验方差 s^2 是 σ^2 的预估值：

$$s^2 = \frac{1}{n-1} \sum_{i=1}^{n} (x_i - \bar{x})^2 \tag{1-12}$$

$$x = \bar{x} \pm \frac{t}{\sqrt{n}} \cdot s \tag{1-13}$$

在表 1-7 中，正态分布给出了背离概率 α 及置信概率（$P = 1 - \alpha$）在不同情况下的常数 t。在工业应用方面平常使用测量技术中 95% 的置信概率，在测量技术中采用的置信概率通常为 68.3%，在生物学方面为 99%。

当 n 很小时，t 分布的中心值比较小，分散度较大，即对于相同的概率，t 分布比正态分布有更大的置信区间。

表 1-7 t 分布取值表

$P = 1 - \alpha$	68.3%	95%	99%	99.73%
$n = 2$	1.84	12.7	63.7	235.8
$n = 3$	1.32	4.30	9.93	19.21
$n = 4$	1.20	3.18	5.84	9.22
$n = 5$	1.15	2.78	4.6	6.62
$n = 6$	1.11	2.57	4.03	5.51
$n = 10$	1.06	2.26	3.25	4.09
$n = 20$	1.03	2.09	2.86	3.45
$n = 50$	1.01	2.01	2.68	3.16
$n > \infty$	1.00	1.96	2.58	3.00

📖 例题1-3：如何利用 t 分布来分析测量数据？

已知一组由4次测量所测得的数据如表1-8所示。

表1-8 测量数据

测量第 n 次	1	2	3	4
测量数据	20.9	24.4	18.7	24.4

请分析当在 $\alpha=5\%$ 所对应的置信区间？

解：

测量值代入式（1-9）和式（1-12）计算出均值和标准误差：

$\bar{x}=21.60$，$s=2.41$。

背离概率 $\alpha=5\%$，根据表1-7，查得 $t=3.18$。

代入得：$\dfrac{t}{\sqrt{n}}\cdot s=\dfrac{3.18}{2}\times 2.41=3.83$

因此，$\alpha=5\%$ 情况下的置信区间为 21.60 ± 3.83，即 [$18.77<\mu<26.43$]。

思考讨论：请讨论如何查表中 t 的大小呢？

🗨 问题引导5：分布函数如何选择呢？

假如这种分布是已知的，那就用这种分布。对某种未知的分布，在大多数情况下可从正态分布入手。如果正态分布也存在一定的不利情况，则采用其他的分布。例如标准电阻的情况，假设电阻值在额定值附近正态分布，而选出的电阻阻值大多按均匀分布。

✎ 知识点归纳：

测量数据有正态分布、均匀分布和 t 分布等，不同的分布形式具有不同的特点，其中重点需要掌握正态分布，并且根据不同的置信概率来描述其置信区间。

（1）正态分布的特点主要有三个：对称性、有界性和集中性。

（2）正态分布在不同的置信概率下，其置信区间为 $x=\bar{x}\pm k\sigma$。

（3）t 分布的计算：$x=\bar{x}\pm\dfrac{t}{\sqrt{n}}\cdot s$。

☑ 课后思考：

如何根据实际情况来计算其不确定性呢？

工作页

学习任务：	掌握测量误差的分布	姓名：	
学习内容：	误差的分布和置信区间	时间：	

本部分学习内容涉及注册计量师考试。

※信息收集

基本概念

1. 正态分布

方差：用来描述随机变量与其数学期望的_____。

标准差：同样描述随机变量与其数学期望的_____，并且与随机变量具有相同量纲。

2. 置信区间

期望值与平均值之间的差也是一个统计量，可用来说明一定的背离概率。

置信度：对测量结果的可信程度，包括置信区间和置信概率。

置信区间：测量值存在于数学期望值附近的某一确定范围。

置信概率：_____。

置信限：_____。

3. 正态分布（随机误差）的特点

※能力扩展

1. 正态分布的应用

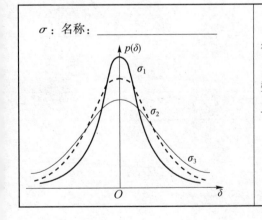

σ：名称：_____

标准差是代表测量数据和测量误差分布离散程度的特征数。

标准差越_____，则曲线形状越_____，说明数据越_____；标准差_____，则曲线形状越_____，说明数据越_____。

请写出：

σ_1、σ_2、σ_3 之间的大小关系，并说明原因？

2. 数据的不确定性

1) 正态分布的置信概率

写出图 1-5 中在哪种置信概率下，置信因子分别为 1、1.96、2.58。

2) 测量结果的表达形式

某电流的测量数据结果如下：$I = 2.5(1 \pm 4\%)$ A

请分析其结果的不确定性，并写出：

置信因子	置信概率P
1	
1.96	
2.58	

区间越宽，置信概率越大

图 1-5　置信概率

电流的真值：_____；绝对误差：_____；相对误差：_____。

本节总结：

🏆 以上问题是否全部理解。是□　否□

确认签名：_____　日期：_____

任务1.4 掌握测量误差的传递

> 知识目标：1. 理解误差传递的概念。
> 　　　　　2. 掌握误差传递的分类。
> 能力目标：1. 熟练地计算最坏情况的误差传递。
> 　　　　　2. 熟练地计算均方差之和情况的误差传递。
> 思政目标：耐心计算是培养工匠精神的一种手段。

问题引导1：什么是误差传递？

在测量中，某些结果要通过一系列的测量操作步骤并分析运算后获得。而其中的每个步骤可能发生的误差都会对分析结果产生不同程度的影响，称为误差的传递。讨论误差的传递就要解决下面问题：

(1) 产生在各测量值的误差是如何影响分析结果的？

(2) 如何控制测量误差，使分析结果得到一定的准确性？

问题引导2：什么情况是最坏情况的误差传递？

1.4.1 最坏情况组合传递

两个串联电阻，每个电阻都有一制造商给出的标称值和允许误差。阻值位于标称值附近的区间中，如

$$R_1 = 100 \text{ k}\Omega \pm 1 \text{ k}\Omega, R_2 = 150 \text{ k}\Omega \pm 3 \text{ k}\Omega$$

由于各个电阻具有误差的缘故，所以串联电阻也就包含了误差。

假设最不利的组合，就是串联电路由最大取值的电阻 R_1 与最大取值电阻 R_2 串联或每个电阻都采用最小电阻的组合，导致最不利的这种组合与期望值有 250 kΩ±4 kΩ 的误差。要求出最坏情况误差就得将这些最大的孤立误差相加，这个结果给出了最不合理的误差组合。最坏情况组合给出误差极端值，该极端值永远不会被超出，或超出的概率极小。

误差最坏情况传递

对于函数 $y = (x_1, x_2, \cdots, x_n)$ 和测量参数最大误差 Δx_i，得到测量结果的最坏情况的误差

$$|\Delta y| = \sum_{i=1}^{n} \left| \frac{\partial f}{\partial x_i} \cdot \Delta x_i \right| \tag{1-14}$$

例题 1-4：如何分析最坏情况的误差组合

已知用电阻 $R_1 = 100$ kΩ±1 kΩ，$R_2 = 150$ kΩ±3 kΩ 组成串联电路，分析其两电阻串联后的串联电阻的大小，测量的结果按照最坏情况传递的结果？

解：串联电路的算法是 $R = R_1 + R_2$

串联电路的期望值就是 $\mu_R = \mu_{R_1} + \mu_{R_2} = 100 + 150 = 250 \text{(kΩ)}$

$$\frac{\partial R}{\partial R_1} = 1 、 \frac{\partial R}{\partial R_2} = 1$$

根据式（1-14）得

$$|\Delta R| = 1 \times 1 + 1 \times 3 = 4 \text{(kΩ)}$$

因此 $R = 250$ kΩ±4 kΩ（最坏情况）。

讨论：实际上这样的情况常见吗？

如果这样的情况并不常见，哪种的误差传递才是常见的呢？

📖 **问题引导 3**：什么情况是均方差之和的误差传递？

电阻都分布在期望值附近，假设 R_1 为最大取值不合情理的，而且同时假设 R_2 为最大取值也是不合情理的。采用统计学的组合，是极为可能的结果，这种情况允许各个具有确定概率的电阻被限定在允许误差内一样。根据均方差之和定律计算的误差则给出极为可能的符合背离概率的误差，例如 5%的背离概率，而极端值为 $\mu \pm 1.96\sigma$。

均方差之和传递

1.4.2 均方差之和传递

要得到按统计学原理的组合就要根据均方差之和定律计算测量结果的方差：

$$\sigma_y^2 = \sum_{k=1}^{n} \left\{ \left(\frac{\partial f}{\partial x_k} \bigg|_{(\mu_1 \cdots \mu_n)} \right)^2 \cdot \sigma_k^2 \right\} \tag{1-15}$$

📖 **例题 1-5**：均方差之和的误差传递

测量由电阻 $R_1 = 100$ kΩ±1 kΩ，$R_2 = 150$ kΩ±3 kΩ 组成的串联电路的总电阻 R；假设电阻 R_1、R_2 的测量值按正态分布存在 95%的置信概率，分析测量结果 R。（按均方差之和传递的形式分析）

解：$\sigma_{R_1} = 1$ kΩ/1.96 = 510 Ω，$\sigma_{R_2} = 3$ kΩ/1.96 = 1 531 Ω

根据计算公式 $R = R_1 + R_2$ 得出偏导数

$$\frac{\partial R}{\partial R_1} = 1, \frac{\partial R}{\partial R_2} = 1$$

然后再通过式（1-15）得

$$\sigma_R^2 = 1 \times \sigma_{R_1}^2 + 1 \times \sigma_{R_2}^2 = (510)^2 + (1\ 531)^2 \rightarrow \sigma_R = 1\ 614\ \Omega, 1.96\sigma_R = 3\ 162\ \Omega$$

结果就是 $R = 250$ kΩ±3 162 Ω（具有 5%的背离概率）。

✏ **练一练**：

电阻 $R_1 = 100$ kΩ±1%，$R_2 = 150$ kΩ±3 kΩ 的并联电路；假设测量值按正态分布存在 95%的置信概率，分析测量结果 R。

解:
（1）写出标准差的大小：

（2）计算并联总电阻的期望值：

（3）列出偏导数的表达式：

（4）求出并联总电阻的标准差 σ_R：

（5）写出并联总电阻的阻值 R：

讨论： 上面计算出来的并联后的电阻的置信区间是多少呢？

问题引导4：均方差之和的误差传递和最坏情况的误差传递应用场合是什么？

在测量技术应用方面，通常采用统计学上的均方差之和的误差传递。最坏情况组合法在大多数情况下仅作为估算使用。因此在具体的应用中需要分析实际的情况来确定采用何种方式。

知识点归纳：

测量数据有时是间接测量得到的，因此在误差分析时，各自直接测量的结果产生的误差会根据不同的条件进行传递，主要分为最坏情况传递和均方差之和传递。其中常见的传递方式是均方差之和的传递形式。难点是其中涉及偏导数的计算。

课后思考：

误差的传递对最后的数据分析有何影响呢？

工作页

学习任务	掌握测量误差的传递	姓名：	
学习内容：	误差的传递	时间：	

本部分学习内容涉及注册计量师考试。

※**信息收集**

基本概念

随机误差的误差传递。

1. 最坏情况组合传递

最坏情况组合给出误差极端值，该极端值永远不会被超出或超出的概率极小。

案例：两个串联电阻，每个电阻都有一制造商给出的标称值和允许误差。阻值位于标称值附近的区间中，如 $R_1 = 100 \text{ k}\Omega \pm 1 \text{ k}\Omega$，$R_2 = 150 \text{ k}\Omega \pm 3 \text{ k}\Omega$；其最不利的组合与期望值有 $250 \text{ k}\Omega \pm 4 \text{ k}\Omega$ 的误差。

采用的公式是：

2. 均方差之和定律

R_1、R_2 都是最大取值不合情理的。采用统计学的组合，各个具有确定概率的电阻被限定在允许误差范围内。极为可能存在符合背离概率的误差，例如5%的背离概率，而极端值为 $\mu \pm 1.96\sigma$。

采用的公式是：

※**能力扩展**

1. 计算最坏情况组合传递

电阻 $R_1 = 100$ kΩ±1 kΩ，$R_2 = 150$ kΩ±3 kΩ 的串联电路，按照最坏情况传递分析其串联总电阻 R 的测量结果。

解：

（1）计算串联总电阻的期望值：

（2）列出偏导数的表达式：

（3）求出串联总电阻的绝对误差：

（4）写出串联总电阻的阻值 R：

扩展

用间接法测电阻，若电流与电压满足 $I = 1$ A±0.02 A，$U = 10$ V±0.5 V，求电阻 R 的值。（请自己写出分析的步骤）

习题讲解

2. 计算均方差之和定律

电阻 $R_1 = 100 \text{ k}\Omega \pm 1 \text{ k}\Omega$，$R_2 = 150 \text{ k}\Omega \pm 4 \text{ k}\Omega$ 的串联电路，假设测量值按正态分布存在 95% 的置信概率，求串联后的电阻的大小。

解：

（1）写出标准差的大小：

（2）计算串联总电阻的期望值：

（3）列出偏导数的表达式：

（4）求出串联总电阻的标准差 σ_R：

（5）写出串联总电阻的阻值 R：

扩展

已知电压和电流的测量结果，求出功率。测得值：$U = 1.20$ V；2％。$I = 0.250$ A；3％。假设测量值按正态分布存在95％的置信概率，分析功率测量结果。

（请自己写出分析的步骤）

解：

📖 **本节总结**：

🏆以上问题是否全部理解。是□ 否□

确认签名：_____ 日期：_____

项目实施

> 知识目标：1. 误差的分析与计算。
> 　　　　　2. 正确地写出单位。
> 能力目标：能够进行数据分析。
> 思政目标：多维度全面性地思考问题。

阅读材料：

电阻定义：导体对电流的阻碍作用称为该导体的电阻。电阻是一个物理量，在物理学中表示导体对电流阻碍作用的大小。导体的电阻越大，表示导体对电流的阻碍作用越大。不同的导体，电阻一般不同，电阻是导体本身的一种性质。导体的电阻通常用字母 R 表示，电阻的单位是欧姆，简称欧，符号为 Ω。

测量电阻的方法有多种。

1. 直接测量法——万用表直接测量

万用表直接测量电阻如图 1-6 所示。

图 1-6　万用表直接测量电阻

完成电流表、电压表的内阻测量，测量并记录数据在表 1-9 和表 1-10 中。

表 1-9　电压表内阻的测量

电压表量程挡	2 V	2 V	2 V	2 V
内阻/Ω				

表 1-10　电流表内阻的测量

电流表量程挡	2 mA	2 mA	2 mA	2 mA
内阻/Ω				

数据分析：请观察表格中数据，写出结论，请分析原因。

2. 间接测量法——伏安法测量电阻

（1）利用 Mutilism 仿真测试并记录数据到表格中，并对数据误差分析（2~3/组）。

计算理论值并填写表 1-11，内接法测量电阻如图 1-7 所示。

表 1-11 内接法测量电阻

类型（R_X）	理论值	测量值	绝对误差
电流		23.585 mA	
电压		2.641 V	
电阻	100 Ω		

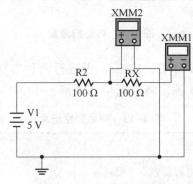

图 1-7 内接法测量电阻

计算理论值并填写表 1-12，外接法测量电阻如图 1-8 所示。

表 1-12 外接法测量电阻

类型（R_X）	理论值	测量值	绝对误差
电流		23.585 mA	
电压		2.358 V	
电阻	100 Ω		

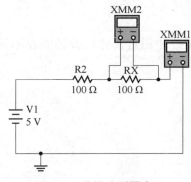

图 1-8 外接法测量电阻

注意事项:

进行仿真：设置万用表的内阻，如图 1-9 所示。

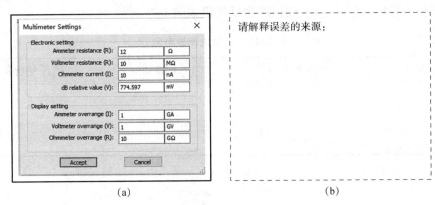

(a)　　　　　　　　　　　(b)

图 1-9　内阻的设置

（2）将两个电阻的阻值换成 1 Ω、1 MΩ，再进行两种方法测量电阻，请观察结果进行数据的误差计算，解释误差的来源，将数据填入表格 1-13 中。

表 1-13　测量数据记录

被测电阻 R_x	外接法				内接法			
	U	I	绝对误差 ΔR	相对误差 γ	U	I	绝对误差 ΔR	相对误差 γ
100 Ω	2.641 V	23.585 mA			2.358 V	23.585 mA		
1 Ω	4.643 V	357.143 mA			357.143 mV	357.143 mA		
1 MΩ	2.381 V	2.381 μA			2.381 V	2.619 μA		

请观察记录在表格中的测量数据。

✍写出误差的来源，属于何种误差（随机误差、系统误差、粗大误差）？

✍计算三种情况下的绝对误差和相对误差，并说明在不同情况下如何选择合适的测量方法？

📘 **实 施 过 程 体 会：**

🏆 以上问题是否全部理解。是□ 否□

确认签名：_____ 日期：_____

📘 **项 目 评 价**

※**任务描述**

项目汇报内容：

（1）电阻测量的方法。

（2）数据分析的重要性。

（3）误差的来源分析。

（4）误差的计算。

项目汇报要求：

（1）讲解时要制作PPT。

（2）要重点讲解任务实施时的分析过程。

项目汇报评价标准

评价内容：

（1）演示的结果。

（2）数据指标。

（3）是否有独到的方法或见解。

（4）是否能与其他学员团结协作。

具体评价参考项目评价表 1-14。

评价要求：

（1）评价要客观公正。

（2）评价要全面细致。

（3）评价要认真负责。

※**评分标准**

项目一评价标准如表 1-14 所示。

表 1-14　项目一评分标准

考核内容	技术要求	配分	评分标准	得分		
				自评	同组人评分	教师
万用表电流挡和电压挡内阻的测量	操作规范	15 分	数据正确 操作规范			
伏安法测量电阻的数据	方法正确操作规范	15 分	数据正确 操作规范			
伏安法测量电阻的数据分析	1. 全面分析误差来源； 2. 正确书写误差公式	70 分	过程清晰 结果正确 结果有单位			
上述评分栏中，每个同学根据最后的评分再进行检查修正						

评价过程体会

🏆以上问题是否全部理解。是□ 否□

确认签名：_____ 日期：_____

项目小结

测量技术分为电量的测量和非电量的测量，可借助电路、电子仪器仪表、传感器等来实现。测量得到的结果需要专业的、严谨的、科学的数据分析，根据数据的结果分析来确定方案的实施。

测量数据由测量结果和单位组成。单位之间的转换存在一定的转换关系，如7个国际基本单位。测量结果存在测量误差。测量误差根据产生的原因分为随机误差、系统误差和粗大误差。每种误差根据原因不同，处理方式也不同，随机误差可以通过多次测量取平均值，系统误差可以进行修正，粗大误差的数据则直接去掉。

针对误差的数据分析，可以看出常见的随机误差符合正态分布。正态分布是常见的分布形式，具有典型的3种特性：对称性、有界性和集中性。根据置信概率的不同，可以描述出数据的置信区间，从而达到准确描述数据的不确定性的表达式。

测量分为直接测量和间接测量，特别在间接测量时存在误差传递的情况。误差传递分为最坏组合情况和均方差之和两种方式，其中常见的为均方差之和的传递方式。这两种方式都需要利用高等数学的求导计算，需要具备一定的计算能力。

项目二

声光控楼道灯控制器

项目描述

在全球能源短缺的今天,节能减排是我们的首要目标。在公共场所(例如学校、机关、居民区、厂矿企业等)的楼道中,要避免长明灯的出现。在没有人员活动的深夜让这些灯关掉一些,既可以节约能源,又能够节约一些开支。本项目需要实现的声光控楼道灯控制器,主要用于居民楼道照明灯的控制,白天光照强度高,不管过路者发出声音多大,灯泡都不会开启点亮。夜晚光线变暗,过路者路过发出声音,传达至声音检测电路,使其开始工作,并且延迟一段时间后灯自动熄灭(此时默认为过路者离开)。此系统有十分明显的节电效果,同时也减少维修量和节约了资金,有良好的使用效果。

项目准备

要求声光控楼道灯开关,在白天或光线较亮时呈关闭状态,灯不亮,夜间或光线较暗时呈预备工作状态,当过路者经过该开关附近时,通过声音把开关启动,灯亮,延时40~50 s后开关自动关闭、灯灭。

在设计电路时,需要用到多种元器件,如电阻、电容、三极管、光敏电阻等,需要思考用何种方法、测量工具来测量这些元器件和电量。如何测量才能让测量结果最准确,同时能够使用万用表、示波器来进行测量电流电压,并分析测量的数据。本项目以声光控楼道灯开关控制电路为项目载体,进行基本电量的测量和误差的分析。

通过本项目的实施,能够对测量仪器的基本特性指标有所了解,熟练地使用基本测量工具,进行电量的测量和数据的误差计算和分析。具体项目准备可分解如下:

(1) 基本元器件的识别与测量。
(2) 万用表、示波器的使用。
(3) 电流、电压的测量及误差分析。
(4) 电路设计的方法。
(5) 电路装配与调试。

任务 2.1　理解通用仪器的特性

> 知识目标：1. 掌握静态特性和动态特性的指标定义。
> 　　　　　2. 了解仪器的原理。
> 　　　　　3. 掌握仪器的过载如何保护。
> 能力目标：能够根据仪器的特性进行仪器仪表的选型。
> 思政目标：未雨绸缪的人生感悟。

在实际生产与生活中电子测量仪表及仪器无处不见，应用非常广泛。测量仪器的任务是获得被测量并输出测量值。

对于每一个测量系统由制造商定义其特性值，这些特性值反映了测量系统的属性。这些测量设备的最重要的特性值，是其输入和输出之间的关系。

▫ 问题引导1：通用仪器的特性有哪些呢？

2.1.1　静态特性

定义：测量系统的被测量的值处于稳定状态时的输出和输入关系。

只考虑静态特性时，输入量与输出量之间的关系式中不含有时间变量。用方程来描述输出输入关系，首先需要建立静态数学模型。

在静态条件下，若不考虑迟滞及蠕变，则测量系统的输出量 y 与输入量 x 的关系可由一代数方程表示，称为传感器的静态数学模型，即

$$y = a_0 + a_1 x + a_2 x^2 + \cdots + a_n x^n \tag{2-1}$$

式中　a_0——无输入时的输出，即零位输出；
　　　a_1——线性灵敏度；
　　　a_2，a_3，…，a_n——非线性项的待定常数。

1. 线性度

定义：测量系统的校准曲线与选定的拟合直线的偏离程度称为线性度，又称非线性误差，如图2-1所示，公式见式（2-2）。

$$e_L = \pm \Delta y_{max} / y_{FS} \times 100\% \tag{2-2}$$

式中，y_{FS}——满量程输出值（FS是Full Scale的缩写）；
　　　Δy_{max}——校准曲线与拟合直线的最大偏差。

2. 灵敏度

定义：灵敏度是指系统在稳态工作情况下输出改变量与引起此变化的输入改变量之比，常用 S 表示灵敏度，其表达式为

$$S = \frac{\Delta y}{\Delta x} \tag{2-3}$$

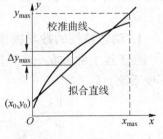

图2-1　线性度

对于线性系统，灵敏度与输入值无关，是常数。它可以由输入输出值之间的比值来确定。灵敏度的单位由输入输出值的单位得到。

✎ 练一练：（填空）

已知某线性系统的灵敏度大小是 2.11 pF/L，请写出本系统的输入是_____，输出是_____。

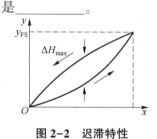

图 2-2 迟滞特性

3. 迟滞

仪器正（输入量增大）反（输入量减小）行程中输出输入曲线不重合称为迟滞。迟滞特性如图 2-2 所示，它一般是由实验方法测得。

迟滞误差一般以满量程输出的百分数表示，即

$$\gamma_H = \pm 1/2(\Delta H_{max}/y_{FS}) \times 100\% \tag{2-4}$$

式中 ΔH_{max}——正反行程间输出的最大差值。

4. 重复性

定义：系统在输入量按同一方向做全量程连续多次测试时，所得特性曲线不一致的程度。

$$e_z = \pm \Delta y_{max}/y_{FS} \times 100\% \tag{2-5}$$

式中，Δy_{max} 为 Δy_{max1} 和 Δy_{max2} 这两个偏差中的较大者。

5. 显示范围和量程

定义：量程是被测值的一个范围，它由测量仪表涵盖，并与制造商确定的精度说明相适应。如温度计有 -100~500 ℃ 的一个显示范围和一个在此范围内的有精度说明的 -40~400 ℃ 的量程。

6. 分辨率和精度

定义：分辨率是最小的可描述的或者可给出的输出值的变化量。因此一个电压表可以在直流 1 V 的显示范围内有 0.1 mV 的分辨率和 5 mV 的精度。通常有意义的是，分辨率选择在大约小于所期待的精度的十分之一，这样的分辨率不会产生额定值之外的偏差。

2.1.2 动态特性

定义：动态特性是指其输出对随时间变化的输入量的响应特性。

一个动态特性好的系统，其输出将显现输入量的变化规律，即具有相同的时间函数。实际上输出信号将不会与输入信号具有相同的时间函数，这种输出与输入间的差异就是所谓的动态误差。

1. 动态特性的数学模型

在工程上常采取一些近似的方法，忽略一些影响不大的因素，建立的方程为（线性时不变系统）：

$$a_n \frac{d^n y}{dt^n} + a_{n-1} \frac{d^{n-1} y}{dt^{n-1}} + \cdots + a_1 \frac{dy}{dt} + a_0 y = b_m \frac{d^m x}{dt^m} + b_{m-1} \frac{d^{m-1} x}{dt^{m-1}} + \cdots + b_1 \frac{dx}{dt} + b_0 x \tag{2-6}$$

式中，a_n，a_{n-1}，$\cdots$，a_0 和 b_m，b_{m-1}，$\cdots$，b_0 均为与系统结构参数有关的常数。

通常线性系统在时域用微分方程式来表达，非常麻烦，使用起来也不方便。

2. 传递函数

传递函数 $H(s)$ 由拉氏变换 $Y(s)$ 和 $X(s)$ 确定,系统被完整描绘:

$$H(s)=\frac{Y(s)}{X(s)} \tag{2-7}$$

传递函数也可以由下面的多项式给出:

$$H(s)=\frac{b_0+b_1 \cdot s+b_2 \cdot s^2+\cdots+b_n \cdot s^n}{a_0+a_1 \cdot s+a_2 \cdot s^2+\cdots+a_m \cdot s^m} \tag{2-8}$$

传递函数的特点:

(1) $H(S)$ 和输入 $x(t)$ 无关,它只反映测量系统本身固有的特性。

(2) $H(S)$ 反映系统的响应特性,包含瞬态、稳态的时间响应和频率响应的全部信息,而与具体的物理结构无关。

(3) 不同的物理系统可以有相同的传递函数。

(4) 传递函数与微分方程等价。

3. 频率响应

变换 $s \to j\omega$ 或者直接由微分方程的傅立叶变换 $Y(j\omega)$ 和 $X(j\omega)$ 得到频率响应 $H(j\omega)$:

$$H(j\omega)=\frac{Y(j\omega)}{X(j\omega)} \tag{2-9}$$

频率响应函数 $H(\omega)$:为 ω 的函数,反映了测试系统在各个频率正弦信号激励下的稳态响应特性。

幅值特性 $|H(j\omega)|$:由频响的绝对值确定,并由角频率 ω 的输出输入值 $\hat{Y}(\omega)$ 和 $\hat{X}(\omega)$ 的幅值比来描述:

$$|H(j\omega)|=\sqrt{\text{Re}[G(j\omega)]^2+\text{Im}[G(j\omega)]^2}=\frac{\hat{Y}(\omega)}{\hat{X}(j\omega)} \tag{2-10}$$

相位特性 $\varphi(\omega)$:由频率特性的实数和虚数部分得到,当角频率为 ω 的输出值对输入值的相位移动可以这样给出:

$$\varphi(\omega)=\arctan\frac{\text{Im}[H(j\omega)]}{\text{Re}[H(j\omega)]} \tag{2-11}$$

问题引导 2:如何在使用中进行仪器的保护呢?

测量设备,除需要有特定范围的输入值的最小值和最大值的量程之外,也要确定极限条件。极限条件:输入值在此范围之内,而不产生破坏。

因此对测量工具,可以通过极限开关,也可以是其他的部分回路,在过载之前进行保护。保护设施在测量设备正常工作的时候不能起作用,但是在过载的时候,比如太大的输入值时,可以保护测量仪表。图 2-3 所示为进行过载保护的框图及理想极限开关的特性曲线。要实现这样的功能,即电路需要具备的极限开关有很强的非线性特征曲线。

仪器仪表的过载保护

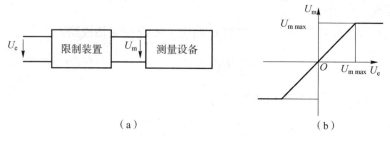

图 2-3 进行过载保护的框图及理想极限开关的特性曲线
（a）进行过载保护的框图；（b）一个理想极限开关的特性曲线

如图 2-3（b）所示极限开关的理想特性曲线，意味着对于正的输入电压 U_e：
当 $U_e \leq U_{m\,max}$ 时 $U_m = U_e$；
当 $U_e > U_{m\,max}$ 时，$U_m = U_{m\,max}$。

📌 问题引导 3：哪种元器件或电路可以起到过载保护的作用呢？

2.1.3 半导体二极管

半导体二极管由一个掺杂了半导体材料的，大多数是硅或者锗的，P 区（阳极）和 N 区（阴极）组成。二极管的工作方式是单向导电性。在导通区，特性曲线显示了一个在所谓的门限电压 U_S 下的转折点，它对于硅大概是 0.7 V，对于锗大概是 0.3 V。

2.1.4 保护电路

用导通状态下的标准二极管或者截止状态的齐纳二极管可以构建一个简单的极限开关，如图 2-4 所示，电路中的串联电阻对于二极管的电流和功率的极限是必须的，因为在被限定的范围内，流过二极管的电流不允许很剧烈地上升。

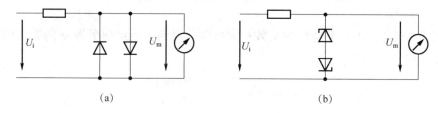

图 2-4 保护电路
（a）用标准半导体二极管限制极限电压在 $|U_m| \leq U_S$；（b）用齐纳二极管限制极限电压在 $|U_M| \leq U_Z + U_S$

U_S 表示二极管的门限电压，U_Z 表示二极管的反向击穿电压。

📖 知识点归纳：
测量仪器仪表的特性分为静态特性和动态特性，其中静态特性中包括灵敏度、线性度、迟滞性、量程和范围等。为了保护仪表免于过载，可以利用二极管的开关特性来设计相应的电路，这是一个难点。

☑ 课后思考：
保护仪器仪表的电路设计有哪些呢？

工作页

学习任务：	理解通用仪器的特性	姓名：	
学习内容：	静态特性和动态特性	时间：	

※信息收集

基本概念

1. 静态特性

定义：测量系统的被测量的值处于稳定状态时的输出输入关系。

相关概念认知：

（1）静态数学模型：_____。

（2）线性度：_____。

（3）灵敏度：_____。

线性系统的灵敏度是_____（常数 or 变量）。

（4）迟滞：_____。

（5）重复性：_____。

（6）显示范围和量程：_____。

（7）分辨率和精度：_____。

2. 动态特性

定义：动态特性是指其输出对随时间变化的输入量的响应特性。

案例：设环境温度为 T_0，水槽中水的温度为 T，而且 $T>T_0$，传感器突然插入被测介质中；用热电偶测温，理想情况测试曲线 T 是阶跃变化的；实际热电偶输出值是缓慢变化的，存在一个过渡过程，如图 2-5 所示。

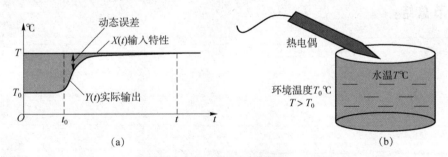

图 2-5 热电偶测量温度

（a）动态特性；（b）测量方法

（1）动态特性的数学模型

（2）传递函数 $H(s)$

※**能力扩展**

1. 判断及分析

（1）（　　）不属于测试系统的静态特性。
  A. 灵敏度　　　　　B. 线性度　　　　　C. 回程误差　　　　　D. 阻尼系数

（2）属于动态特性指标的是（　　）。
  A. 重复性　　　　　B. 线性度　　　　　C. 灵敏度　　　　　D. 固有频率

（3）线性度 e_L 含义是在规定条件下，_____。

（4）已知函数 $x(t)$ 的傅里叶变换为 $X(f)$，则函数 $y(t)=2x(3t)$ 的傅里叶变换为（　　）。
  A. $2X\left(\dfrac{f}{3}\right)$　　B. $\dfrac{2}{3}X\left(\dfrac{f}{3}\right)$　　C. $\dfrac{2}{3}X(f)$　　D. $2X(f)$

（5）非线性度是表示校准曲线（　　）的程度。
  A. 接近真值　　　B. 偏离拟合直线　　　C. 正反行程不重合　　　D. 重复性

（6）在静态测量中，根据绘制的定度曲线，可以确定测量系统的哪些静态特性？

2. 计算及分析

有一个传感器，其微分方程为 $30\mathrm{d}y/\mathrm{d}t+3y=0.15x$，其中 y 为输出电压（mV），x 为输入温度（℃），试求该传感器是几阶系统及其传递函数？

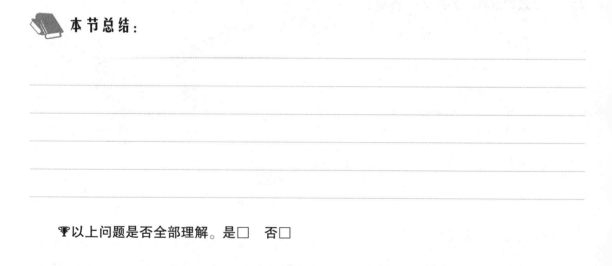

📖 **本节总结：**

_____
_____
_____
_____
_____

🏆 以上问题是否全部理解。是□　否□

确认签名：_____　日期：_____

任务 2.2　熟练使用万用表

> 知识目标：1. 掌握万用表的使用方法。
> 　　　　　2. 掌握量程扩展。
> 能力目标：能够熟练地使用万用表。
> 思政目标：规范操作的工匠精神。

万用表是测量仪器仪表中非常重要的一种测量工具，可以用来测量电量，如电阻、电流、电压等，同时也是用来检测电容、二极管、三极管等元器件的常用工具。

问题引导 1：万用表都有哪些呢？

常见万用表可以分为指针式和数字式两大类，如图 2-6 所示。

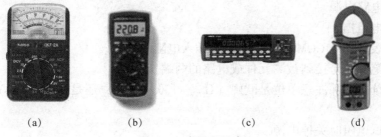

图 2-6　常见万用表
（a）指针式万用表；（b）手持式数字万用表；（c）台式数字万用表；（d）钳形数字万用表

2.2.1　数字式万用表

在万用表上会见到如图 2-6（b）所示的转换旋钮，旋钮所指的是测量挡位。

V~：表示的是测交流电压的挡位；
V-：表示的是测直流电压的挡位；
mA：表示的是测直流电流的挡位；
Ω：表示的是测量电阻的挡位；
hFE：表示的是测量三极管电流放大倍数的挡位。

2.2.2　指针式万用表

指针式万用表的外观和数字式万用表有一定的区别，但它们的转换旋钮是差不多的，挡位也基本相同。

指针式万用表上有一个表盘如图 2-6（a）所示，表盘上有八条刻度尺；
标有"Ω"标记的是测电阻时用的刻度尺；

标有"~"标记的是测交直流电压、直流电流时用的刻度尺；

标有"hFE"标记的是测三极管时用的刻度尺；

标有"LI"标记的是测量负载的电流、电压的刻度尺；

标有"DB"标记的是测量电平的刻度尺。

> 问题引导2：万用表都能测量哪些电量呢？方法有哪些？

2.2.3 测量电阻

在电阻挡测量电阻。电阻值变化很大，从几 mΩ 的接触电阻到几十亿欧姆的绝缘电阻。许多数字万用表测量电阻小至 0.1 Ω，某些测量值可高至 300 MΩ。极大的电阻，福禄克万用表会显示"OL"，表示被测电阻大的超过了量程；测量开路时，也会显示"OL"。"OL"意思是过载。

必须在关掉电路电源的情况下测量电阻，否则对万用表或电路板会有损坏。某些数字式万用表有电阻方式下误接入电压信号时进行保护的功能。不同型号的数字式万用表有不同的保护能力。数字式万用表测量步骤如下：

(1) 关掉电路电源。

(2) 选择电阻挡。

(3) 将黑表笔插入 COM 插孔，红表笔插入电阻测试孔。

(4) 将表笔探头跨接到被测元件或电路的两端。

(5) 查看读数，并注意单位是欧姆（Ω）、千欧（kΩ），还是兆欧（MΩ）。

注意：

(1) 在测试电阻时关掉电源。

(2) 在进行低电阻的精确测量时，必须从测量值中减去测量导线的电阻。测试导线的阻值在 0.2~0.5 Ω。如果测试导线的阻值大于 1 Ω，测试导线就要更换了。

2.2.4 测试二极管

二极管就像一个电子开关。如果电压高于一个特定的值时，二极管就会导通。通常硅二极管导通电压为 0.7 V，并且二极管只允许电流单向流动。

采用通断区分开路或短路的方法。带有通断蜂鸣的数字式万用表使通断测量更加简单、快捷。当测到一个短路电路时，万用表发出蜂鸣声，所以在测试时无须看表。

2.2.5 测量电流

直接电流测量法就是将数字式万用表直接串联到被测电路上，让被测电路电流直接流过万用表内部电路。间接测量法不需要将电路打开并将万用表串联到被测电路上。间接测量法要用到电流钳。

直接电流测量的步骤：

(1) 关掉电路电源。

(2) 断开或拆焊电路，以便将万用表串入电路。

(3) 选择相应的交流（A~）、直流（A-）挡位。

(4) 将黑表笔插入 COM 插孔，红表笔插入 10 A 插孔或 300 mA 插孔。选择哪个插孔，主要是依据可能的测量值。

(5) 将表笔串联接入断开的电路部分。

(6) 将电路电源打开。

(7) 观察读数并注意单位。

注：测量直流时，如果测试探头接反，会有"—"出现。

📖 **问题引导3**：万用表的电流和电压的量程不够时，电路将如何设计呢？

2.2.6 电流的量程扩展

当被测量的电流超过给出的量程时，可以采用图2-7所示电路来进行电流表单量程的扩展。假设给出一个量程最大值 I_{max} 的电流测量仪表和它的内阻 R_m，用该测量仪表测量大于 I_{max} 的电流 I，可以通过并联电阻来扩展电流测量量程。

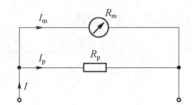

图 2-7 电流表单量程扩展

电流表和电压表量程扩展

$$R_m \cdot I_m = R_p \cdot I_p = R_p \cdot (I - I_m)$$

由此，对于一个具有最大量程电流 I_{max} 和一个直至最大电流 I 的扩展电流量程，其并联电阻可以被确定：

$$R_p = R_m \cdot \frac{I_{max}}{I - I_{max}} \tag{2-12}$$

当需要设计多个量程来测量电流时，可以借助转换开关来实现。

📖 **例题 2-1**：多个量程需要扩展

一个测量工具有一个满刻度电流 $I_{max} = 0.2$ mA 和一个 $R_m = 400$ Ω 的内阻，扩展量程到 1 mA、10 mA、100 mA、1 A。该如何设计电路呢？

解：电路设计如图2-8（a）所示

$$I_1 = 1 \text{ mA} \quad R_{p1} = R_1 + R_2 + R_3 + R_4 = 0.2/0.8 R_m \tag{1}$$

$$I_2 = 10 \text{ mA} \quad R_{p2} = R_2 + R_3 + R_4 = 0.2/9.8(R_m + R_1) \tag{2}$$

$$I_3 = 100 \text{ mA} \quad R_{p3} = R_3 + R_4 = 0.2/99.8(R_m + R_1 + R_2) \tag{3}$$

$$I_4 = 1 \text{ A} \quad R_{p4} = R_4 = 0.2/998.8(R_m + R_1 + R_2 + R_3) \tag{4}$$

将 $R_m = 400$ Ω 代入公式，得电阻 $R_1 \sim R_4$：

式（1）和式（4）→$R_4 = 0.1\ \Omega$；式（1）和式（2）→$R_2 = 9\ \Omega$；
式（1）和式（3）→$R_3 = 0.9\ \Omega$；式（1）→$R_1 = 90\ \Omega$。

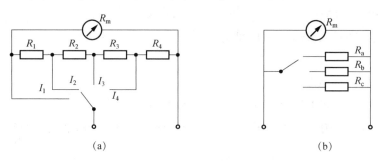

图 2-8　例题 2-1 图
(a) 没有开关接触电阻影响的电路；(b) 有开关接触电阻影响的电路

注意：图 2-8（a）和图 2-8（b）的区别。

图 2-8（b）中的这些并联电阻，对于几个安培数量级之内的电流测量量程而言是很低的阻值，因此图 2-8（b）所示结构会把开关电阻记入量程，导致附加的测量偏差。

☑ **思考**：

多量程的电流表扩展时，开关接触电路的引入误差如何处理？

2.2.7　电压测量量程的扩展

电压测量仪表的量程可以通过分压扩展，具体设计如图 2-9 所示。

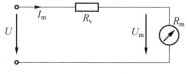

图 2-9　电压表单量程扩展

测量仪表有内阻 R_m 和满刻度量程 U_{max}。欲将量程扩展到 U，电阻 R_v 和测量仪表串联，则

$$\frac{U_{max}}{U} = \frac{R_m}{R_v + R_m} \tag{2-13}$$

得串联电阻的确定公式：

$$R_v = R_m \cdot \left(\frac{U - U_{max}}{U_{max}}\right) \tag{2-14}$$

通过串联电阻，测量系统的输入电阻变为

$$R_i = R_v + R_m = R_m \cdot \frac{U}{U_{max}} \tag{2-15}$$

电压测量量程越大，系统输入电阻就越大。比如一个电压测量量程扩大一倍，对应的输入电阻也扩大一倍。因此，对于这种形式的多量程电压测量仪表，输入电阻和在刻度值上的所有量程都相关，R_i/U 以 $k\Omega/V$ 给出。

例题2-2：电压表的多个量程需要扩展

一个测量仪表有内阻 $R_m = 1\,000\,\Omega$ 和 $U_{max} = 0.1\,V$，欲扩展量程至 1 V，请分析电阻的大小。

解：串联电阻 $R_v = 1\,000 \times \left(\dfrac{1-0.1}{0.1}\right) = 1\,000 \times 9 = 9\,000\,(\Omega)$

输入电阻 $R_i = R_v + R_m = 1\,000 + 9\,000 = 10\,000\,(\Omega)$

2.2.8 电流/电压多路开关转换

通过电流和电压量程的转换电路的连接，可以建立一个带有不同电流和电压量程的万用测量仪表，具体设计电路如图2-10所示。

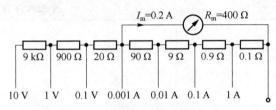

图2-10 电流和电压的多量程扩展

知识点归纳：

万用表是常用的基本测量仪器仪表，熟练掌握其运用是必备的技能之一。

（1）电阻、电流、电压的测量。

（2）电流表和电压表的量程扩展。

（3）电流表的量程扩展时，因为其内阻很小，不能忽略开关接触电阻的影响。

课后思考：

如何灵活地掌握万用表的使用？

工作页

学习任务：	熟练使用万用表	姓名：	
学习内容：	万用表的认知、量程扩展	时间：	

※信息收集

基本概念

表2-1中的万用表测量的电量有哪些？写出步骤和注意事项。

表2-1 万用表测量电量的方法

名称	步骤和注意事项
电阻	
电流	
电压	

※**能力扩展**

量程扩展

已知一电流表的量程是 1 A，内阻是 10 Ω，将其设计成多量程扩展，分别为 2 A、5 A、10 A，画出电路图，并计算出相关的值。

本节总结：

_____

_____

_____

_____

_____

_____

_____

_____

🏆 以上问题是否全部理解。是□ 否□

确认签名：_____ 日期：_____

任务 2.3　测量直流电流、电压

> 知识目标：掌握直流电流、电压的测量方法。
> 能力目标：能够熟练使用万用表测量电流和电压。
> 思政目标：规范性是必须遵守的职业操守。

📖 问题引导 1：直流电流、电压如何测量呢？是否有误差呢？如何修正？

2.3.1　直流电流的测量

测量直流电流，直接使用电流表串联于回路中，如图 2-11 所示，其中空载电压用 U_q、内阻用 R_q 来描述，电流表有一个内阻 R_m。

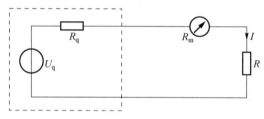

图 2-11　直流电流的测量

直流电流、电压的测量及误差分析

现分析电路，无其他附加的测量仪器时，流过的被测电流 I_w（真值）为

$$I_w = \frac{U_q}{R_q + R} \tag{2-16}$$

考虑附加电流的内阻 R_m 时，电源的负载发生变化，被测电流 I 为

$$I = \frac{U_q}{R_q + R + R_m} \tag{2-17}$$

系统测量误差 ΔI 为

$$\Delta I = I - I_w = U_q \cdot \left(\frac{1}{R_q + R + R_m} - \frac{1}{R_q + R} \right) = U_q \cdot \frac{-R_m}{(R_q + R + R_m)(R_q + R)} \tag{2-18}$$

$$\gamma = \frac{\Delta I}{I_w} = -\frac{R_m}{R_q + R + R_m} \tag{2-19}$$

误差分析：电流表的内阻导致了测量误差的产生，并且由于电流表的内阻比较小，当 $R_m \ll R_q + R$ 时，测量误差通过反馈小到可以忽略，在其他情况下它们可以在电阻值 R、R_m 和

R_q 已知的情况下进行计算修正。

📖 例题 2-3：直流电流的测量和误差分析

如图 2-12 所示，已知电流表的内阻大小为 10 Ω，请分析此电路的电流，并计算相对误差？不考虑电源内阻，先完成电路图的电路连接。

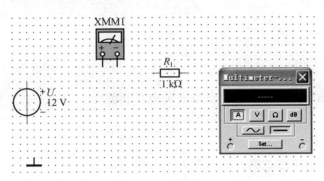

图 2-12 电流的测量

解：电路连接如图 2-13 所示。

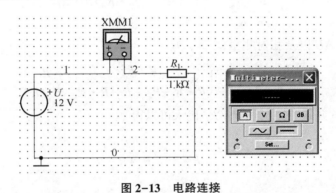

图 2-13 电路连接

真值 $$I_w = \frac{U}{R_1} = \frac{12}{1\,000} = 12(\text{mA})$$

测量值 $$I_x = \frac{U}{R_1 + R_{mA}} = \frac{12}{1\,000 + 10} = 11.88(\text{mA})$$

相对误差 $$\gamma = \frac{I_x - I_w}{I_w} = \frac{11.88 - 12}{12} \times 100\% = -1\%$$

思考：将例题中的电阻大小换成 10 Ω，电流表内阻不变，分析所产生的误差？

2.3.2 直流电压的测量

在一般情况下，电压表的内阻看作在极限情况下 $R \to \infty$ 时，采用电压表并联在被测电压两端的方法，如图 2-14 所示。

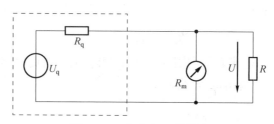

图 2-14 直流电压的测量

电路分析:

考虑电源内阻的情况下,理论上电阻 R 的电压真值为

$$U_w = \frac{R}{R_q + R} \cdot U_q \quad (2-20)$$

但考虑电压表的内阻时不能忽略,则电阻 R 的电压测量值为

$$U = \frac{\frac{R \cdot R_m}{R + R_m}}{R_q + \frac{R \cdot R_m}{R + R_m}} \cdot U_q = \frac{R \cdot R_m}{(R \cdot R_m) \cdot R_q + R \cdot R_m} \cdot U_q \quad (2-21)$$

系统测量误差 ΔU 以及相对测量偏差 γ 为

$$\Delta U = U - U_w = U_q \cdot \left(\frac{R \cdot R_m}{R \cdot R_q + R_m \cdot R_q + R \cdot R_m} - \frac{R}{R_q + R} \right) \quad (2-22)$$

对于 R 和 R_q 的并联电路,用 $R /\!/ R_q$ 代入可以得

$$\gamma = \frac{1}{1 + \frac{R_m}{R /\!/ R_q}} = -\frac{R /\!/ R_q}{R_m + R /\!/ R_q} \quad (2-23)$$

误差在 $R_m \gg R /\!/ R_q$ 时 $\gamma \to 0$,因此误差可以被忽略。

结论:电压应该在高(内)阻下测量。

📖 **例题 2-4**:直流电压的测量和误差分析。

如图 2-15 所示,不考虑电源的内阻,电阻 R_1、R_2 串联分压,已知测量用的电压表的内阻大小为 1 MΩ;请分析电阻 R_2 两端电压的相对误差?

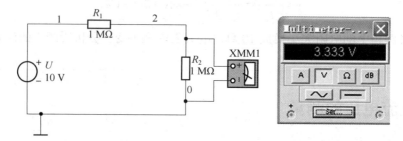

图 2-15 电阻 R 上的电压 U 的测量

解：

真值
$$U_w = \frac{R_2 U}{R_1 + R_2} = \frac{1}{2} \times 10 = 5(\text{V})$$

$$R_2 // R_m = \frac{R_2 \cdot R_{mV}}{R_2 + R_{mV}} = \frac{1}{2} = 0.5(\text{M}\Omega)$$

测量值
$$U_x = \frac{R_2 // R_{mV}}{R_1 + R_2 // R_{mV}} \cdot U = \frac{0.5}{1.5} \times 10 = 3.33(\text{V})$$

相对误差
$$\gamma = \frac{U_x - U_w}{U_w} = \frac{3.33 - 5}{15} \times 100\% = -33.4\%$$

思考：将例题中的电阻大小换成 10 Ω；电压表内阻不变，分析所产生的误差？

注意：在以上的测量过程中把万用表的内阻带来的影响考虑进测量结果时，就会带来测量的不准确性，即产生了误差。在考虑万用表的内阻带来的误差影响时，对于测量电流，测量流过小电阻的电流产生的相对误差大。测量电压时，大电阻两端的电压产生的相对误差大。

✍ **知识点归纳**：

直流电流和电压的测量，常见的是采用电流表和电压表直接测量，但是在具体的使用中，仪表本身是存在内阻的，因此就会导致测量值和其实际值之间存在误差，因此需要修正计算。

工作页

学习任务：	测量直流电流、电压	姓名：	
学习内容：	伏安法测电阻及误差分析	时间：	

※信息获取

基本量的测量

1. 画出测量直流电压和电压的电路图

2. 电压表各挡内阻 R_v（表2-2）　　电压灵敏度：_____ Ω/V

表2-2　电压表各挡内附阻 R_v

量程				
内阻阻值/Ω				

3. 电流表各挡内阻 R_g（表2-3）

表2-3　电流表各挡内阻 R_g

量程				
内阻阻值/Ω				

※能力扩展

计算分析

按图2-16接线，U_S 用直流稳压电源，取 $R_1 = 1\ \text{k}\Omega$，$R_2 = 10\ \text{k}\Omega$，测量图2-16（a）电路中的电流 I_1 与 U_1，将数据填入表2-4内。

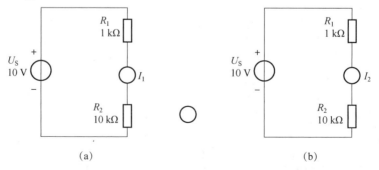

图2-16　电阻 R 上的电流和电压 U 的测量

将电流表和电压表填在图 2-16 的空白圆处。

提示：测量电流时采用串联，测量电压时采用并联然后改动电压表正表棒的位置，测量图 2-16（b）电路中的电流 I_2 与 U_2，且将数据填入表 2-4 中。

表 2-4　测量误差实验数据

内容	1	2	3	4
I_1/mA				
U_1/V				
I_2/mA				
U_2/V				

通过计算，分别得出两个接线图中四个电量 I_1、U_1、I_2、U_2 的平均值，填入表 2-5 中。

表 2-5　实验数据计算值

平均值		绝对误差	相对误差
I_1	U_1	Δ_1	γ_1
I_2	U_2	Δ_2	γ_2

数据分析：

（1）为什么需要多次测量？ _____

_____

（2）同一个测量量，采用不同的测量方法，得到的相对误差不同，这是什么原因，需要如何处理呢？

_____

_____

📖 本节总结：

_____

_____

_____

🏆 以上问题是否全部理解。是☐　否☐

确认签名：_____　日期：_____

任务 2.4 测量交流电流、电压

> 知识目标：1. 掌握交流电流、电压的测量方法。
> 　　　　　2. 掌握示波器探头的误差分析。
> 能力目标：能够熟练使用示波器测量交流电。
> 思政目标：仔细严谨的工作态度。

交流电是指电流方向随时间做周期性变化的电流，在一个周期内的平均电流为零。不同于直流电，它的方向是随着时间发生改变的，而直流电没有周期性变化。在上一任务中主要用万用表测量了直流电流和电压，那交流电的测量可以用哪些仪器呢？有哪些测量方法呢？

问题引导 1：交流电的参量有哪些呢？

(1) 直流分量 U：直流成分，它等于电压的时间性的线性的中值。

$$U = \frac{1}{T}\int_0^T u(t)\,\mathrm{d}t \tag{2-24}$$

(2) 有效值：U_{eff} 是 $u(t)$ 的均方根，可看作一个直流电压，该电压等于周期性电压 $u(t)$ 在电阻上消耗相同的功率。

$$U_{\text{eff}} = U = \sqrt{\frac{1}{T}\int_0^T [u(t)]^2\,\mathrm{d}t} \tag{2-25}$$

一个交流参数的峰值 U_{m} 或者说一个混合量的峰值是在时间区间 $[0\sim T]$ 的最大值的绝对值。

$$U_{\text{m}} = |u(t)|_{\max} \tag{2-26}$$

(3) 整流平均值 $|\dot{U}|$：电压绝对值的平均值。

$$|\dot{U}| = \frac{1}{T}\int_0^T |u(t)|\,\mathrm{d}t \tag{2-27}$$

(4) 峰值系数（因数）（Crest-因数）C 和波形系数 F 的定义，它们给出了交流参数的峰值、有效值和平均值之间的关系。

波形系数
$$F = \frac{\text{有效值}}{\text{整流平均值}} = \frac{U_{\text{eff}}}{|\dot{U}|} \tag{2-28}$$

峰值系数
$$C = \frac{\text{峰值}}{\text{有效值}} = \frac{U_{\text{m}}}{U_{\text{eff}}} \tag{2-29}$$

(5) 特例：正弦电压。

最大值为 U_{m}、圆角频率为 ω 也就是 $T = 1/f = 2\pi/\omega$ 的纯正弦交流电压的简单情况：

时间信号 $\qquad\qquad\qquad\qquad u(t) = U_{\text{m}}\sin\omega t$

直流分量 $\qquad\qquad\qquad\qquad U = \frac{1}{T}\int_0^T U_{\text{m}}\sin\omega t\,\mathrm{d}t = 0$

整流平均值　　　　$|\dot{U}| = \dfrac{1}{T}\int_0^T |U_m \cdot \sin \omega t|\,dt = \dfrac{2}{\pi}U_m \approx 0.637 U_m$

有效值　　　　　　$U_{eff} = \sqrt{\dfrac{1}{T}\int_0^T (U_m \cdot \sin \omega t)^2 dt} = \dfrac{1}{\sqrt{2}}U_m \approx 0.707 U_m$

峰值系数　　　　　$C = \dfrac{U_m}{U_{eff}} = \sqrt{2} \approx 1.414$

波形系数　　　　　$F = \dfrac{U_{eff}}{|\dot{U}|} = \dfrac{\dfrac{1}{\sqrt{2}}}{\dfrac{2}{\pi}} \approx 1.111$

问题引导 2：测量交流电的电路如何设计呢？

现在讨论如何测量交流电的峰值和峰-峰值，二极管具有单向导电性，因此可以用二极管来设计整流电路。

2.4.1 半波整流

半波整流电路如图 2-17 所示，正的输入电压加载给测量系统时导通，负的输入电压加载给系统时截止。图 2-17 忽略了二极管门限电压。在极性变换时，二极管相应的只考虑正的信号分量。

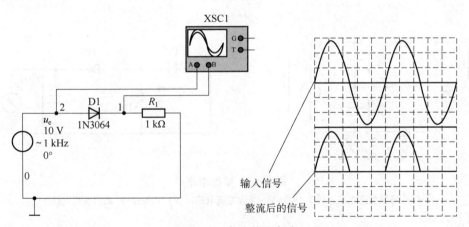

图 2-17 半波整流电路

这对于正弦输入信号意味着，半波整流时只有两个半波中的一个能够到达测量系统。因此，测量仪表上的电压平均值是输入电压整流值的一半。

2.4.2 全波整流

在全波整流时，正/负信号部分都被利用，测量仪表上的电压是输入值的绝对值。

在使用全波整流电路时，如果忽略二极管的影响，测量仪表上的电压平均值对应的就是输入电压的整流平均值。全波整流如图 2-18 所示。

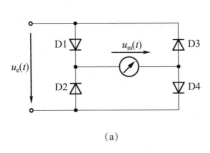
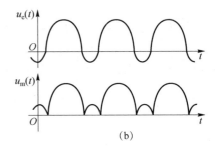

(a)　　　　　　　　　　　　　　　(b)

图 2-18　全波整流

(a) 全波整流电路；(b) 输入与输出波形图

2.4.3　峰值整流器

为了测量峰值或者峰-峰值，可以使用峰值整流器，图 2-19（a）所示为峰值整流电路，它可以存储产生过的最大值。

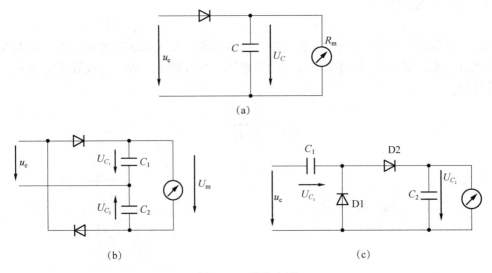

图 2-19　整流电路

(a) 峰值整流电路；(b) Delon 峰-峰值整流电路；(c) Villard 峰-峰值整流电路

2.4.4　峰-峰值整流

一个正负值交替的周期性的电压，有正的峰值（最大值）和负的峰值（最小值），峰-峰值 U_{p-p} 定义为 $U_{p-p}=U_{m+}-U_{m-}$。

整流电路如图 2-19（b）和图 2-19（c）所示，由两个峰值测量电路组成。忽略二极管电压，现在分析电路。

（1）图 2-19（b）：$U_{C_1}=U_{m+}$，$U_{C_2}=U_{m-}$，在测量仪器上连接的电压 $U_m=U_{C_1}-U_{C_2}=U_{m+}-U_{m-}=U_{p-p}$。

(2)图 2-19(c):$U_{C_2} = U_{m+} - U_{C_1} = U_{m+} - U_{m-} = U_{p-p}$,峰-峰值电压连接到测量仪表上。

讨论:如何用电容来设计峰-峰值的测量电路呢?

万用表测量交流电时,只能测量出电流、电压的大小,却不能直观地描述被测信号,因此常用的测量交流电信号的测量仪表是示波器。

📖 **问题引导 3**:示波器是测量交流电的典型仪器,如何使用,在使用中有测量误差吗?

2.4.5 示波器的探头

要用示波器进行测量,就必须将示波器的输入端与用来测量的电压连接。最简单的形式就是一根测量电缆,如图 2-20 所示。这种接法会导致待测电压被加上测量系统的输入阻抗的分压,这时的输入阻抗是由电缆和示波器给定的。

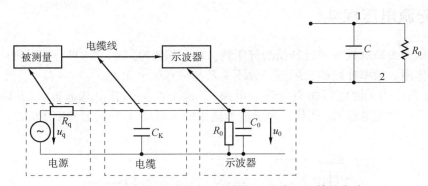

图 2-20 通过一根电缆与示波器相连的电压源等效电路

示波器的输入阻抗由 R_0 和 C_0 构成的并联电路表示。典型值为 $R_0 = 1$ MΩ,$C_0 = 10 \sim 30$ pF。对于波长比电缆长度大得多得多的低频信号,电缆上波的传播无足轻重,测量电缆可以用电容很好地近似,因为泄漏电阻和导线电阻一般都可以忽略不计。电容 C_K 和 C_0 构成的并联电路归入总电容 $C = C_K + C_0$,则得加载到电压源上去的阻抗

$$Z = \frac{R_0 \cdot \frac{1}{j\omega C}}{R_0 + \frac{1}{j\omega C}} = \frac{R_0}{1 + j\omega R_0 C} \tag{2-30}$$

加在示波器上的电压可由复数分压关系求得

$$\frac{\dot{U}_0}{\dot{U}_q} = \frac{\frac{R_0}{1+j\omega R_0 C}}{R_q + \frac{R_0}{1+j\omega R_0 C}} = \frac{R_0}{R_q + j\omega R_0 C R_q + R_0} = \frac{\frac{R_0}{R_q + R_0}}{1 + j\omega \frac{R_0 R_q}{R_q + R_0} C} \tag{2-31}$$

🔖 **例题 2-5**:**这种测量方式的测量数据的误差分析**

需要用输入阻抗 $R_0 = 1$ MΩ,$C_0 = 20$ pF 的示波器,显示电压源内阻 $R_q = 10$ kΩ,$f =$

250 kHz 的波形。测量系统的输入阻抗及此时电压源的负载为多少？

解：
$$Z_e = R_0 // (C_K + C_0) = \frac{R_0}{1 + j\omega R_0(C_K + C_0)}$$

示波器输入端的电压：

$$\dot{U}_0 = \dot{U}_q \cdot \frac{\frac{R_0}{R_q + R_0}}{1 + j\omega \frac{R_0 R_q}{R_q + R_0}(C_K + C_0)} = \dot{U}_q \cdot \frac{\frac{1}{1.01}}{1 + j2\pi \times 250 \times \frac{1 \times 10}{1 + 10} \times 120} = \dot{U}_q \times \frac{0.99}{1 + j1.87}$$

绝对值 $|\dot{U}_0| = |\dot{U}_q| \cdot \left|\frac{0.99}{1 + j1.87}\right| = |\dot{U}_q| \times 0.47$

讨论：
例题 2-5 中发现存在 47% 的测量误差，因此要想办法来解决这个问题？误差是因为哪个因素引起的呢？

2.4.6 无源电压探头

无源电压探头是对频率进行补偿的分压器，比起简易电缆来，这种分压器则降低了对电压源的负面作用。频率补偿的意思是，分压关系与信号频率无关。

图 2-21 所示为无源电压探头（等效电路）。这个探头部分由与电容 C_T 并联的电阻组成，探头电缆用电缆电容 C_{TK} 代替，而示波器则用输入阻抗 R_0 并联上 C_0 代替。

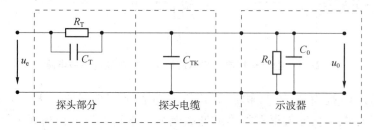

图 2-21 无源电压探头（等效电路）

分压系数 V_T，它对应频率特性的倒数。

$$\overline{V}_T = \frac{\dot{U}_e}{\dot{U}_0} \tag{2-32}$$

假如 C_{TK} 和 C_0 的并联导入 $C = C_{TK} + C_0$，则得分压系数：

$$\overline{V}_T = \frac{R_T // C_T + R_0 // C}{R_0 // C} = 1 + \frac{R_T // C_T}{R_0 // C} = 1 + \frac{\frac{R_T}{1 + j\omega R_T C_T}}{\frac{R_0}{1 + j\omega R_0 C}}$$

$$\overline{V}_T = 1 + \frac{R_T \cdot (1 + j\omega R_0 C)}{R_0 \cdot (1 + j\omega R_T C_T)} \tag{2-33}$$

讨论：

无源电压探头的分压关系一般来说适用所有频率。那满足怎样的条件，可以使其与频率无关呢？

分压关系的频率特性：

对直流电的情况，对极低频率时这个关系可以通过代入 $\omega=0$，得

$$V_{TR} = 1 + \frac{R_T}{R_0} \tag{2-34}$$

对极高频率时的分压关系通过代入 $\omega \to \infty$ 得

$$V_{TC} = 1 + \frac{C}{C_T} \tag{2-35}$$

2.4.7 频率补偿探头

如果探头部分的时间常数与示波器跟电缆部分的时间常数相匹配：

$$R_0 C = R_T \cdot C_T \tag{2-36}$$

这时的分压关系就是：

$$V_T = V_{TR} = V_{TC} = 1 + \frac{R_T}{R_0} = 1 + \frac{C}{C_T} \tag{2-37}$$

示波器输入阻抗由 R_0 与 C_0 构成情况下的 10∶1 探头，表示欧姆输入阻抗扩大了 10 倍而输入电容降低了 10 倍，同时降低灵敏度。分配关系还意味着，示波器的输入电压以及显示的电压值都是降低了 10 倍的情况。需要注意的是这种灵敏度的下降会导致测量信号非常小时显示和计算出问题。

2.4.8 探头的调整

示波器使用前必须调整探头，调整可以通过加一矩形脉冲到探头。大多数示波器都相应地内置了脉冲信号发生器，测试电压在示波器前面板上可调。调整正确时屏幕上是一清晰可见的矩形电压，而在失调状态下脉冲顶部呈上升或下降状，如图 2-22 所示。

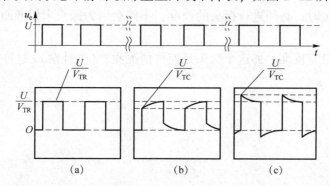

图 2-22　用探头调整的矩形电压和三种不同情况下的显示波形

（a）补偿好的探头；（b）欠补偿探头；（c）过补偿探头

如果用探头和示波器进行测量，事先未做调整，则可能在测量信号幅度时出现误差。

例题 2-6：没有进行探头校准的测量结果的误差分析

一个输入阻抗 $R_0 = 1\ \text{M}\Omega$ 和 $C_0 = 20\ \text{pF}$ 的示波器与一无源 10∶1 探头按图 2-21 连接。探头分压器 $R_T = 9\ \text{M}\Omega$，$C_T = 15\ \text{pF}$，探头电缆电容 $C_{TK} = 100\ \text{pF}$。加一最大值是 1 V，频率 $f = 1\ \text{kHz}$ 的矩形电压进行调整。矩形测试信号在示波器上显示的波形如图 2-23 所示。请分析本次测量示波器探头是否引起误差。

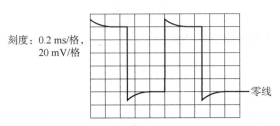

图 2-23　显示波形

解：

$$V_{TR} = 1 + \frac{R_T}{R_0} = 1 + \frac{9}{1} = 10 \qquad V_{TC} = 1 + \frac{C}{C_T} = 1 + \frac{100 + 20}{15} = 9$$

因此这个分压系数并非与频率无关

$$\frac{U_m}{V_{TR}} = \frac{1}{10} = 0.1\ (\text{V}) \qquad \frac{U_m}{V_{TC}} = \frac{1}{9} \approx 0.111\ (\text{V})$$

用没有调好的探头和示波器测量电压 $u(t) = 2 \times \sin(2\pi \times 1 \times t)\ \text{V}$

显示的信号幅度为

$$\frac{U_m}{|V_T(1)|} = \frac{U_m}{V_{TC}} = \frac{2}{9} \approx 0.222\ (\text{V})$$

相对测量误差为

$$\gamma = \frac{U_{m测}}{U_m} - 1 = \frac{0.222}{0.2} - 1 = 11\%$$

知识点归纳：

交流电的峰值和峰-峰值的测量是利用二极管和电容构成不同的测量电路来进行的。在使用示波器进行测量时，必须进行探头的校准，不然会因为探头未校准而引起测量误差。

课后思考：

例题中的探头没有校准，那这个探头是何种情况呢？（欠补偿 or 过补偿）

工作页

学习任务：	测量交流电流、电压	姓名：	
学习内容：	交流电的测量及误差分析	时间：	

※**信息收集**

基本概念

（1）请小组讨论后写出一个正弦交流电，并描述其测量方法，计算出大小，如峰值、直流分量、有效值。

（2）示波器在使用时如果没有校准，会产生什么样的问题？

※**能力扩展**

技能操作

利用操作台上的器件完成图 2-24 所示电路的搭建：$R_e = 1\ \text{k}\Omega$ 和 $R_g = 10\ \text{k}\Omega$ 搭建一个反相放大器。这是一个运算放大器电路，需要选择一个 +15 V 和 -15 V 的驱动电压。用函数发生器 D2003 产生不同形式的信号作为输入信号，通过示波器观察输出信号和输入信号。

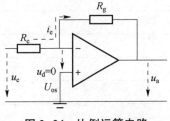

图 2-24 比例运算电路

此放大电路的输出和输入的关系为

$$U_o = -\frac{R_g}{R_e}U_e \qquad (2\text{-}38)$$

（1）按要求测量电路，把测量数据填入表 2-6 中，函数发生器设置频率为 1 kHz。

表 2-6　数字示波器测量电压练习

函数发生器输入电压/V	输出电压	输出信号的频率	放大倍数	是否失真
0.1				
0.5				
1				
2				

分析：

通过上面的数据说明了什么问题呢？

_____
_____
_____
_____

（2）仿真软件 MultiSim 实现示波器测量。

①完成图 2-24 中的数据测量，并记录数据在表 2-7 中。

表 2-7　数字示波器测量电压练习（MultiSim）

函数发生器输入电压/V	输出电压	输出信号的频率	放大倍数	是否失真
0.1				
0.5				
1				
2				

分析：

通过上面的数据说明了什么问题呢？

_____
_____
_____
_____

②完成图 2-25 所示的仿真，并记录结果。

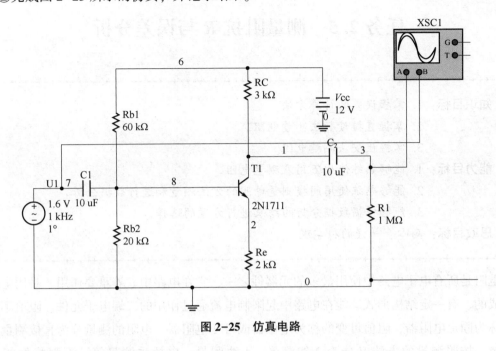

图 2-25 仿真电路

示波器的波形图（双踪显示）：

本节总结：

🔆以上问题是否全部理解。是□　否□

确认签名：_____ 日期：_____

任务 2.5　测量阻抗 R 与误差分析

> **知识目标**：1. 掌握误差的计算方法。
> 　　　　　　2. 掌握直接读数法测量电阻。
> 　　　　　　3. 掌握伏安法测量电阻。
> **能力目标**：1. 能够熟练使用万用表测量电阻。
> 　　　　　　2. 能够熟练使用间接测量电阻的方法测量和进行数据分析。
> 　　　　　　3. 能够根据数据分析的结果进行方案的选择。
> **思政目标**：耐心、严谨的科学观。

电阻是所有电子电路中使用最多的元器件之一，它在电路中起着重要作用，是用电阻材料制成的、有一定结构形式、能在电路中起限制电流通过作用的二端电子元件。阻值不能改变的称为固定电阻器，阻值可变的称为电位器或可变电阻器。电阻的测量分为直接测量和间接测量，按照测量的方法又分为 2 线测量、4 线测量、电桥法测量等。下面将做相关的介绍。

📄 **问题引导 1**：直接法测量电阻的方法有哪些呢？

2.5.1　读数法

电阻的阻值标识通常有数字法、色环法。色环法在一般的电阻上比较常见。由于手机电路中的电阻一般比较小，很少被标上阻值，即使有，一般也采用数字法。

1. 数字法

101 表示 100 Ω 的电阻；102 表示 1 kΩ 的电阻；103 表示 10 kΩ 的电阻；104 表示 100 kΩ 的电阻；105 表示 1 MΩ 的电阻；106 表示 10 MΩ 的电阻。如果一个电阻上标为 223，则这个电阻为 22 kΩ。

2. 色环法

目前，电子产品广泛采用色环电阻，其优点是在装配、调试和修理过程中，不用拨动元件，即可在任意角度看清色环、读出阻值、使用方便。一个电阻色环由 4 部分组成（不包括精密电阻）：其中第一、二环分别代表阻值的前两位数；第三环代表倍率；第四环代表误差。快速识别的关键在于根据第三环的颜色把阻值确定在某一数量级范围内，例如是几点几 Ω、还是几十几 Ω 的，再将前两环读出的数"代"进去，这样就可很快读出数来。

第一、二环每种颜色所代表的数：棕 1、红 2、橙 3、黄 4、绿 5、蓝 6、紫 7、灰 8、白 9、黑 0。第三环颜色所代表的是阻值范围，这一点是快识的关键，具体如表 2-8 所示。

表 2-8 第三色环代表的阻值范围

金色	几点几 Ω	黑色	几十几 Ω
棕色	几百几十 Ω	红色	几点几 kΩ
橙色	几十几 kΩ	黄色	几百几十 kΩ
绿色	几点几 MΩ	蓝色	几十几 MΩ

第四环颜色所代表的是误差：金色为 5%；银色为 10%；无色为 20%。

例题 2-7：色环法读电阻的大小

当四个色环依次是黄、橙、红、金色时，请分析电阻的大小。

解：

第三环为红色，阻值范围是几点几 kΩ 的，按照黄、橙两色分别代表的数 "4" 和 "3" 代入，则其读数为 43 kΩ。第四环是金色表示误差为 5%。

电阻大小是：$R = 43(1+5\%)$ kΩ。

2.5.2 万用表直接测量法

万用表欧姆挡可以测量导体的电阻。欧姆挡用 "Ω" 表示，分为 $R\times 1$、$R\times 10$、$R\times 100$ 和 $R\times 1$ k 四挡。应遵循以下步骤（指针式万用表）：

（1）将选择开关置于 $R\times 100$ 挡，将两表笔短接，调整欧姆挡零位调整旋钮，使表针指向电阻刻度线右端的零位。若指针无法调到零点，说明表内电池电压不足，应更换电池。

（2）用两表笔分别接触被测电阻两引脚进行测量。正确读出指针所指电阻的数值，再乘以倍率（$R\times 100$ 挡应乘 100，$R\times 1$ k 挡应乘 1 000……），就是被测电阻的阻值。

（3）为使测量较为准确，测量时应使指针指在刻度线中心位置附近。若指针偏角较小，应换用 $R\times 1$ k 挡，若指针偏角较大，应换用 $R\times 10$ 挡或 $R\times 1$ 挡。每次换挡后，应再次调整欧姆挡零位调整旋钮，然后再测量。

（4）测量结束后，应拔出表笔，将选择开关置于 "OFF" 挡或交流电压最大挡位，收好万用表。

测量电阻时应注意：

（1）两只表笔不要长时间碰在一起。

（2）两只手不能同时接触两根表笔的金属杆或被测电阻两根引脚，最好用右手同时持两根表笔。

（3）长时间不使用欧姆挡，应将表中电池取出。

练一练：

利用工作台上的色环电阻，用色环法和万用表直接测量法测量出阻值大小并记录。

📖 **问题引导 2**：间接法测量电阻的方法有哪些呢？

间接法测量电阻最常见的方法是利用欧姆定律。

2.5.3 伏安法测量电阻

欧姆定律：电阻上的电压与流过该电阻电流的比值。在纯电阻情况下 $u(t)$、$i(t)$ 的比值与某一时刻 t 无关也和电压 $u(t)$ 大小无关：

$$R_x = \frac{u(t)}{i(t)} \tag{2-39}$$

通过测量同一时刻流过该电阻的电流和该电阻上的电压，根据式（2-39）可计算出待求电阻 R_x。由于许多情况下测试仪器内阻不能忽略，因此在使用实际测试设备测量时会出现测量的误差。

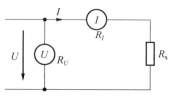

图 2-26 电流正确型求电阻

1. 电流正确型电路

如图 2-26 所示电流正确型电路，电流测量设备测出流经待求电阻 R_x 的电流 I，测得电压 U 是降落在 R_x 和电流测试设备内阻 R_I 上的电压。

电阻

$$R = \frac{U}{I} = \frac{I(R_x + R_I)}{I} = R_x + R_I \tag{2-40}$$

系统测量误差为

$$\Delta R = R - R_x = R_I \tag{2-41}$$

如果电流测量设备的内阻已知，就可通过校正排除这种系统误差。改过或校正过的值为

$$R_{korr} = \frac{U}{I} - R_I \tag{2-42}$$

在测量高阻抗电阻时一般可以不需要校正，因为在 $R_x \gg R_I$ 时比起电流和电压测量的不确定性，系统误差可忽略不计。

2. 电压正确型电路

在图 2-27 所示的电压正确型电路中可正确地获得电阻 R_x 上的电压，但电流表测得的电流 I 流过并联电阻 R，R 等效为 R_x 与电压表内阻 R_U 并联。

电阻

$$R = \frac{U}{I} = R_x // R_U = \frac{R_x \cdot R_U}{R_x + R_U} \tag{2-43}$$

系统测量误差为

$$\Delta R = R - R_x = -\frac{R_x}{1 + R_U/R_x} \tag{2-44}$$

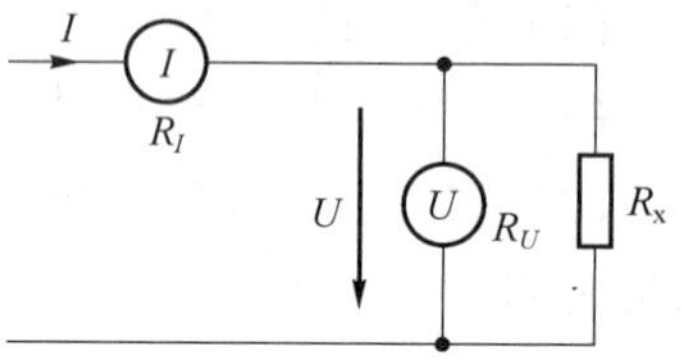

图 2-27 电压正确型求电阻

对小阻值电阻的测量推荐这种电压正确型电路，因为当 $R_x \ll R_U$ 时，比起电流与电压测量的不确定性，系统测量误差可忽略不计。

讨论:

这两种测量电阻的方法为什么会引起测量误差呢?

2.5.4　2线电阻测量

如果被测电阻是经两个接线端与测量仪表相连,则称其为2线电阻测量。

如图2-28所示,通过两根导线与测量设备连接,电压表接线端在设备内部。假设R_k表示传导电阻,包含了接线端电阻、导线电阻和接触电阻,则

$$R_{测} = \frac{U_x}{I_0} = R_x + 2 \cdot R_k \tag{2-45}$$

由接触电阻引起的系统误差为

$$\Delta R = R_{mess} - R_x = 2 \cdot R_k \tag{2-46}$$

相对测量误差为

$$\gamma = \frac{\Delta R}{R_x} = \frac{2 \cdot R_k}{R_x} \tag{2-47}$$

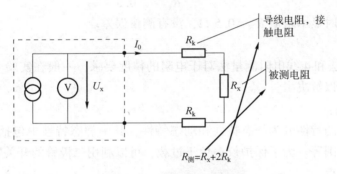

图2-28　2线电阻测量

可以看出,当$R_x \gg 2R_k$时,这类系统误差可忽略。但在测量较小的电阻时,对这种接触效果的影响不能忽略,可以通过校正。由于这种接触电阻不是常数且重复性差,这种方法不适用测量阻值较小的电阻。

2.5.5　4线电阻测量

在图2-29所示4线电阻测量电路中,电流经2根导线加到待测电阻R_x上,而R_x上的电压则用两分离的导线取得,实现了电压表接线端直接接到电阻R_x上。通过这种形式的接触就保证了电流传递导线R_{kI}上的电压降不会加到电压表上。此外电压表由于其内阻R_U非常高几乎没有电流流过,所以电压表触点和连线电阻R_{kU}上也没有电压降。因此测到的电压与电阻R_x上的电压几乎完全一样。

4线电阻测量常被用于高精度测量和阻值非常小的场合的测量。

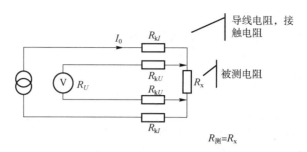

图 2-29 4 线电阻测量

📖 例题 2-8：2 线电阻测量和 4 线电阻测量的方法比较

用恒流源供电方式的电阻测量仪器测得一电阻 $R_x = 0.5\ \Omega$。接线柱电阻、缆线电阻和接触电阻总计为每端 $0.05\ \Omega$。请比较采用 2 线电阻测量法和 4 线电阻测量法的测量结果和误差。

解：采用 2 线测量时显示阻值为

$$R_{测} = R_x + 2 \cdot R_k = 0.5 + 2 \times 0.05 = 0.6\ (\Omega)$$

由接触电阻引起的相对测量误差为 $\gamma = \dfrac{2 \times R_k}{R_x} = \dfrac{2 \times 0.05}{0.5} = 20\%$

采用 4 线测量时显示阻值 $R_{测} = 0.5\ \Omega$，没有测量误差。

注意：

2 线电阻测量法和 4 线电阻测量法对于电阻的精度要求，一般在实验室所进行的电阻测量采用伏安法就可以解决。

✏ 知识点归纳：

测量仪器仪表的特性分为静态特性和动态特性，其中静态特性中包括灵敏度、线性度、迟滞性、量程和范围等。为了保护仪表免于过载，可以利用二极管的开关特性来设计相应的电路，这是一个难点。

☑ 课后思考：

保护仪器仪表的电路设计有哪些呢？

工作页

学习任务：	测量阻抗 R 与误差分析	姓名：	
学习内容：	伏安法测电阻和 2 线、4 线法	时间：	

※任务描述

情景描述

声光控楼道灯控制器是用于居民楼道照明灯的控制，白天灯不亮，当天黑且有足够大的声音时灯亮，延迟一段时间后灯自动熄灭，在设计其电路时，需要用到电阻，可以用何种方法来测量电阻呢？

直接测量电阻：

间接测量电阻：

※任务实施

利用 Mutilism 仿真测试完成图 2-30 所示电路并记录数据，分别填入表 2-9、表 2-10 中并对数据误差分析。

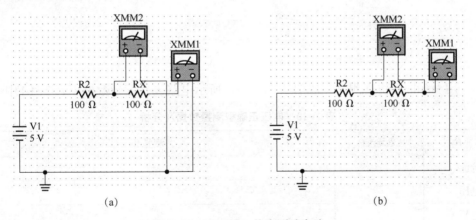

图 2-30　Mutilism 仿真测试电路

(a) 电流正确型；(b) 电压正确型

1. 电流正确型

(1) 计算理论值：

（2）用 Mutilism 仿真测试完成图 2-30（a）所示电路，并记录数据于表 2-9 中。

表 2-9　电流正确型测量数据及分析

类型（R_x）	理论值	测量值
电流		
电压		
电阻		
$\Delta R =$		

（3）分析误差产生的原因：

2. 电压正确型

（1）计算理论值：

（2）用 Mutilism 仿真测试完成图 2-28（b）所示电路，并记录数据于表 2-10 中。

表 2-10　电压正确型测量数据及分析

类型（R_x）	理论值	测量值
电流		
电压		
电阻		
$\Delta R =$		

（3）分析误差产生的原因：

注意事项：

按照图 2-31 进行仿真：设置万用表的内阻如下，并说明原因：

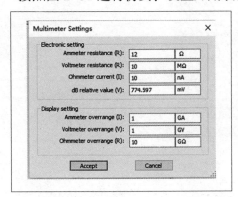
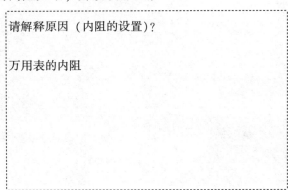

请解释原因（内阻的设置）？

万用表的内阻

图 2-31　万用表内阻设置要求

※任务评价

请完成评价表 2-11。

表 2-11　评价表

评分内容		学生自评	学生互评	教师评价
前期准备	对项目的总体认识			
	资料的整理归类			
	预习完成情况			
知识运用能力	欧姆定律			
	电流正确型（内接法）			
	电压正确型（外接法）			
技能操作能力	仿真软件的使用能力			
	电流表、电压表内阻测量			
	外接法/内接法测电阻及误差数据处理			
	仿真能力			
其他	工作计划与进度			
	工作的责任意识			
	团队的合作精神			
	项目工作表述			
课堂情况	出勤			
	课堂表现			
评分中间结果	因子	0.2	0.2	0.6
评分填入此栏				

本节总结：

🏆 以上问题是否全部理解。是□ 否□

确认签名：_____ 日期：_____

任务 2.6　掌握电桥法测电阻 R

知识目标：1. 掌握电桥电路的画法。
　　　　　2. 掌握电桥平衡的条件。
　　　　　3. 掌握电桥法测量电阻。
能力目标：1. 能够熟练使用万用表测量电阻。
　　　　　2. 能够熟练运用电桥法进行搭建电路。
思政目标：多方面思考。

借助电桥对电流和电压做交替测量也可确定电阻阻值。用来测量电阻的电桥由电阻网络构成，在平衡方式中，通过改变可调电阻来使电桥电压平衡，然后再由可调电阻值确定待求电阻。

▣ 问题引导1：什么是惠斯通电桥？

2.6.1　惠斯通电桥

惠斯通电桥（又称单臂电桥）是一种可以精确测量电阻的仪器。惠斯通电桥由两个并联的分压器构成，电阻 R_1、R_2、R_3、R_4 叫作电桥的四个臂，电压 U_B 用以检测它所在的支路有无电流。当无电流通过时，称电桥达到平衡。平衡时，四个臂的阻值满足一个简单的关系，利用这一关系就可测量电阻。如图 2-32 所示，惠斯通电桥由电压 U_i 供电。

电桥法测量电阻及误差分析

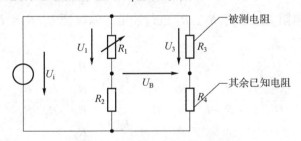

图 2-32　惠斯通电桥测量电阻

由电压分配器得

$$U_1 = U_i \cdot \frac{R_1}{R_1+R_2} \text{ 和 } U_3 = U_i \cdot \frac{R_3}{R_3+R_4} \tag{2-48}$$

可以算出电桥电压

$$U_B = U_3 - U_1 = U_i \cdot \left(\frac{R_3}{R_3+R_4} - \frac{R_1}{R_1+R_2} \right)$$

$$= U_i \cdot \frac{R_3 \cdot (R_1+R_2) - R_1 \cdot (R_3+R_4)}{(R_1+R_2) \cdot (R_3+R_4)} \tag{2-49}$$

结论：

$$U_B = U_i \cdot \frac{R_2 \cdot R_3 - R_1 \cdot R_4}{(R_1+R_2) \cdot (R_3+R_4)} \tag{2-50}$$

当电桥平衡时，四个电阻满足一定的关系，电桥电压 $U_B = 0$。

由此得到平衡条件：

$$R_2 R_3 = R_1 R_4 \tag{2-51}$$

假设电阻 $R_2 = R_x$，那么就能用电桥电路通过改变电阻 R_1、R_3 或 R_4 来达到平衡，使测到的电桥电压为零。在平衡的情况下可由其他的电阻值算出

$$R_x = R_2 = R_1 \frac{R_4}{R_3} \tag{2-52}$$

讨论：

如何利用平衡电桥法来测量电阻呢？

问题引导2：惠斯通电桥有测量误差吗？如何改进呢？

测量较小电阻时，惠斯通电桥测量存在导线电阻和接触电阻导致的不可校正的测量误差，因此可以提出改进方案。

2.6.2 汤姆逊电桥

4线测量技术可以通过对汤姆逊电桥，如图 2-33 所示，实现电流和电压支路的分离。电阻 R_n、R 和待求电阻 R_x 构成一低阻抗电流支路，电压测量支路（R_1、R_2、R_3、R_4）为高阻抗并直接从电阻 R_n 和 R_x 上获取，将接触电阻和导线电阻忽略不计。

通过这种结构对电阻 R_1、R_2、R_3、R_4 进行馈电，以保证 $R_1/R_2 = R_3/R_4$。

当平衡时（$U_B = 0$）有

$$\frac{U_x}{U_n} = \frac{I_2 \cdot R_4 - I_1 \cdot R_2}{I_2 \cdot R_3 - I_1 \cdot R_1} = \frac{R_4}{R_3} \cdot \frac{I_2 - I_1 \cdot \dfrac{R_2}{R_4}}{I_2 - I_1 \cdot \dfrac{R_1}{R_3}} = \frac{R_4}{R_3} = \frac{R_2}{R_1} \tag{2-53}$$

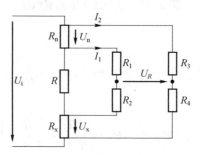

图 2-33 汤姆逊电桥测量电阻

因为是同一个电流流过 R_n 和 R_x，精确已知的比较电阻 R_n 和电阻关系 R_2/R_1，计算出平衡状态下的电阻 R_x：

$$R_x = R_n \cdot \frac{U_x}{U_n} = R_n \cdot \frac{R_2}{R_1} \tag{2-54}$$

使用汤姆逊电桥能测量小到 $10^{-7}\Omega$ 的电阻。

注意：汤姆逊电桥相对于惠斯通电桥其测量电阻的精度更高。

✍ **知识点归纳**：

惠斯通电桥法是用来测量电阻的另一种有效手段，利用直流电桥平衡的条件，调节其中一条支路的电阻大小，让电桥的输出电压为 0，从而测量出被测电阻的大小。但是由于接触电阻的存在，这种电桥对于精度要求高的电阻还是会产生误差，因此可以借助汤姆逊电桥的测量方式，来进行测量高精度的电阻。

☑ **课后思考**：

（1）惠斯通电桥和汤姆逊电桥有何不同？

（2）本节涉及直流电桥，惠斯通电桥属于四分之一电桥，那用全桥、半桥电路如何分析呢？

工作页

学习任务：	掌握电桥法测电阻 R	姓名：	
学习内容：	电桥法测量电阻	时间：	

※信息收集

基本概念

（1）请画出惠斯通电桥的电路图，并写出电桥平衡的条件。

（2）分析惠斯通电桥测量电阻存在何种测量电阻的误差。

※能力扩展

技能操作——仿真

利用仿真软件，以小组为单位设计电桥法测量的电路图，如图 2-34 所示，并实施。

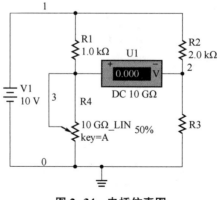

图 2-34 电桥仿真图

要求：(1) 画出惠斯通电桥和汤姆逊电桥两种测量电路。
(2) 记录数据。

本节总结：

☙以上问题是否全部理解。是☐ 否☐

确认签名：_____日期：_____

任务 2.7 掌握电桥法测量电容及电感

> 知识目标：1. 掌握电容、电感的定义。
> 　　　　　2. 掌握复阻抗的电阻计算方法。
> 能力目标：1. 能够熟练使用万用表。
> 　　　　　2. 能够熟练运用电桥平衡分析电路。
> 思政目标：能够耐心计算。

复阻抗 Z 表示阻抗的直流分量和无功分量。下面假定阻抗 Z 是线性的且在时间上是恒定的，那下面学习这类阻抗的测量方法。

◻ **问题引导 1**：如何利用交流电桥的平衡和分析负阻抗的测量？

类似于直流电阻测量电桥，此种方式适应于测量频率为低频范围的电路。交流电压测量电桥如图 2-35 所示。

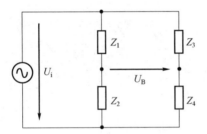

图 2-35　交流电压测量电桥

测量电容

电桥电压为
$$\dot{U}_B = \dot{U}_i \cdot \frac{Z_2 \cdot Z_3 - Z_1 \cdot Z_4}{(Z_1+Z_2)(Z_3+Z_4)} \tag{2-55}$$

平衡条件（$\dot{U}_B = 0$）
$$Z_1 \cdot Z_4 = Z_2 \cdot Z_3 \tag{2-56}$$

或通过倒数以电导值表示
$$Y_1 \cdot Y_4 = Y_2 \cdot Y_3 \tag{2-57}$$

利用平衡条件来分析。利用实部和虚部或绝对值和相位需相对应，得到等效平衡条件：

$$R_2 \cdot R_3 - X_2 \cdot X_3 = R_1 \cdot R_4 - X_1 \cdot X_4$$

以及
$$X_2 \cdot R_3 + R_2 \cdot X_3 = X_1 \cdot R_4 + R_1 \cdot X_4 \tag{2-58}$$

或根据 $Z = |Z| \cdot e^{j\varphi_Z}$ 的应用得到绝对值和相位平衡条件：

$$|Z_1| \cdot |Z_4| = |Z_2| \cdot |Z_3| \text{ 以及 } \varphi_1 + \varphi_4 = \varphi_2 + \varphi_3 \tag{2-59}$$

📖 **问题引导 2**：几种典型的交流测量电桥的测量。

2.7.1 文氏电容测量电桥

特点：确定有损耗电容并联等效电路的元件，如图 2-36 所示。

将电路元件代入平衡条件，得

$$\left(\frac{1}{R_1}+j\omega C_1\right)\cdot\frac{1}{R_4}=\left(\frac{1}{R_x}+j\omega C_x\right)\cdot\frac{1}{R_3} \quad (2-60)$$

利用平衡条件，借助式（2-58）、式（2-59），求解等式的平衡条件：

$$\left(\frac{1}{R_1\cdot R_4}+j\frac{\omega C_1}{R_4}\right)=\left(\frac{1}{R_x\cdot R_3}+j\frac{\omega C_x}{R_3}\right)$$

即 $R_1\cdot R_4=R_x\cdot R_3$ 且 $\dfrac{\omega C_1}{R_4}=\dfrac{\omega C_x}{R_3}$

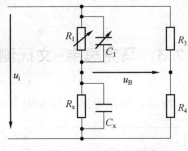

图 2-36 文氏电容测量电桥

$$R_x=\frac{R_4}{R_3}\cdot R_1,\quad C_x=\frac{R_3}{R_4}\cdot C_1$$

$$\tan\delta=\frac{1}{R_x\cdot\omega\cdot C_x}=\frac{1}{\omega\cdot R_1\cdot C_1}$$

如图 2-36 所示，可通过交替调整 R_1 和 C_1 来平衡。可以固定 C_1 和 R_4 范围选择，R_1 和 R_3 可以是平衡变量。双变量的优点是，双电阻的平衡较单一可调基准电容更容易些且再现性更好。

2.7.2 马克思韦电感测量电桥

特点：确定有损耗电感串联等效电路元件。该电桥由电感 L_1、固定电阻 R_4 和平衡电阻 R_1 及 R_3 组成，如图 2-37 所示。

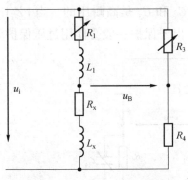

图 2-37 马克思韦电感测量电桥

测量电感

平衡条件为

$$(R_1+j\omega L_1)\cdot R_4=(R_x+j\omega L_x)\cdot R_3$$

$$R_1 \cdot R_4 + j\omega L_1 \cdot R_4 = R_x \cdot R_3 + j\omega L_x \cdot R_3$$

以及由实部和虚部可导出的求解等式为

$$R_x = \frac{R_4}{R_3} \cdot R_1$$

$$L_x = \frac{R_4}{R_3} \cdot L_1$$

2.7.3 马克思韦-文氏测量电桥

特点：测量电感，马克思韦-文氏测量电桥如图 2-38 所示。

马克思韦-文氏电桥平衡条件为

$$(R_x + j\omega L_x)\frac{R_3 \cdot \frac{1}{j\omega C_3}}{R_3 + 1/j\omega C_3} = R_1 \cdot R_4$$

$$(R_x + j\omega L_x)\frac{R_3}{1 + j\omega R_3 C_3} = R_1 \cdot R_4$$

以及 $(R_x + j\omega L_x) \cdot R_3 = R_1 \cdot R_4 \cdot (1 + j\omega R_3 C_3)$

由实部和虚部得出求解等式：

$$R_x = \frac{R_4}{R_3} \cdot R_1$$

$$L_x = R_1 \cdot R_4 \cdot C_3$$

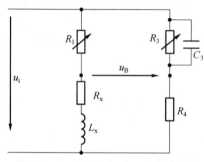

图 2-38 马克思韦-文氏测量电桥

2.7.4 西林电容测量电桥

特点：西林电桥用来测量高压电容元件并联等效电路。

图 3-39 所示电桥用高压供电并且电容器 C_x 和 C_3 是高耐压的。当 $|Z_x| \gg R_{2t}$ 和 $C_3 \ll C_4$ 时平衡元件和零点指示器主要取决于小电压，出于保护一般会使用过压保护元件。

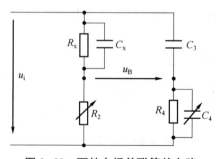

图 2-39 西林电桥并联等效电路

与频率相关的平衡条件由 $Y_1 \cdot Y_4 = Y_2 \cdot Y_3$ 导出，为

$$\left(\frac{1}{R_x}+j\omega C_x\right) \cdot \left(\frac{1}{R_4}+j\omega C_4\right) = \frac{1}{R_2} \cdot j\omega C_3$$

具有的实部和虚部：

$$\frac{1}{R_x \cdot R_4} - \omega^2 C_x C_4 = 0 \text{ 和 } \frac{\omega C_x}{R_4} + \frac{\omega C_4}{R_x} = \frac{\omega C_3}{R_2}$$

经少量变换就可得出待求等式：

$$C_x = C_3 \cdot \frac{R_4}{R_2 \cdot [1+(\omega R_4 C_4)^2]}$$

$$\tan\delta = \frac{1}{\omega R_x C_x} = \omega R_4 C_4$$

上式包含了角频率 ω，因此平衡与频率有关。

✎ 知识点归纳：

电容和电感的电桥法测量，需要理解实际的电容和电感的等效电路及表达形式的书写，在利用电桥法进行分析时，需要分析的是交流电桥平衡的条件，因此正确书写电感、电容、电阻的串并联形式尤为重要。需要正确分析下面几种电桥电路：

（1）文氏电容测试电桥。

（2）马克思韦电感测量电桥。

（3）马克思韦-文氏测量电桥。

（4）西林电容测量电桥。

☑ 课后思考：

电感、电容是如何储能的？

工作页

学习任务：	掌握电桥法测量电容及电感	姓名：	
学习内容：	交流电桥法测量复阻抗	时间：	

※**信息收集**

基本概念

(1)  名称：＿＿＿＿＿＿大小：＿＿＿＿＿＿并标志出正负极。

(2) 写出下面元件的阻抗表达式：

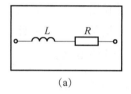
(a)

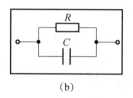
(b)

(3) 写出本课中典型的测量带有损耗的电容和电感的交流测量电桥的名称。

※**能力扩展**

1. 技能操作

(1) 请完成工作台上放置的电容的检测，判断是否损坏，如果是好的请测量出大小并填表 2-12。

表 2-12 电容测量记录表

电容	是否损坏	大小	读数法
电容 1			
电容 2			
电容 3			

上面哪个是电解电容？

(2) 请利用工作台上放置的器件和仪器仪表，实现文氏电容电桥的测量并记录数据于表 2-13 中。

两个标准电阻 R_1、R_2；一个可变电阻 R_3 和电容 C_3，一个被测电容。

表 2-13 文氏电容电桥测量记录表

被测值	C_x	R_x	C 绝对误差	Q
数据				

（3）请利用工作台上放置的器件和仪器仪表，实现西林电容电桥的测量并记录数据于表 2-14 中。

1 个标准电阻 R_1 和标准电容 C_1，一个可变电阻 R_3 和电容 C_3，一个被测电容。

表 2-14 西林电容电桥测量记录表

被测值	C_x	R_x	C 绝对误差	Q
数据				

2. 计算

（1）写出西林电桥图 2-39 中的相关内容。

电桥平衡的条件为 $Y_1 \cdot Y_4 = Y_2 \cdot Y_3$，则 $Y_1 = $ _____（Y_1 关于 R_x 和 C_x 的表达式）。

$Y_3 = $ _____（Y_3 关于 C_3 的表达式）。

$Y_2 = $ _____（Y_2 的表达式）。$Y_4 = $ _____（Y_4 的表达式）。

（2）如图 2-35 所示，调节电路中的可变电阻部分，使电桥达到平衡，后发现电阻的大小为 $R_1 = 1 \text{ k}\Omega$，$R_3 = 2 \text{ k}\Omega$，$R_4 = 4 \text{ k}\Omega$，$L_1 = 6 \text{ mH}$，分析被测电阻的大小。

本节总结：

_____

_____

_____

_____

☞ 以上问题是否全部理解。是□ 否□

确认签名：_____ 日期：_____

任务 2.8　测量直流电及交流电的功率

> 知识目标：1. 掌握直流电功率测量的方法及误差分析。
> 　　　　　2. 掌握交流电功率测量的方法及误差分析。
> 　　　　　3. 理解三相交流电的功率测量方法。
> 能力目标：1. 能够熟练使用功率表。
> 　　　　　2. 能够熟练计算功率和误差。
> 思政目标：耐心踏实的工作作风。

单位时间内所完成的功称为功率，单位"瓦"（W），功率测量表示在 1 s 内完成 1 J 功所需的功率。功率作为单位时间内所做的功，描述诸如变换器、机械、播放器或者元器件等的一个重要参数。那功率如何测量呢？

📖 问题引导 1：功率是什么？用何种仪器可以测量？

2.8.1　功率表

功率表也叫瓦特表，一种测量电功率的仪器。电功率包括有功功率、无功功率和视在功率。未做特殊说明时，功率表一般是指测量有功功率的仪表。

直流电功率的测量与误差分析

按照 DIN 43807—1983 标准，电流端子用 k 和 l，电压端子用 u 和 v 标示，极性可以用黑点来标示，如图 2-40 所示。

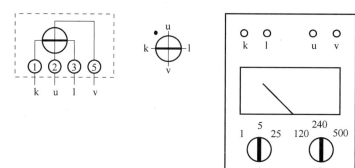

图 2-40　电动功率表的端子符号

2.8.2　常用功率表的介绍

根据被测信号频率，功率表可分为：直流功率表、工频功率表、变频功率表、射频功率表和微波功率表。由于直流电的功率等于电压和电流的简单乘积，实际测量中，一般采用电压表和电流表替代。工频功率表是应用较普遍的功率表，常说的功率表一般都是指工频功率表。

现在的功率表发展迅速，为了满足在不同工业条件下电功率的测量，各家公司不断地开发新产品来满足用户的需要。

首先来分析直流电的功率测量。

问题引导2：直流电的功率如何测量？其测量数据如何分析呢？

思考：电阻R的伏安法测量：电流和电压正确型。与功率的测量相类比。

2.8.3 误差的引入

电动测量工具可以以负载测的电压和电流的乘积来工作。对测量工具的电流或者电压这两个变量来说，内阻对它们会产生影响，现在分析测量电路图。

如图2-41（a）所示，电压正确连接时，$I_2=U_v/R_U$，R_U是带电压线圈的电压测量支路的电阻。流经电流线圈的电流是$I_1=I_v+I_2$，不等于负载电流。

误差：显示的功率高于电压线圈的耗用功率，具体见式（2-61）

$$P_{anz}=U_v\cdot(I_v+I_2)=P_v+\frac{U_v^2}{R_U} \tag{2-61}$$

式中，P_{anz}为功率测量值；P_v为功率实际值。

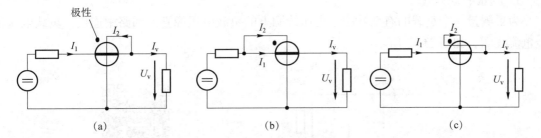

图2-41 直流电功率测量

(a) 电压正确型电路；(b) 电流正确型电路；(c) 带校正线圈的测量工具

如图2-41（b）所示电流正确型电路，$I_1=I_v$，电压线圈上的电压是高出了电流线圈（内阻R_I）上电压降的负载电压：$U_m=U_v+I_v\cdot R_I$。

误差：显示值包含了电流线圈的耗用功率，具体见式（2-62）

$$P_{anz}=(U_v+I_v\cdot R_I)\cdot I_v=P_v+I_v^2\cdot R_I \tag{2-62}$$

式中，P_{anz}为功率测量值；P_v为功率实际值。

解决方案：

为了避免由于耗用功率的系统性测量误差，可以在测量工具中设置一个如图2-41（c）所示的校正线圈。校准线圈产生一个磁场，该磁场设置成与电流线圈相反，并因此修正升高了的电流I_1的影响：

$$P_{anz}=U_v\cdot I_v-U_v\cdot I_2=U_v\cdot(I_v+I_2)-U_v\cdot I_2=P_v \tag{2-63}$$

耗用功率由生产商为每个量程给出，如果它很明显小于被测功率，它可以忽略，因此有

$$P_{anz}=U_v \cdot I_v=P_v \tag{2-64}$$

🗂 **问题引导3：直流电的功率如何测量？其测量数据如何分析呢？**

2.8.4 功率表的显示值

通过电流线圈的电流 $i_m(t)$ 和电压线圈上的电压 $u_m(t)$ 都是相同频率 ω 和相同相位差 φ_m 的余弦信号。如果测量仪器的特性频率 ω_0 明显大于交流电频率 ω，那么显示的平均功率为

$$P_{anz}=\overline{i_m(t) \cdot u_m(t)}=\overline{I_m\cos \omega t \cdot U_m\cos(\omega t+\varphi_m)}=\overline{I_mU_m \cdot \cos \omega t \cdot \cos(\omega t+\varphi_m)}$$

利用积化和差公式 $\cos \alpha \cdot \cos \beta = 0.5[\cos(\alpha-\beta)+\cos(\alpha+\beta)]$，得

$$P_{anz}=\overline{I_mU_m \cdot 0.5 \cdot [\cos \varphi_m+\cos(2\omega t+\varphi_m)]}$$

当 $\omega \gg \omega_0$ 时，$\cos(2\omega t+\varphi_m)=0$，在使用有效值替换幅值后，有

$$P_{anz}=0.5 \cdot U_m \cdot I_m \cdot \cos \varphi_m=U_m \cdot I_m \cdot \cos \varphi_m \tag{2-65}$$

因此测量仪器显示的总是电压线圈上的电压和通过电流线圈的电流及这两个参量的相位角的余弦乘积。

2.8.5 测量交流电的功率

1. 测量有功功率

为了测量一个负载的有功功率，电压线圈上的负载电压像直流回路中连接，负载电流流经电流线圈，如图2-42所示。

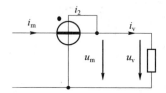

图 2-42 电动工具测量交流电功率　　　　　交流电功率的测量

由电路可知 $u_m=u_v$，$i_m=i_v$ 和 $\varphi_m=\varphi_v$。忽略测量仪器的耗用功率，负载有功功率的显示值为

$$P_{anz}=u_m \cdot i_m \cdot \cos \varphi_m=u_v \cdot i_v \cdot \cos \varphi_v=P_v \tag{2-66}$$

2. 测量无功功率

为了可以用电动测量工具测量负载的无功功率 $Q_v=U_v \cdot I_v \cdot \sin \varphi_v$，在测量工具的电压线圈上并不是接上负载电压，而是一个相位滞后90°的电压，也就是说电流通过电压线圈相移-90°。因为功率表显示的结果是电压线圈上的电压和通过电流线圈的电流及这两个参量的相位角的余弦乘积，具体设计电路如图2-43所示。

$$P_{anz}=U_v \cdot I_v \cdot \sin \varphi_v=Q_v \tag{2-67}$$

在单相系统中，电流的相移如图2-43（a）所示，通过和电压线圈有90°相移的相移环

节达到。实际应用的电路是如图 2-43（b）所示的富麦尔电路。通过合理地设置 L_1、L_2 和 R 的值，达到 u_m 滞后负载电压 u_v 90°。

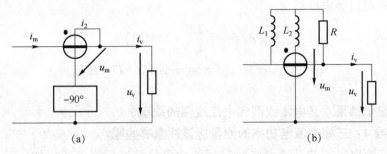

图 2-43 电动测量仪表测量无功功率
（a）带相移环节的理论电路；（b）富麦尔电路

因为电感性负载的无功功率是正的，电容性负载的无功功率是负的，所以在测量的时候必须注意测量仪器线圈的正确极性。

3. 测量视在功率和 cos φ

视在功率通过测得的电压 U 和电流 I 的有效值进行计算：

$$S = |\dot{S}| = U \cdot I \tag{2-68}$$

另一种是可以用电动测量设备测量有功和无功功率，视在功率按照式（2-69）确定：

$$S = \sqrt{P^2 + Q^2} \tag{2-69}$$

功率因数通过测量 U、I 和 P 或者测量 P 和 Q 来确定：

$$\cos \varphi = \frac{P}{U \cdot I} = \frac{P}{\sqrt{P^2 + Q^2}} \tag{2-70}$$

例题 2-9：交流电的有功功率、无功功率、视在功率的测量与计算

在带有负载 Z 的交流电压系统中，进行如图 2-44 所示的测量。

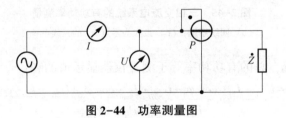

图 2-44 功率测量图

得到显示值

$$I = 1.5 \text{ A}; U = 228 \text{ V}; P = 300 \text{ W}$$

电动测量设备直接显示的结果是 300 W，请分析本电路中的功率表测量的何种功率？计算有功功率、无功功率和视在功率及确定负载。

解：功率表显示的是有功功率：$P_Z = P = 300$ W

视在功率

$$S = U \cdot I = 228 \times 1.5 = 342 \text{ (V · A)}$$

无功功率

$$Q = \sqrt{S^2 - P^2} = \sqrt{(342)^2 - (300)^2} = 164 \text{ (var)}$$

品质因数
$$\cos\varphi = \frac{P}{S} = \frac{300}{342} \approx 0.877$$

由测得的值可以确定负载 Z

$$|Z| = \frac{U}{I} = \frac{228}{1.5} = 152(\Omega)$$

$$\varphi_Z = \varphi = \arccos(\cos\varphi) = \arccos 0.877 = 28.7°$$

讨论：

功率表的显示结果总是电压线圈和电流线圈的乘积。

问题引导4：三相交流电功率的测量应该注意哪些呢？

为了测量交流电系统的功率，将对每相的功率分量进行测量和相加。对称负载的情况下，在一相进行测量就足够了，总的功率由单相功率的三倍得到。

1）测量有功功率

负载总的有功功率等于每一相的有功功率的总和，可以按照图2-45所示的电路测量。在四线系统和负载星形连接的情况下，单个显示值也可以和单相负载相配。因此测量仪器在L1相上测量L1和N之间的负载有功功率，其他测量仪器等于其他相的有功功率。

在三相交流电系统中，测量仪器按照图2-45（b）所示的电路连接。在相同的内阻 R_u 时，建立了一个人为的零点 N^*，因此电压线圈又和对应的相电压 U_{iN} 相连接。

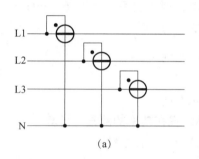
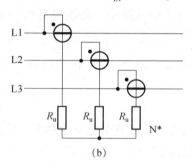

图2-45 三相交流电系统的有功功率测量

（a）四线系统；（b）带人为零点 N^* 的三线系统

对四线和三线系统，总的有功功率等于测量仪器显示值的和：

$$P_{ges} = U_{1N} \cdot I_1 \cdot \cos\varphi_1 + U_{2N} \cdot I_2 \cdot \cos\varphi_2 + U_{3N} \cdot I_3 \cdot \cos\varphi_3 \tag{2-71}$$

$$P_{ges} = P_{anz1} + P_{anz2} + P_{anz3} \tag{2-72}$$

式中，P_{ges} 为总的有功功率。

2）测量无功功率

根据上一节讲的，电动功率表测量无功功率时，可以用滞后负载电压或者相电压90°的辅助电压。已知线电压满足这些条件：

$$\dot{U}_{12} = \sqrt{3} \cdot \dot{U}_{3N} \cdot e^{-j90°}$$

$$\dot{U}_{23} = \sqrt{3} \cdot \dot{U}_{1N} \cdot e^{-j90°}$$

$$\dot{U}_{31} = \sqrt{3} \cdot \dot{U}_{2N} \cdot e^{-j90°}$$

相电压和相对的线电压有一定的相位位置，但是绝对值上要大 $\sqrt{3}$。因此在交流电系统的无功功率的测量时，可以使用这个线电压。

假如测量 L1 相的无功功率，使用 U_{23} 这个滞后 U_{1N} 90°的辅助电压：

$$Q_1 = U_{1N} \cdot I_1 \cdot \sin \varphi_1 = U_{23}/\sqrt{3} \cdot I_1 \cdot \cos \varphi_a \tag{2-73}$$

φ_a 是 U_{23} 和 U_{1N} 之间的夹角，因此电动测量仪表的显示结果：

$$P_{anz} = U_{23} \cdot I_1 \cdot \cos \varphi_a = \sqrt{3} Q_{Z1} \tag{2-74}$$

显示值除以$\sqrt{3}$，得到 Z_1 上的无功功率。

$$Q_{Z1} = P_{anz}/\sqrt{3} \tag{2-75}$$

三个相上的总的无功功率为

$$Q_{ges} = U_{1N} \cdot I_1 \cdot \sin \varphi_1 + U_{2N} \cdot I_2 \cdot \sin \varphi_2 + U_{3N} \cdot I_3 \cdot \sin \varphi_3$$

$$Q_{ges} = U_{1N} \cdot I_1 \cdot \cos(\varphi_1 - 90°) + U_{2N} \cdot I_2 \cdot \cos(\varphi_2 - 90°) + U_{3N} \cdot I_3 \cdot \cos(\varphi_3 - 90°)$$

$$Q_{ges} = U_{23}/\sqrt{3} \cdot I_1 \cdot \cos \varphi_a + U_{31}/\sqrt{3} \cdot I_2 \cdot \cos \varphi_b + U_{12}/\sqrt{3} \cdot I_3 \cdot \cos \varphi_c \tag{2-76}$$

无功功率由显示值 P_{anzi} 确定，测量电路如图 2-46 所示。

$$Q_{ges} = \frac{P_{anz1}}{\sqrt{3}} + \frac{P_{anz2}}{\sqrt{3}} + \frac{P_{anz3}}{\sqrt{3}} \tag{2-77}$$

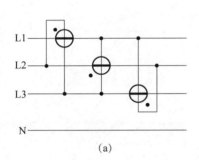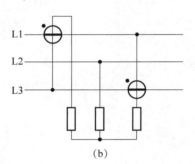

图 2-46 测量电路

（a）任意负载的四线或三线系统无功功率测量；（b）Aaron—回路测量三线系统的无功功率

同有功功率的测量那样，在带星形负载的四线系统中，负载的显示值是对应单相，所以 L1 相的测量仪器显示的是 L1 和 N 之间负载无功功率的$\sqrt{3}$倍。

注意：测量仪器的正确极性。

例题 2-9：三相交流电的有功功率、无功功率、视在功率的测量与计算

图 2-47 所示为四线带对称负载的对称的 400 V 交流电系统，两个电动功率表如图连接，功率表的测量值如下：$P_A = 150$ W，$P_B = 50$ W。请分析本三相交流电的有功功率、无功功率和视在功率。

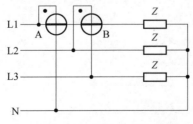

图 2-47 三相交流电功率测量

解：由测量值可以计算有功、无功和视在功率：

$$P_{ges} = 3 \cdot P_Z = 3 \cdot P_A = 3 \times 150 = 450(\text{W})$$

$$Q_{ges} = 3 \cdot Q_Z = 3 \cdot (P_B/\sqrt{3}) = \sqrt{3} \cdot P_B = \sqrt{3} \times 50 = 86.6(\text{var})$$

$$S_{ges} = \sqrt{P_{ges}^2 + Q_{ges}^2} = \sqrt{(450)^2 + (86.6)^2} = 458(\text{V} \cdot \text{A})$$

❀ 知识点归纳：

功率表是用来测量功率的仪表，是利用通过仪器的电压线圈和电流线圈来测量功率的。

（1）直流电功率的测量因为功率表的电压线圈端子和电流线圈端子接入的相对位置不同，会引入不同的误差结果。

（2）交流电的有功功率的测量可以直接使用功率表测量，但无功功率却需要设置一个电压的相位角偏移90°，视在功率可以用测量的电压和电流的乘积表示。

（3）三相交流电的有功功率，可以直接使用功率表测量，无功功率的测量可以借助相电压和线电压之间的相位关系偏移了-90°来进行设置测量。

☑ 课后思考：

如何正确使用功率表测量三相交流电？

工作页

学习任务：	测量直流电及交流电的功率	姓名：	
学习内容：	交流电功率测量的计算	时间：	

※**信息收集**

基本概念

（1）画出电动功率表的端子，并标志出各个端子的名称和端子用来测量的量。

（2）请画出测量电阻 R 的功率的电路图，并分析测量误差。

电流正确型 　　　　　　　　　　　电压正确型

（3）写出交流电功率都有哪三种，并指明单位。

※ **能力扩展**

1. 技能操作

（1）用仿真软件实现一个三相交流对称交流电的显示，显示结果如图 2-48 所示。

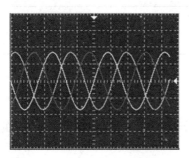

图 2-48　显示结果示意

分别用上面的两种电源设计电路，搭建电路并测量（示波器显示）。

（2）利用实验室设备和工作台上器件实现一个测三相对称交流电对称负载的有功功率、无功功率电路，设计并搭建，测量数据记录于表 2-15 中。

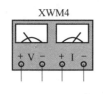

表 2-15　功率测量记录表

功率表读数	P_1	P_2	P_3	Q_1	Q_2	Q_3
测量结果	P_1	P_2	P_3	Q_1	Q_2	Q_3

2. 计算

（1）功率表的连接如图 2-49 所示，请分析并填空。

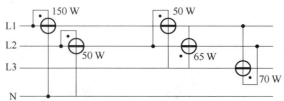

图 2-49　功率表的连接示意图

L1 的 $P_1 = $ _____ ; $Q_1 = $ _____ ;
L2 的 $P_2 = $ _____ ; $Q_2 = $ _____ 。

（2）需要确定带对称负载的 400 V 交流电系统的有功功率、无功功率和视在功率。两个电动功率表如图 2-47 所示连接。

测量值如下：$P_A = 150$ W，$P_B = 50$ W。

由测量值可以计算有功功率、无功功率和视在功率？

本节总结：

_____
_____
_____
_____
_____
_____
_____
_____
_____
_____

以上问题是否全部理解。是□　否□

确认签名：_____　日期：_____

项目实施

> 知识目标：1. 基本电量测量的方法分析。
> 　　　　　2. 误差的分析与计算。
> 能力目标：1. 自行设计电路方案。
> 　　　　　2. 正确测量电量。
> 　　　　　3. 电路的装配与测试。
> 思政目标：思考问题多维度全面性。

实施任务 2.1　声光控楼道灯控制电路方案设计

声光控楼道灯开关，在白天或光线较亮时呈关闭状态，灯不亮，夜间或光线较暗时呈预备工作状态，当有人经过该开关附近时，通过声音把开关启动，灯亮，延时 40~50 s 后开关自动关闭、灯灭。其控制电路原理图如图 2-50 所示。

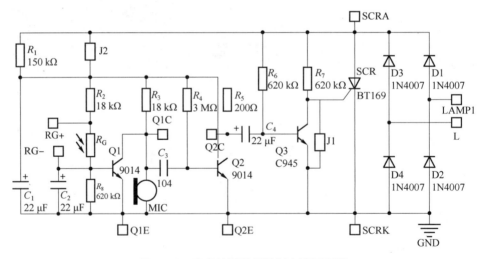

图 2-50　声光控楼道灯控制电路原理图

本电路中三极管 Q3 在一般情况下是饱和导通的，把电阻 R_7 提供的电源对地放掉，此时可控硅没有触发信号不能导通工作。Q1 为光控管，光敏电阻接收到光线时阻值较低，把电源送入三极管 Q2 的 B 极使其饱和导通，C 极为低电平，驻极体话筒停止工作。当光线较暗时光敏电阻的阻值较大，Q2 截止，驻极体话筒接入电路。R_2、R_G、R_8 为 Q1 基极的分压式偏置电阻。C_2 为抗干扰电容，防止白天瞬间的光线变化引起声控灯的点亮。

Q2 由驻极体话筒控制，咪头接收到声音能发出音频信号使通过电容 C_3 耦合进入 Q3 基极，使 Q3 导通，其集电极电位下降，电容 C_4 内储存的电荷开始放电并反向充电，三极管 Q3 基极电位降低，使 Q3 截止，Q3 集电极电位上升，给可控硅提供触发信号，可控硅导通，灯泡 LAMP1 点亮。随着反向充电的进行，Q3 基极电位逐渐提高，一段时间后，Q3 又重新导通，Q3 集电极电位降低，可控硅 SCR 关断，灯泡熄灭。定时时间由电容 C_4 充放电来控制延时时间长短。

实施任务 2.2 声光控楼道灯控制电路装配与调试

1. 实施任务——电量测量

1）元器件的识别与检测

要求：识别和检测电路中所用到的电子元器件并将相应的元器件的检测结果记录在下面。

（1）光敏电阻的检测。

元件符号_____；亮电阻_____；暗电阻_____。

（2）咪头的检测。

无声电阻_____；有声电阻_____。

（3）二极管的检测（在图 2-51 中标示出 1N4007 的引脚名称）：

1N4007：元件符号_____；正向阻值_____；反向阻值_____。

图 2-51 IN4007

（4）晶体管的检测（在图 2-52 中标示出 9014 的引脚名称）。

9014：R_{be} 正偏阻值_____；R_{be} 反偏阻值_____；

元件符号_____；R_{ce} 放大阻值_____；R_{ce} 截止阻值_____。

C945：R_{be} 正偏阻值_____；R_{be} 反偏阻值_____；

元件符号_____；R_{ce} 放大阻值_____；R_{ce} 截止阻值_____。

（5）晶闸管的检测。

BT1690：R_{gk} 正偏阻值_____；R_{gk} 反偏阻值_____；

元件符号_____；R_{ak} 正偏阻值_____；R_{ak} 反偏阻值_____。

(a) Q1 9014   (b) Q2 C945   (c) Q3 BT1590

图 2-52 晶体管

(a) 1_____   (b) 1_____   (c) 1_____
　　 2_____   　　 2_____   　　 2_____
　　 3_____   　　 3_____   　　 3_____

2. 实施任务——电路装配

根据电路原理图、PCB 装配图、元件清单进行电路的装配，原理图如图 2-50 所示，PCB 元件布局图如图 2-53 所示，元件清单如表 2-16 所示。

安装要求：

（1）光敏电阻安装时引脚不能剪太短，要求光敏电阻插入外壳留的小孔，与外壳平面保持一致，以便接收光源，提高灵敏度。

（2）话筒安装时正负极不能接错。

（3）L 和 LAMP1 端连接两条火线，其中一端接电源的火线（L），另一端连接灯头的火线端。

（4）灯头的零线端（N）接电源的零线。

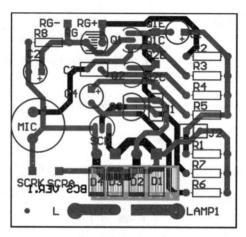

图 2-53　声光控楼道灯控制电路元件布局图

表 2-16　元件清单

元件标称	规格	数量	引脚	类型
C_1、C_2、C_4	22 μF	3	RB.2/.4	铝电解电容
C_3	104	1	RAD-0.1	瓷片电容
D1、D2、D3、D4	1N4007	4	DO-41	二极管
J1、J2	SIP2	2	SIP2	插针
L、LAMP1	CON1	2	SIP1	接线端
Q1C、Q1E、Q2C、Q2E、RG +、RG -、SCRA、SCRK	CON1	8	SIP1	测试点
MIC		1	MIC	咪头
Q1、Q2	9014	2	TO-92	三极管
Q3	C945	1	C945	三极管
R_1	150 kΩ	1	AXIAL-0.3	色环电阻
R_2、R_3	18 kΩ	2	AXIAL-0.3	色环电阻
R_4	3 MΩ	1	AXIAL-0.3	色环电阻
R_5	200 Ω	1	AXIAL-0.3	色环电阻

续表

元件标称	规格	数量	引脚	类型
R_6、R_7、R_8	620 kΩ	3	AXIAL-0.3	色环电阻
R_G	5k~5 MΩ	1	OPTOR	光敏电阻
SCR	BT169	1	TO-92	晶闸管
灯头壳		2		
灯头内圈与簧片		2		
内圈与簧片固定螺丝与螺母		6		
连接导线		3		
短路端子		2		

3. 任务实施——电路调试

装配后，检查元器件是否安装正确。

将 J2 短路，在 SCRA 与 SCRK 之间加入 12 V 直流电压，检查各个三极管工作电压。

（1）测量并记录 Q2 的 C 极电压 U_{Q2C} = _____，Q3 的 C 极电压 U_{Q3C} = _____，Q1 的 C 极电压 U_{Q1C} = _____。

（2）将 Q3 C、E 间的短路帽 J1 短接，用万用表电压挡测可控硅（BT169）阴极（BT1K）、阳极（BT1A）之间电压 U_{AK} = _____，说明_____。

（3）用万用表测量 MIC 话筒两端电压 U_{MIC} = _____，说明_____。用万用表测量 R_G 光敏电阻两端电压 $U_{R_G亮}$ = _____。

（4）将光敏电阻 R_G 用不透光的物体遮住，测量 R_G 光敏电阻两端电压 $U_{R_G暗}$ = _____，测量并记录 Q2 的 C 极电压 U_{Q2C} = _____，Q3 的 C 极电压 U_{Q3C} = _____，Q1 的 C 极电压 U_{Q1C} = _____。在话筒边发出声音，测量 MIC 话筒两端电压 U_{MIC} = _____，用示波器分别观察话筒两端、Q3-C、Q2-B、Q2-C 端的电压变化并记录在下面的波形记录表中。

并在选择的衰数倍数上画"✓"。

话筒两端电压波形记录表

衰减倍数：□×1　□×10

X Scale：_____ s/div

Y Scale：_____ V/div

Q3-C 电压波形记录表

衰减倍数：□×1　□×10

X Scale：_____ s/div

Y Scale：_____ V/div

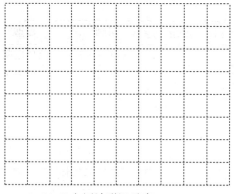

Q2-B 电压波形记录表
衰减倍数：□×1　□×10
X Scale：_____ s/div
Y Scale：_____ V/div

Q2-C 电压波形记录表
衰减倍数：□×1　□×10
X Scale：_____ s/div
Y Scale：_____ V/div

以上测试结果均正常，将控制板安装到灯头上进行测试。

项目评价

※**任务描述**

项目汇报内容

（1）演示制作的项目作品。

（2）讲解项目电路的组成及工作原理。

（3）讲解项目方案制定及选择的依据。

（4）与大家分享制作、调试中遇到的问题及解决方法。

项目汇报要求

（1）演示作品时要边演示边讲解主要性能指标。

（2）讲解时要制作 PPT。

（3）要重点讲解制作、调试中遇到的问题及解决方法。

项目汇报评价标准

评价内容：

（1）演示的结果。

（2）性能指标。

（3）是否文明操作、遵守实训室的管理规定。

（4）项目制作调试过程中是否有独到的方法或见解。

（5）是否与其他学员团结协作。

具体评价参考项目评价表。

评价要求：

（1）评价要客观公正。

（2）评价要全面细致。

（3）评价要认真负责。

※评分标准

项目二评分标准如表2-17所示。

表2-17 项目二评分标准

评价要素	评价标准	评价依据	评价方式（各部分所占比重）			权重
			个人	小组	教师	
职业素养	1. 能文明操作、遵守实训室的管理规定； 2. 能与其他学员团结协作； 3. 自主学习，按时完成工作任务； 4. 工作积极主动，勤学好问； 5. 能遵守纪律，服从管理	1. 工具的摆放是否规范； 2. 仪器仪表的使用是否规范； 3. 工作台的整理情况； 4. 项目任务书的填写是否规范； 5. 平时表现； 6. 学生制作的作品	0.2	0.2	0.6	0.3
专业能力	1. 清楚规范的作业流程； 2. 熟悉电量测量的原理和测量方法； 3. 能独立完成电路的制作与调试； 4. 能够选择合适的仪器、仪表进行调试； 5. 能对制作与调试工作进行评价与总结	1. 操作规范； 2. 专业理论知识：课后题、项目技术总结报告及答辩； 3. 专业技能：完成的作品、完成的制作调试报告	0.2	0.2	0.6	0.6
创新能力	1. 在项目分析中提出自己的见解； 2. 对项目教学提出建议或意见具有创新； 3. 独立完成检修方案的指导，并设计合理	1. 提出创新的观念； 2. 提出意见和建议被认可； 3. 好的方法被采用； 4. 在设计报告中有独特见解	0.2	0.2	0.6	0.1

※撰写技术文档

技术文档评分标准如表2-18所示。

表2-18 技术文档评分标准

技术文档内容	报告要求
1. 项目方案的选择与制定。 （1）方案的制定。 （2）器件的选择。 2. 项目电路的组成及工作原理。 （1）分析电路的组成及工作原理。 （2）元件清单与布局图。 3. 项目收获。 4. 项目制作与调试过程中所遇到的问题。 5. 所用到的仪器仪表	1. 内容全面翔实。 2. 填写相应的电路设计。 3. 填写相应的调试报告表

评价过程体会：

_____
_____
_____
_____
_____
_____
_____
_____
_____
_____

🏆 以上问题是否全部理解。是□　否□

确认签名：_____　日期：_____

项目小结

声光控楼道灯控制电路中用到的元器件，如电阻、电容、三极管、光敏电阻等，可以借助测量仪器仪表和测量电路来实现测量。本项目需要利用所学的知识和技能来实现基本电量的测量和测量电路的分析、仪器仪表的使用及数据的误差分析等。主要包含以下内容：

1. 仪器的过载保护，利用二极管的开关特性设计保护电路。
2. 示波器的使用，需要注意的是探头的校准，能够分析探头的测量误差。
3. 测量典型的电量：

1) 电阻的间接测量

（1）伏安法测量电阻，误差来源于电压表和电流表的相对位置不同，不能忽视电压表、电流表的内阻所带来的影响。

（2）2线电阻测量法，由于使用了恒流源，测量电压时电压表的接入电路的位置而引起的接触电阻等，在小电阻测量时，会引起误差。但4线电阻测量法可以很好地解决这个误差的影响。

（3）电桥法测量，利用电桥平衡，通过调节电桥中某个桥臂的电阻的大小来进行测量，同时对于不同的电桥形式,会有不同的灵敏度,其中全桥电路的灵敏度是最高的。

2) 电容、电感的测量

电容、电感都属于储能元件,除了直接读数法外,还可以利用电桥法来进行测量,例如文氏电容电桥、马克思韦电感测量电桥等,需要注意的是电桥平衡条件的利用。

3) 功率的测量

功率的测量经常使用的仪表是功率表,这是典型的四端口仪表,内部由电压线圈和电流线圈组成,因此在测量直流电功率时,两线圈接线的相对不同位置会引入不同的误差影响,在数据分析时需要进行修正。交流电的功率测量分为有功功率、无功功率和视在功率的测量,经常用功率表来测量有功功率,流经的电压和电流的乘积来表示视在功率。

4. 声光控楼道灯控制电路的实现

设计电路时利用了光敏电阻对光的传感特性来进行设计,任务实施过程中需要对元器件进行测量和分析,并能够进行装配、焊接和调试。

项目三

电子秤

电阻式传感器与相应的测量电路组成的测力、测压、称重、测位移、加速度、扭矩等测量仪表，是冶金、电力、交通、石化、商业、生物医学和国防等部门进行自动称重、过程检测和实现生产过程自动化不可缺少的工具之一。

称重技术自古以来就被人们所重视，作为一种计量手段，广泛应用于工农业、科研、交通、内外贸易等各个领域，与人民的生活紧密相连。电子秤是电子衡器中的一种，衡器是国家法定计量器具，是国计民生、国防建设、科学研究、内外贸易不可缺少的计量设备。本项目借助电子秤，来分析如何将力转化成用户可以识别的电量。

项目描述

电子秤是采用现代传感器技术、电子技术和计算机技术一体化的电子称量装置。它能满足并解决现实生活中提出的"快速、准确、连续、自动"称量要求，同时有效地消除人为误差，使之更符合法制计量管理和工业生产过程控制的应用要求。与机械秤比较有体积小、质量轻、结构简单、价格低、实用价值强、维护方便等特点，可在各种环境工作，质量信号可远传，易于实现质量显示数字化，易于与计算机联网实现生产过程自动化，提高劳动生产率。

60年代初期出现机电结合式电子衡器以来，衡器技术在不断进步和提高。从世界水平看，称重技术经历了四个阶段，从传统的全部由机械元器件组成的机械秤到用电子线路代替部分机械元器件的机电结合秤，再从集成电路式到目前的单片机系统设计的电子计价秤。我国电子衡器从最初的机电结合型发展到现在的全电子型和数字智能型。现今电子衡器制造技术及应用得到了新发展：电子称重技术从静态称重向动态称重发展，计量方法从模拟测量向数字测量发展，测量特点从单参数测量向多参数测量发展。常规的测试仪器仪表和控制装置被更先进的智能仪器所取代，使得传统的电子测量仪器在远离、功能、精度及自动化水平方面发生了巨大变化，并相应地出现了各种各样的智能仪器控制系统，使得科学实验和应用工程的自动化程度得以显著提高。本项目需要实现的功能如下：

1. 设计要求

称重范围 $0\sim5$ kg，称重误差小于 1%，可以自主设置被称量物体的价格，并显示付款金额等功能，基于这个指标和要求研究电子秤设计思路。

2. 系统框架设计

系统主要由控制、测量、报警、数据显示、键盘和电源等6个部分组成，其设计框图如图3-1所示。

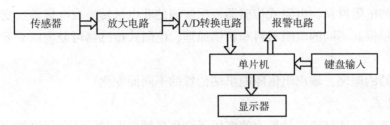

图3-1　系统设计框图

通过本项目的实施，能够对基本的非电量-力的测量有所了解，能够正确地选择传感器，并且对其典型的测量电路——电桥电路和集成运算放大电路能够运用，将达到以下学习目标：

了解电子秤的结构系统框图。

了解不同种类的电阻式传感器的原理和应用。

能够对检测电路进行分析和设计。

掌握集成放大电路的原理并能进行相应量的测试。

完成电子秤的装配和调试。

能文明操作、遵守实验实训室管理规定。

能与其他学员团结协作完成技术文档并进行项目汇报。

项目准备

任务3.1　电阻式传感器的认知与应用

> **知识目标**：1. 掌握电阻式传感器的结构、测量电路和工作原理。
> 　　　　　　2. 掌握电阻式传感器的分类和运用场合。
> **能力目标**：1. 能够根据要求选择合适的电阻式传感器。
> 　　　　　　2. 能利用电阻应变式传感器实现压力等信号的检测。
> **思政目标**：耐心、仔细。

电阻式传感器是把位移、力、压力、加速度、扭矩等非电物理量转换为电阻值变化的传感器。它主要包括电阻应变式传感器、电位器式传感器（见位移传感器）和锰铜压阻传感器等，与相应的测量电路组成测力、测压、称重、测位移、加速度、扭矩等测量仪表。这类的测量仪表是冶金、电力、交通、石化、商业、生物医学和国防等部门进行自动称重、过程检测和实现生产过程自动化不可缺少的工具之一。

电阻式传感器的原理与应用

📁 **问题引导1：称重传感器通常选用何种传感器？**

称重传感器常见的设备有电子秤，直接将质量转换成电信号，其称重部分的力敏传感器一般采用电阻应变片。电阻应变片属于电阻式传感器的一种。

根据不同的电阻材料，电阻式传感器根据被测的非电量转换成电量参数变化的原理各不相同，因此，根据其不同的电阻材料和转换原理，电阻式传感器可分为以下五大类：

1）电位器（计）式

利用变阻器的原理，输出阻值随输出端位置的不同而变化。

2）应变片式

利用导体或半导体材料在外界力的作用下产生机械变形时，其电阻值相应地发生变化。

3）压阻式

利用半导体材料的压阻效应，其输出阻值随加在材料上的压力而变化。

4）光敏电阻

利用半导体的光电导效应制成的一种电阻值随入射光的强弱而改变的电阻器。

5）热阻式

利用金属、半导体材料的电阻-温度特性，将热能转换为电能，其输出阻值随材料温度的变化而变化。

本项目主要介绍电位器式、应变片式及压阻式电阻传感器，其他将在后面的项目中陆续介绍。电位器式主要用于非电量变化较大的测量场合；应变式用于测量非电量变化较小的情况，其灵敏度较高。

📁 **问题引导2：电位器式传感器如何工作的？适合测量哪些非电量呢？**

3.1.1 电位器

电位器是可变电阻器的一种，通常是由电阻体与转动或滑动系统组成，即靠一个动触点在电阻体上移动，获得部分电压输出。利用电位器原理构成的电阻式传感器称为电位器式电阻传感器。电位器式传感器就是将机械位移通过电位器转换为与之成一定函数关系的电阻或电压输出的传感器。

电位器式传感器分为线绕式和非线绕式两大类。线绕式传感器是最基本的电位器式传感器；非线绕式传感器则是在线绕电位器的基础上，对电阻元件的形式和工作方式进行发展，其包括薄膜电位器、导电塑料电位器和光电电位器等。按特性不同还可分为：线性电位器、非线性电位器。

1. 线绕式电位器

线绕电位器式传感器的核心元件为精密电位器，它可以实现机械位移信号与电信号的模拟转换，是一种重要的机电转换元件，如图3-2和图3-3所示。

优点：具有精度高、稳定性好、温度系数小、接触可靠等优点，并且耐高温，功率负荷能力强。缺点：阻值范围不够宽、高频性能差、分辨力不高，而且高阻值的线绕式电位器易断线、体积较大、售价较高。因此人们研制了一些性能优良的非线绕式电位器。

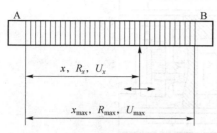 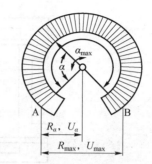

图 3-2 线绕电位器式位移传感器　　图 3-3 线绕电位器式角度传感器

2. 非线绕式电位器

合成碳膜电位器：具有阻值范围宽、分辨力较好、工艺简单、价格低廉等特点，但动噪声大、耐潮性差。这类电位器宜作函数式电位器，在消费类电子产品中大量应用。采用印刷工艺可使碳膜片的生产实现自动化。

碳膜电位器：有机实芯电位器，阻值范围较宽、分辨力高、耐热性好、过载能力强、耐磨性较好、可靠性较高，但耐潮热性和动噪声较差。这类电位器一般制成小型半固定形式，在电路中作微调用。

金属玻璃釉电位器：它既具有有机实芯电位器的优点，又具有较小的电阻温度系数（与线绕电位器相近），但动态接触电阻大、等效噪声电阻大，因此多用于半固定的阻值调节。这类电位器发展很快，耐温、耐湿、耐负荷冲击的能力已得到改善，可在较苛刻的环境条件下可靠工作。

导电塑料电位器：阻值范围宽、线性精度高、分辨力强，而且耐磨寿命特别长。虽然它的温度系数和接触电阻较大，但仍能用于自动控制仪表中的模拟和伺服系统。

数字电位器：采用集成电路技术制作的电位器；把一串电阻集成到一个芯片内部，采用MOS 管控制电阻串联。

3.1.2 电位器式传感器的应用——电位器式加速度传感器

电位器式加速度传感器，惯性质量块在被测加速度的作用下，使片状弹簧产生正比于被测加速度的位移，从而引起电刷在电位器的电阻元件上滑动，输出一与加速度成比例的电压信号，如图 3-4 所示。电位器传感器结构简单、价格低廉、性能稳定，能承受恶劣环境条件，输出功率大，一般不需要对输出信号放大就可以直接驱动伺服元件和显示仪表；其缺点是精度不高，动态响应较差，不适于测量快速变化量。

问题引导 3：电阻应变片如何工作的？适合测量哪些非电量呢？

电阻应变式传感器定义：利用电阻应变片将应变转换为电阻变化的传感器，传感器由在弹性元件上粘贴电阻应变敏感元件构成。如图 3-5 所示，当被测物理量作用在弹性元件上时，弹性元件的变形引起应变片的阻值变化，通过转换电路将其转变成电量输出，电量变化的大小反映了被测物理量的大小。

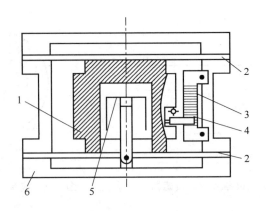

图 3-4 电位器式加速度传感器示意图

1—惯性质量；2—片弹簧；3—电位器；4—电刷；5—阻尼器；6—壳体

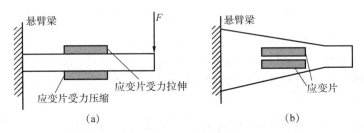

图 3-5 悬臂梁测力示意图

（a）悬臂梁正视图；（b）悬臂梁俯视图

优点：

（1）结构简单，使用方便，性能稳定、可靠，由于有保护覆盖层，可工作于各种恶劣环境。

（2）易于实现测试过程自动化和多点同步测量、远距测量和遥测。

（3）灵敏度高，测量速度快，范围大、体积小、动态响应好，适合静态、动态测量。

（4）可以测量多种物理量。

因此，广泛应用于测量应变力、压力、转矩、位移、加速度等。其缺点是电阻会随温度变化，产生误差。

应变片可分为金属应变片及半导体应变片两大类，前者可分成金属丝式、箔式、薄膜式等。

3.1.3 金属丝应变片

金属材料在受到外界力（拉力或压力）作用时，产生机械变形，从而导致其阻值变化，这种因形变而使其阻值发生变化的现象称为金属的"应变效应"。如图 3-6 所示，一根长为 l，截面积为 S，电阻率为 ρ 的电阻丝，其电阻值 R 为

$$R = \rho \frac{l}{S} = \rho \frac{l}{\pi r^2} \tag{3-1}$$

式中，l，r，S，ρ 分别为一根金属丝的长度、半径、截面积和电阻率。由式（3-1）可见，金属丝在受到外力 F 时，由于长度、截面积、电阻率均发生变化，因而电阻也会发生变化。

$$\frac{\Delta R}{R} = \frac{\Delta l}{l} + \frac{\Delta \rho}{\rho} - \frac{\Delta S}{S} = \frac{\Delta l}{l} + \frac{\Delta \rho}{\rho} - 2\frac{\Delta r}{r} \tag{3-2}$$

定义如下：

金属丝纵向（轴向应变）为 $\qquad \varepsilon_x = \dfrac{\Delta l}{l}$

横向（径向）应变为 $\qquad \varepsilon_y = \dfrac{\Delta r}{r} = -\mu \varepsilon_x$

实验证明，对金属丝而言，由电阻率变化而引起的电阻变化值一般远小于因形变而引起的电阻值变化，通常金属丝的灵敏系数为 1.7~3.6。当然，如果外力 F 超过了电阻丝的应变限度，则灵敏系数将会发生变化。

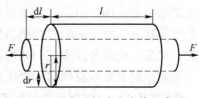

图 3-6 金属丝式应变片示意图

3.1.4 半导体式应变片

半导体材料受到应力作用时，其电阻率会发生变化，这种现象称为压阻效应。

金属电阻应变效应分析及公式也适用于半导体电阻材料。对于半导体应变片而言，应力所引起的电阻率的变化所致的电阻变化远大于机械变形引起的电阻变化，即电阻的变化主要是由电阻率的变化 $\Delta \rho / \rho$ 引起的，因此有

$$\frac{\Delta R}{R} \approx \frac{\Delta \rho}{\rho} \tag{3-3}$$

压阻式传感器有两种类型：一类是利用半导体材料的体电阻制成粘贴式的应变片，形成半导体应变式传感器；另一类是在半导体材料的基片上用集成电路工艺制成扩散电阻，构成敏感元件，称为扩散型压阻式传感器。

参量说明：

对于不同的金属材料，K 略微不同，一般为 2 左右。半导体材料而言，由于其感受到应变时，电阻率 ρ 会产生很大的变化，所以灵敏度比金属材料大几十倍。在材料力学中，$\varepsilon_x = \dfrac{\Delta l}{l}$ 称为电阻丝的轴向应变，也称纵向应变，是量纲为 1 的数。ε_x 通常很小，常用 10^{-6} 表示。例如，当 ε_x 为 0.000 001 时，在工程中常表示为 1×10^{-6} 或 $\mu m/m$，在应变测量中，也常将之称为微应变，用 $\mu \varepsilon$ 表示，即 $\varepsilon_x = 10^6 \mu \varepsilon$。

金属材料，当它受力之后所产生的轴向应变最好不要大于 1×10^{-3}，即 $1\,000\ \mu m/m$，否则有可能超过材料的极限强度而导致断裂。在金属丝变形的弹性范围内，电阻的相对变化 $\Delta R/R$ 与应变 ε_x 是成正比的，因此以增量表示为

$$\frac{\Delta R}{R} = K \varepsilon_x \tag{3-4}$$

对于不同的金属材料，K 略微不同，一般为 2 左右。

由材料力学可知：

$$\varepsilon_x = \frac{F}{AE} \tag{3-5}$$

$$\frac{\Delta R}{R} = K\varepsilon_x = K\frac{F}{AE} \tag{3-6}$$

如果应变片的灵敏度 K、试件的横截面积 A 和弹性模量 E 均为已知，只要设法测出 $\frac{\Delta R}{R}$ 的数值，则可获得试件受力 F 的大小。

半导体应变片具有灵敏度高、频率响应范围宽、体积小、横向效应小等特点，这使其拥有很宽的应用范围。但同时它也具有温度系数大、灵敏度离散大以及在较大变形下非线性比较严重等缺点。由于压阻式传感器的独特优点，它在航天、航海、石油、化工、生物、医学工程、气象、地震等许多部门获得了广泛应用。

下面一起来算一算如何实现力和电阻之间的转换。

例题 3-1：应变片如何实现测量力与电阻之间的转换

有一测量吊车起吊物质量（即物体的重量）的拉力传感器如图 3-7 所示。金属应变片 R_1、R_2、R_3、R_4 贴在等截面轴上，已知不承受载荷时阻值为 120 Ω，此应变片的灵敏度系数为 2，弹性材料的泊松比为 0.3，钢柱的直径为 5 cm，弹性模量为 2×10^{11} N/m²，分析电阻 R_1、R_2、R_3、R_4 的阻值变化量？

例题讲解

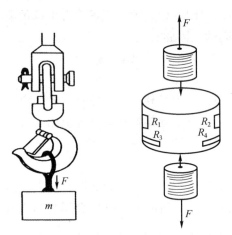

图 3-7 测重应变片示意图

解：

电阻 R_1、R_2 是轴向粘贴的，所以

$$\frac{\Delta R_1}{R} = K\frac{F}{AE} = 2\times\frac{500\times 9.8}{\pi\left(\frac{5}{2}\times 10^{-2}\right)^2 \times 2\times 10^{11}} = 2.5\times 10^{-5}$$

$$\Delta R_1 = \Delta R_2 = 120\times 2.5\times 10^{-5} = 150\times 10^{-5} = 3\times 10^{-3}(\Omega)$$

电阻 R_3、R_4 是径向粘贴的

因为

$$\varepsilon_{径} = -\mu\varepsilon_{轴}$$

所以
$$\frac{\Delta R_3}{R} = -\mu \frac{\Delta R_1}{R}$$
$$\Delta R_3 = \Delta R_4 = -\mu \Delta R_1 = -0.3 \times 3 \times 10^{-3}$$
$$= -9 \times 10^{-4} (\Omega)$$

思考：

通过计算分析，电阻的变化量是很微小的，那是否能用万用表直接测量出呢？

✍ 知识点归纳：

电阻应变片式传感器在航天、航海、石油、化工、生物、医学工程、气象、地震等许多部门获得了广泛应用，主要分为金属丝式应变片和半导体式应变片，其中半导体式应变片的灵敏度要大于金属式应变片。

（1）金属应变片的应变效应主要是产生机械变形而导致其阻值变化。

（2）半导体应变片的压阻效应主要体现在受力后其电阻率发生变化。

（3）应变片的受力后，电阻的大小会发生变化来实现力的测量。

☑ 课后思考：

根据计算发现电阻应变片的阻值受力后产生的变化非常小，不便于测量，那有何种方案可以实现有效测量呢？

工作页

学习任务：	电阻式传感器的认知与应用	姓名：	
学习内容：	金属应变片和半导体式应变片	时间：	

※任务说明

制作电子秤

（1）设计要求

称重范围 0~5 kg，称重误差小于 1%，可以自主设置被称量物体的价格，并显示付款金额等功能，基于这个指标和要求研究电子秤设计思路。

（2）系统框架设计

系统主要由控制、测量、报警、数据显示、键盘和电源等 6 部分组成，其设计框图如图 3-1 所示。

※信息收集

传感器部分

（1）要能够实现电子秤对质量的信息获取，需要选择合适的传感器，请写出所选传感器的名称，并说明其工作原理。

1. 名称：
2. 工作原理：

（2）电阻式传感器的类型（并分析其原理）。

（3）金属应变片。

金属的电阻应变效应：金属导体在外力作用下发生机械变形时，其电阻值随着它所受_____的变化而发生变化的现象。

相关公式：

（4）半导体应变片。

压阻效应：_____

相关公式：

※能力扩展
传感器的应用——力转化成电阻的变化大小

(1) 应变片称重传感器,其弹性体为圆柱体,直径 $D = 100$ mm,材料弹性模量 $E = 2\times10^9$ N/m^2,用它称 500 kg 的物体,若用电阻丝式应变片,应变片的灵敏系数 $K = 2$,$R = 120$ Ω,问电阻变化多少?

(2) 有一金属电阻应变片,其灵敏度 $K = 2$,$R = 120$ Ω,设工作时其应变为 1 000 $\mu\varepsilon$,则 ΔR 是多少?若将此应变片与 2 V 直流电源组成一个回路,试求无应变时和有应变时电路中电流的大小?

本节总结:
_____
_____
_____
_____
_____
_____
_____

☞以上问题是否全部理解。是□ 否□

确认签名:_____ 日期:_____

任务 3.2 电阻应变式传感器的测量电路

> **知识目标**：1. 掌握电阻应变片的电桥电路。
> 　　　　　　2. 掌握电阻应变片的温度补偿电路。
> **能力目标**：1. 能够根据要求选择合适的电阻应变片。
> 　　　　　　2. 能利用电阻应变片实现电桥电路并测试。
> **思政目标**：条条大道通罗马。

上一节中我们发现可以用电阻应变片测量应变或应力。此时需要将应变片粘贴在被测对象上。当被测对象受力变形时，应变片的敏感栅随之变形，其电阻值也会发生相应变化。如果能测量应变片电阻值的变化 ΔR，则可以得到被测对象的应变值 ε_x，再根据应力-应变关系，可得试件的应力，这就是利用电阻应变片直接测量应变的基本原理。另外，在测试时，还可以通过弹性敏感元件，将位移、力、力矩、加速度、压力等物理量转换为应变，再由电阻应变片将应变转化为电阻变化，进而用电阻应变片将测量应变扩展到测量上述各量。

📖 **问题引导 1**：如何实现电阻应变式传感器的测量力呢？

电阻应变片的组成在受外力作用下，机械应变一般都很小，要把微小应变引起的微小电阻变化测量出来，是很难实现的。在例题 3-1 中，通过计算得到的电阻的变化大小为 3 mΩ，直接用欧姆表很难测量出这个变化，因为测量一个在几百欧的基值上附加一个零点几欧的变化的分辨力很低。于是可以尝试把电阻相对变化 $\Delta R/R$ 转换为电压或电流的变化。因此，需要有专用测量电路用于测量应变变化而引起电阻变化的测量电路，通常采用电桥电路。其具有把电阻的变化转化为电压输出，其具有灵敏度高、精度高、测量范围宽、电路结构简单，易于实现温度补偿等特点，能很好地满足应变测量的要求。根据电源性质的不同，电桥电路可分为交流电桥和直流电桥两大类。

电桥式测量电路原理与应用

3.2.1 电桥的工作原理

典型的桥式测量转换电路如图 3-8（a）所示，4 个臂电阻 R_1、R_2、R_3、R_4，电源电压 U_i，输出电压 U_o。

$$U_o = \frac{U_i}{R_1+R_2}R_1 - \frac{U_i}{R_3+R_4}R_4 = U_i \frac{R_1R_3 - R_2R_4}{(R_1+R_2)(R_3+R_4)} \tag{3-7}$$

为了使电桥在测量时输出电压为零，即电桥平衡，4 个桥臂电阻的选择应满足 $U_o = 0$，电桥平衡的条件，其相邻两臂电阻的比值应相等或相对两臂电阻的乘积相等，即

$$R_1R_3 = R_2R_4 \text{ 或 } \frac{R_1}{R_2} = \frac{R_4}{R_3} \tag{3-8}$$

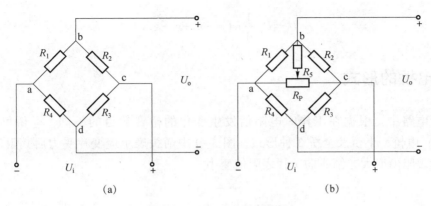

图 3-8 电桥测量转换电路
(a) 基本桥路；(b) 桥路调零原理

但在实际使用时，R_1、R_2、R_3、R_4 不可能严格地按照式（3-8）的比例关系，这就会产生在没有受到外力作用时，桥路的输出也不一定为零的现象，从而造成测量误差。因此，电桥电路必须要有调零电路，如图 3-8（b）所示。调节 R_P 可以使得电阻之间的比例关系满足式（3-9），此时电桥平衡，保证了输出电压为 0，这个过程叫作电桥调零。在实际的测量力的应用中，得到广泛的应用。

$$\frac{R_1'}{R_2'}=\frac{R_4}{R_3} \quad (3\text{-}9)$$

这种不平衡电阻测量电桥在许多测量任务中都被用到，这主要用于测量非电量的测量，例如经常使用电阻传感器，像测量力及压力的应变传感器或测量温度的温度传感器。传感器将需测量的量（应力或温度）转换为电阻的改变量，借助不平衡电阻测量电桥上电压的改变量，可以对非电量进行计算。

设电阻应变片的初始阻值 $R_1 = R_2 = R_3 = R_4 = R$，工作时，4 个桥臂电阻产生了微小的变化，分别为 $R_1+\Delta R_1$、$R_2+\Delta R_2$、$R_3+\Delta R_3$、$R_4+\Delta R_4$，从式（3-7）可得

$$U_o = U_i \frac{(R_1+\Delta R_1)(R_3+\Delta R_3)-(R_2+\Delta R_2)(R_4+\Delta R_4)}{(R_1+R_2+\Delta R_1+\Delta R_2)(R_3+R_4+\Delta R_3+\Delta R_4)} \quad (3\text{-}10)$$

由于电阻的变化非常微小，四个电阻的初始阻值相同，因此上式可以继续整理：

$$\begin{aligned}U_o &= U_i \frac{(R+\Delta R_1)(R+\Delta R_3)-(R+\Delta R_2)(R+\Delta R_4)}{(2R+\Delta R_1+\Delta R_2)(2R+\Delta R_3+\Delta R_4)}\\ &= U_i \frac{R(\Delta R_1-\Delta R_2-\Delta R_4+\Delta R_3)+\Delta R_1 \Delta R_3-\Delta R_2 \Delta R_4)}{(2R+\Delta R_1+\Delta R_2)(2R+\Delta R_3+\Delta R_4)}\end{aligned} \quad (3\text{-}11)$$

每个桥臂的电阻变化值一般满足条件 $\Delta R_i \leqslant R_i$，当电桥输出端的负载电阻足够大，电桥的输出电压 U_o 可以表示为

$$U_o = \frac{U_i}{4}\left(\frac{\Delta R_1}{R_1}-\frac{\Delta R_2}{R_2}+\frac{\Delta R_3}{R_3}-\frac{\Delta R_4}{R_4}\right) \quad (3\text{-}12)$$

因为电阻应变片的阻值变化和灵敏度之间存在关系 $\frac{\Delta R}{R}=K\varepsilon$，所以上式可以整理为

$$U_o = U_i \frac{1}{4} K(\varepsilon_1 - \varepsilon_2 + \varepsilon_3 - \varepsilon_4) \qquad (3-13)$$

3.2.2 电桥的形式

在测量电路中，根据在工作时电阻值发生变化的桥臂数目的不同，电桥可分为单臂（四分之一）电桥、半桥及全桥 3 种形式，图 3-9 中箭头表示应变片受力后其阻值的变化，箭头向上代表阻值变大，箭头向下代表阻值变小。

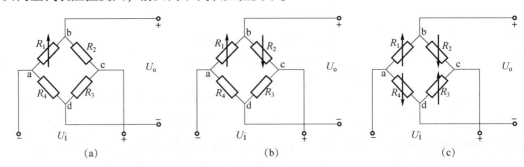

图 3-9 电桥转换电路的不同形式
(a) 单臂电桥；(b) 双臂半桥；(c) 全桥

注意：图 3-9 中的电阻的变化方向。

1. 单臂（四分之一）电桥

如图 3-9（a）所示，单臂半桥只有一个臂 R_1 为应变片，其余 3 臂均为固定电阻。因此，当受力时只有 R_1 阻值会变化（ΔR_1），$\Delta R_2 \sim \Delta R_4$ 均为零，代入式（3-12），电桥的输出电压为

$$U_o = U_i \frac{1}{4}\left(\frac{\Delta R_1}{R}\right) = \frac{1}{4} K \varepsilon_1 U_i \qquad (3-14)$$

2. 双臂半桥电路

如图 3-9（b）所示，半桥有两个臂 R_1、R_2 为应变片，如果其中一片受拉应变，一片受压应变，其余 2 臂均为固定电阻。因此，当受力时 R_1 阻值会变化（ΔR_1），R_2 阻值会变化（ΔR_2），ΔR_3、ΔR_4 均为零，代入式（3-12），电桥的输出电压为

$$U_o = U_i \frac{1}{4}\left(\frac{\Delta R_1}{R} - \frac{\Delta R_2}{R}\right) = \frac{1}{4} K(\varepsilon_1 - \varepsilon_2) U_i \qquad (3-15)$$

此时发现灵敏度比单臂提高了一倍，还具有温度补偿作用。

3. 全桥电路

如图 3-9（c）所示，全桥有四个臂均为应变片，即两个受拉应变，另两个受压应变，这就构成了全桥差动电路，因此当受力时，电阻都会发生变化，代入式（3-12），电桥的输出电压为

$$U_o = U_i \frac{1}{4}\left(\frac{\Delta R_1}{R} - \frac{\Delta R_2}{R} + \frac{\Delta R_3}{R} - \frac{\Delta R_4}{R}\right) = \frac{1}{4} K(\varepsilon_1 - \varepsilon_2 + \varepsilon_3 - \varepsilon_4) U_i \qquad (3-16)$$

此时发现灵敏度比半桥提高了一倍。

应变片的粘贴方式和受力方向，决定了试件是拉应变还是压应变，拉应变为正，压应变为负。全桥的四个桥臂都为应变片，如果设法使试件受力，电阻应变片 $R_1 \sim R_4$ 的电阻应变（或感受到的应变 $\varepsilon_1 \sim \varepsilon_4$）正负号相间，就可以使输出电压 U_o 成倍增大。上述三种工作方式电路中，全桥电路工作方式的灵敏度最高，双臂半桥次之，单臂电桥灵敏度最低。采用全桥（或双臂半桥）还能实现温度自补偿。

思考讨论：

单臂电桥、双臂半桥、全桥工作方式中，哪一种灵敏度最高？哪一种灵敏度最低？

例题 3-2：测量电桥的应用

有一测量吊车起吊物质量（即物体的重量）的拉力传感器布置如图 3-10 所示。金属应变片 R_1、R_2、R_3、R_4 贴在等截面轴上，已知不承受载荷时阻值是 120 Ω，此应变片的灵敏度系数为 2，弹性材料的泊松比为 0.3，钢柱的直径为 5 cm，弹性模量为 2×10^{11} N/m^2，电桥输入电压为 2 V，请设计测量电桥电路，并根据设计的电路分析电桥电压的输出大小？

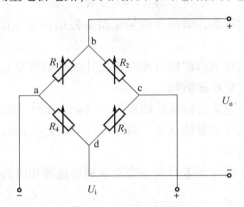

图 3-10 全桥测量电路

解： 电桥的输出电压

$$U_o = \frac{1}{2} K \varepsilon_{轴} (\mu+1) U_i$$

$$= 0.5 \times 2 \times (0.3+1) \times 1.25 \times 10^{-5} \times 2$$

$$= 3.25 \times 10^{-5} (\text{V})$$

数值用的是例题 3-1 的数据。

分析：（1）因为受力的作用，4 个电阻应变片的大小都发生了变化，其变化的情况同例题 3-1 的结果。

（2）为了达到最大的输出电压，设计全桥电路。注意 R_1 和 R_2 轴向粘贴，R_3 和 R_4 径向粘贴。电桥电路必须注意 4 个臂的电阻应变片的摆放。

思考讨论：

图 3-10 中的电阻应变片的受力方向，是否可以一致？

3.2.3 电桥电路的温度补偿

实际应用中,由于温度变化所引起的应变片电阻变化与试件(弹性敏感元件)应变所产生的电阻变化几乎有相同的数量级,因此如果不采取必要的措施克服温度的影响,测量就会产生误差。下面分析一下温度变化引起电阻变化的原因主要有:

(1) 敏感栅电阻本身阻值就是温度的函数,受温度的影响而产生附加应变。

(2) 应变片材料与试件材料热膨胀系数不同,产生附加应变。

如果对温度变化引起的应变片电阻相对变化不加补偿,则应变片几乎不能应用,产生的误差不能忽略。补偿温度误差的办法有多种,其中最常用的补偿方法是电桥电路补偿法。采用双臂半桥电路和全桥电路就能实现温度的自补偿功能。当由于温度变化而引起的应变片的阻值变化 ΔR_t,这些应变片受的温度相同,所以因温度产生的电阻变大也相同,则有

$$U_o = U_i \frac{1}{4} \left(\frac{\Delta R_{1t}}{R} - \frac{\Delta R_{2t}}{R} + \frac{\Delta R_{3t}}{R} - \frac{\Delta R_{4t}}{R} \right) = 0 \tag{3-17}$$

因此可以实现温度补偿功能,前提条件是全桥电路的所有电阻应变片处在同一环境里,受的温度相同。

电阻应变式传感器的测量电路的精度还与应变片的粘贴质量有关。

问题引导2:电阻应变片的粘贴

应变片的粘贴工序主要包括:应变片的检查与选择,试件表面处理,应变片的粘贴、固化,导线的焊接与固定,粘贴质量检查等。每道工序均需严格操作。

(1) 应变片的检查与选择。

根据应力测试和传感器精度要求对照应变片系列表选择相应的应变片,包括其阻值、外观检查。

(2) 试件表面处理。

为保证一定的黏合强度,一般采用细砂纸(布)对构件或弹性体粘贴面进行交叉打磨,使试件表面呈细密、均匀粗糙毛面,打磨面积要大于应变片的面积,是3~5倍。然后采用纯度较高的无水乙醇、丙醇、三氯乙烯等有机溶剂反复清洗,确保粘贴部位清洁干净,如果不立即贴片,可涂凡士林暂时保护。

(3) 应变片的粘贴。

先在粘贴位置涂上一层底胶,再根据所选应变片系列选择相应的粘贴胶,取适量胶液均匀涂刷在被粘表面和应变片表面上,待胶液变稠后,将应变片准确粘贴在试件表面,其上盖一层聚四氟乙烯薄膜,用手指或胶棒加压排出胶层中的气泡和多余胶水。注意:整个操作过程都不能用手触摸应变片两表面。

(4) 应变片的固化。

在聚四氟乙烯薄膜上盖上耐温硅橡胶板,并施加一定压力,按粘贴胶使用说明书提供的温度、时间、压力进行固化和稳定化处理。

(5) 粘贴质量检查。

检查贴片位置是否准确,粘贴层是否有气泡和杂质,敏感栅有无断栅和变形,并测量应变片粘贴前后的阻值变化,绝缘电阻等是否符合要求。

（6）导线的焊接与固定。

检查合格后，焊接引出导线，引线要柔软、不易老化，并把引线固定。

（7）应变片的防护。

为了保证应变片长久的稳定性，防止粘贴好的应变片受潮和腐蚀物质的浸蚀，及防止机械损伤，对应变片应采取保护措施，可涂一层柔软的防护层。

📂 问题引导3：电阻应变式传感器还有哪些应用？

电阻应变式传感器的原理是将各种被测的非电量转化为电阻的变化量，工作时引起的电阻值变化比较小，但其测量灵敏度较高。它在位移、力、力矩、压力、加速度、荷重等参数的测量中得到了广泛的应用。

3.2.4 应变式压力传感器

应变式压力传感器是压力传感器中应用比较多的一种传感器，主要用来测量流动介质的动态或静态压力，如动力管道设备的进/出口气体或液体的压力、发动机内部的压力，以及各种领域中的流体压力等。如图3-11（a）所示，应变筒的上端与外壳固定在一起，下边与密封膜片紧密接触，应变片R_1和R_2用特殊胶合剂贴在应变筒的外壁上。其中测量片R_1沿轴向粘贴，温度补偿片R_2沿径向粘贴。当被测压力P作用，密封膜片使应变筒随之做轴向受压变形时，此时应变片R_1产生轴向压缩应变ε_t，于是R_1的阻值变小，而沿径向粘贴的应变片R_2受到横向压缩，产生径向应变ε_r，于是R_2阻值变大。

利用应变片R_1、R_2与另外两个固定电阻R_3和R_4组成半臂电桥电路，如图3-11（b）所示，当密封膜片受压力作用时，硅膜片产生了变形，2个应变电阻在应力作用下阻值发生变化，打破电桥的平衡，输出的桥式电压与膜片受的压力成正比。

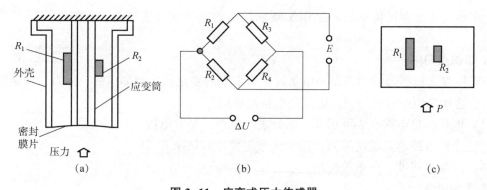

图 3-11 应变式压力传感器
（a）结构图；（b）测量桥路；（c）受力示意图

应变片压力传感器的性能有突出的优点，两个应变片的工艺一致，灵敏度相同，初始阻值相同，温度引起的温漂也能抵消，在实际中有广泛的应用。

思考：（1）测量桥路中R_2是否可以换到R_4的位置？

（2）如果想得到更大的灵敏度，如何做？

3.2.5 电阻应变式加速度传感器

应变式加速度传感器主要用于物体加速度的测量。其基本工作原理是：物体运动的加速度 a 与作用在它上面的力成正比，与物体的质量 m 成反比，即 $a=F/m$。图 3-12 所示为电阻应变式加速度传感器的结构，图中自由端安装质量块 1，另一端固定在壳体 4 上，电阻应变片 3 粘贴在等强度梁 2 上，壳体内充满硅油。测量时，本传感器壳体与被测对象刚性连接，当有加速度作用在壳体上时，由于梁的刚度很大，惯性质量块也以同样的加速度运动，产生的惯性力与加速度成正比。在这个惯性力作用，使悬臂梁变形，在梁的上下各贴的应变片也随之受力，一个应变片受拉电阻增大，另一个受压电阻减小，从而使应变片的电阻发生变化。电阻的变化引起应变片组成的桥路出现不平衡，产生输出电压，通过电压放大电路，用电压表测出相应的电压，从而就可以得到相应的加速度。综上所述，等强度梁的应变可以表征被测运动构件的加速度大小。

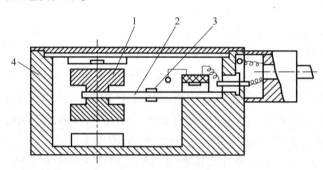

图 3-12 电阻应变式加速度传感器的结构
1—质量块；2—等强度梁；3—电阻应变片；4—壳体

电阻应变式加速度传感器不适用于频率较高的振动和冲击场合，一般适用频率为 10~60 Hz。

知识点归纳：

电阻应变式传感器的原理是非电量转化为电阻的变化量，例如位移、压力、加速度、荷重等。在这些应用中常见的测量电路是电桥测量电路。

（1）电桥测量电路有 3 种形式，四分之一电桥、半臂电桥、全桥电路。
（2）全桥电路的灵敏度最高，需要注意应变片的粘贴方式。
（3）测量加速度、荷重等应用。

课后思考：

电阻应变式传感器除了文中提的应用以外还有哪些应用呢？

工作页

学习任务：	电阻应变式传感器的测量电路	姓名：	
学习内容：	应变效应与电桥电路应用	时间：	

※任务说明

（1）有一金属箔式应变片，标称阻值 R_0 为 100 Ω，灵敏度 $K=2$，粘贴在横截面积为 9.8 mm² 的钢质圆柱体上，钢的弹性模量 $E=2\times10^{11}$ N/m²，所受拉力 $F=0.2$ t，分析受拉后应变片的阻值 R 的变化量？

（2）通过计算发现电阻的变化量很小，直接用欧姆表测量其电阻值的变化将十分困难，且误差很大。思考如何解决？

※信息收集

如图 3-13 所示，观察实验，分析数据。

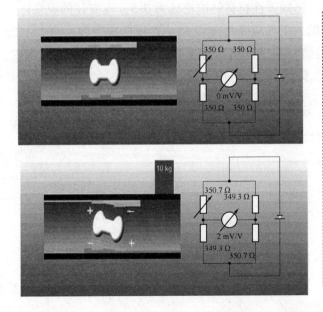

观察现象：
1. 电桥电路类型？

2. 应变片的粘贴方式。

3. 电阻大小的变化。

图 3-13　测量重物实验

※**能力扩展**
电桥电路的应用

（1）有一测量吊车起吊物质量（即物体的重量）的拉力传感器如图 3-14 所示，R_1、R_2、R_3、R_4 贴在等截面轴上。当吊起重物时，已知不承受载荷时阻值是 120 Ω，此应变片的灵敏度系数为 2，弹性材料的泊松比为 0.3，钢柱的直径为 5 cm，弹性模量为 $2\times10^{11}\,\mathrm{N/m^2}$，电桥输入电压是 2 V。请分析输出电压是多少？并画出电桥电路图（题目和上一节能力扩展 2 一样。直接开始做电桥部分，数据用上节课做出来的数据）。

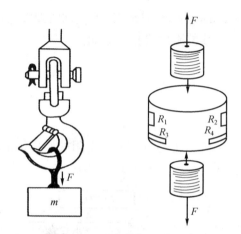

图 3-14 吊车的拉力传感器

（2）一电阻半导体应变片式传感器，已知弹性材料的泊松比为 0.5，应变片的灵敏度为 2，应变片 R_1 沿周向粘贴，R_2 沿轴向粘贴，工作应变片（即 R_2）产生的应变为 $\varepsilon=10^{-3}$，原电阻值为 100 Ω。求：此时电阻 R_1 的阻值？并设计出用应变片组成的半桥电路的电桥图，输入电压大小是 5 V，分析其输出电压是多少？

※**结论**

电桥电路是测量电路的一种很重要的电路转化形式，可以实现把非电量转化成电压的变化，其中不同的电桥形式具有不同的灵敏度。

本节总结：

_____
_____
_____
_____
_____
_____
_____
_____
_____
_____
_____
_____
_____
_____
_____
_____
_____

以上问题是否全部理解。是□ 否□

确认签名：_____ 日期：_____

任务3.3 压电式传感器的认知与应用

> 知识目标：1. 掌握压电效应。
> 2. 理解煤气灶的压电点火原理。
> 3. 理解压电式传感器的测量电路。
> 能力目标：1. 能够根据要求选择合适的压电传感器。
> 2. 能利用压电式传感器制作压电称重器。
> 思政目标：外在压力增加时，就应增强内在的动力。

📖 **问题引导1：煤气灶压电点火如何实现？**

煤气灶上的点火器有两种：一种为有源点火器，要依靠干电池逆变电路产生高压电火花；另一种是利用压电陶瓷制成的。使劲扭动打火按钮，"撞击块"敲击多块串联的压电陶瓷（见图3-15）就能产生高电压，从而形成电火花点燃煤气。压电陶瓷还可以制成电子打火机，可使用100万次以上。压电陶瓷是一种能够将机械能和电能互相转换的功能陶瓷材料，它可以产生压电效应。

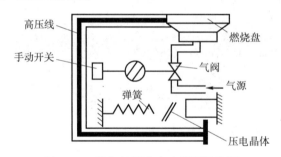

图3-15 煤气灶压电点火装置示意图

压电式传感器的原理与应用

3.3.1 压电式传感器的认知

煤气灶上点火用的压电陶瓷是一种压电式传感器。压电式传感器是基于压电效应的传感器。它的原理是当某些电介质材料受到外力的作用而变形时，在其表面会产生电荷，外力消失后，又恢复到原来不带电的状态，因此这是一种典型的"双向传感器"。里面的压电元件是一种典型的力敏元件，能测量多种非电量，如压力、加速度、机械冲击和振动等。因此，在声学、力学、医学和宇航等许多场合都可见到压电式传感器的应用。

1. 压电效应

压电效应可分为正压电效应和逆压电效应。

1) 正压电效应

某些电介质沿某一方向受到外力作用时，会产生变形，同时其内部产生极化现象，此时在这种材料的两个表面产生符号相反的电荷,当外力消失时,电荷也消失,又回到原来不带电的状态,这种机械能转变为电能的现象,称为正压电效应。

2) 逆压电效应

当在某些电介质的极化方向上施加电场,这些电介质在某一方向上产生机械变形或机械压力,产生机械振动,当外加电场撤去时,这些变形或应力也随之消失,这种电能转化为机械能的现象称为"逆压电效应"。

思考讨论:

(1) 在完全黑暗的地方,用锤子敲碎一块干燥的冰糖,会在破碎的瞬间发出暗淡的蓝色闪光,这是何种效应?

(2) 旅游圣地里的敦煌鸣沙丘,当游客从沙丘上蹦跳或从沙丘上往下滑时,可以听到雷鸣般的隆隆声,这就是著名诗句"雷送余音声袅袅,风生细响语喁喁"的场景,这是何种效应?

(3) 音乐贺卡里,当打卡贺卡时就会发出悦耳的声音,合上后声音会停止,这是何种效应?

3) 压电效应的工作原理

在自然界里大多数晶体具有压电效应。现以石英晶体为例,来阐述压电效应的工作原理。

石英晶体化学式为 SiO_2(二氧化硅),是六角形晶体,是一个正六面体,如图 3-16 所示。在晶体学中可以把它用三根互相垂直的轴来表示,即电轴(x 轴)、机械轴(y 轴)和光轴(z 轴)。从晶体上沿轴线切下的一片平行六面体称为压电晶体切片,如图 3-16 (c) 所示。

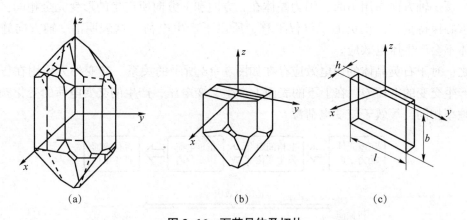

图 3-16 石英晶体及切片

(a) 左旋石英晶体外形;(b) 坐标系;(c) 切片

石英晶体的压电效应与其内部的结构有关。

(1) 当石英晶体未受外力作用时,正负离子正好分布在正六边形的顶角上,如图 3-17 (a) 所示,硅离子所带的正电荷的等效电荷中心和氧离子所带的负电荷的等效电荷中心重合,所以晶体垂直于 x 轴的表面不产生电荷,即呈中性。

(2) 在 x 轴方向上施加压力 F_x 时,如图 3-17 (b) 所示,晶格沿 x 轴方向产生压缩变

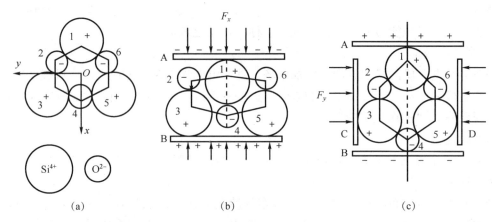

图 3-17 石英晶体的压电效应

形,最终正负电荷的中心不重合,在 x 轴的正方向上产生正电荷,$Q=d_{11}F_x$,d_{11} 称为压电常数,这叫作纵向压电效应。当受的是拉力时,则正好相反,在其 x 轴的正方向上产生负电荷。因此当力的方向改变时,电荷的极性随之改变,输出电压的频率与动态力的频率相同;当施加静态力时,在初始瞬间,产生与力成正比的电荷,但由于表面漏电所产生的电荷很快泄漏并消失。

(3) 在 y 轴方向施加压力 F_y,晶体的变形如图 3-17(c)所示,最终正负电荷的中心不重合,在 x 轴的正方向上产生负电荷 $Q=-d_{11}\dfrac{l}{\delta}F_y$,式中 l、δ 为晶片的长度和厚度,称为横向压电效应。

(4) 受 z 轴方向作用力时,因为晶体在 x 方向和 y 方向所产生的形变完全相同,所以正负电荷重心保持重合,正负离子仅仅平移,所以不产生电荷。这表明沿 z 轴方向施加作用力,晶体不会产生压电效应。

总之,对于石英晶体的压电效应存在如图 3-18 所示的关系。交变外力作用在压电元件上可以产生交变的电荷 Q,在上下的表面上产生交变电压,产生的交变电荷的变化频率与交变力的频率相同,等效于交变电荷源。

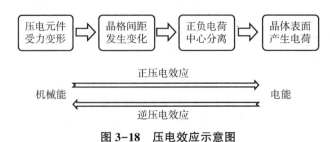

图 3-18 压电效应示意图

2. 压电材料

常用的压电材料有石英单晶体、多晶压电陶瓷、新型高分子压电材料。

1) 石英单晶体

石英单晶体分成人工石英和天然石英,它们是单晶体中使用频率最高的晶体。其特点是介电和压电常数的温度稳定性好,在 20~200 ℃ 压电常数的变化量只有 -0.000 1/℃。此外工作温度范围宽、动态响应快、机械强度大、弹性系数高、稳定性好，但是资源少、压电常数小，故一般只用来作标准传感器或精度很高的传感器中使用。

2）多晶压电陶瓷

压电陶瓷属于多晶体，它的压电常数是石英晶体的几十倍，而且其灵敏度高，应用广泛。这是一种经过极化处理后的人工多晶体，常见的压电陶瓷有钛酸钡、锆钛酸铅、铌镁酸铅等。压电陶瓷的压电效应原理与单晶体的石英晶体不同，在极化处理前，它们杂乱分布，自发极化作用相互抵消，内极化强度为零；当在高温下，用上千伏电压进行极化处理，极化后的压电陶瓷才具有压电效应。压电陶瓷具有压电系数高、制作成本低，目前国内外的压电传感器大部分选用压电陶瓷。

3）新型高分子压电材料

新型高分子压电材料是近年来发展迅速的新型材料，如 PFV2（聚二氟乙烯）、PVF（聚氟乙烯）、PVC（聚氯乙烯）、PMG（聚 R 甲基谷氨酸酯）、聚碳酸酯等。某些高分子聚合物薄膜经伸延展和电场极化处理后也具有压电特性，这类薄膜称为高分子压电薄膜，其密度仅为压电陶瓷的 1/4，弹性柔顺常数比陶瓷大 30 倍，在使用时也必须进行极化处理。因为具有柔软、不易碎、面积大的优点，容易制作较大面积的成品，价格便宜，频率响应范围广，有很好的应用。但工作温度一般低于 100 ℃，温度升高时，灵敏度将降低。同时它的机械强度不够高，耐紫外线能力较差，不宜暴晒，以免老化。如制成压电薄膜和电缆，用于压电式脚踏报警器、高分子压电踏脚板、扬声器等。

3.3.2 压电式传感器的测量电路

压电式传感器的基本原理就是利用压电材料的压电效应，即当有一外力作用在压电材料上时，传感器就有电荷（或电压）输出。外力作用在压电材料上产生的电荷只有在无泄漏的情况下才能保存下来，因此它需要后续测量回路有无限大的输入阻抗，但这无法实现，所以压电式传感器绝不能用于静态测量。它只有在交变力的作用下，使电荷不断得到补充，才可以供给测量回路以一定的动态电流，因此它只适应于动态测量，不断地对电荷补充，这类似于电容器。

1. 压电元件的等效电路

压电元件受外力作用时，会产生电荷，因此可以看作一个电荷源。同时在两个极板上聚集电荷，这两个极板上的电荷量大小相等、方向相反，相当于一个以压电材料为介质的电容器，其电容量为

$$C_a = \frac{\varepsilon_r \varepsilon_0 A}{\delta} \tag{3-18}$$

式中，A——压电元件电极面积；

δ——压电元件厚度；

ε_r——压电材料的相对介电常数；

ε_0——真空介电常数。

压电传感器可以等效为一个与电容相串联的电压源。如图 3-19（a）所示，电容器上的

电压 U、电荷量 Q 和电容量 C_a 三者关系为 $U = \dfrac{Q}{C_a}$，压电传感器也可以等效为一个电荷源与电容相并联，如图 3-19（b）所示。

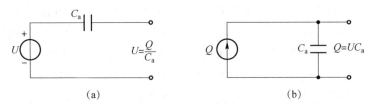

图 3-19　压电元件的等效电路
（a）电压源；（b）电荷源

压电压传感器在实际使用时总要与测量仪器或测量电路相连接，因此还必须考虑连接电缆的等效电容 C_c、放大器的输入电阻 R_i、输入电容 C_i 及压电式传感器的泄漏电阻 R_a，实际等效电路如图 3-20 所示。

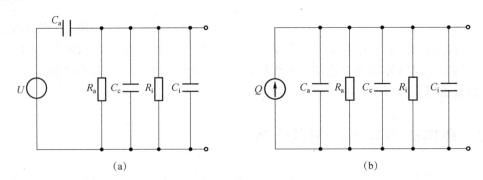

图 3-20　压电元件的实际等效电路
（a）电压源；（b）电荷源

但实际应用中，压电元件所产生的电荷量甚微，且电荷的保存时间通常小于几秒，所以仅用单片电压元件制作并投入使用是很不实用的。为此，在实际的压电式传感器产品中，常把两片或多片晶片组合到一起，成为叠层式压电组合器件，组合以后的传感器压电晶片的连接方式有"并联"和"串联"两种。

并联接法：输出电容 C'、输出电压 U'、电荷量 Q' 与单片输出电容 C、输出电压 U、电荷量 Q 之间的关系为

$$Q' = 2Q, U' = U, C' = 2C \tag{3-19}$$

串联接法：输出电容 C'、输出电压 U'、电荷量 Q' 与单片输出电容 C、输出电压 U、电荷量 Q 之间的关系为

$$Q' = Q, U' = 2U, C' = \dfrac{1}{2}C \tag{3-20}$$

在两种接法中，并联接法本身的电容大，输出电荷大，因此时间常数大，适宜用在测量较为缓慢变化的信号，并且希望以电荷为输出量的场合。串联接法其输出电压较高，本身的电容小，时间常数较小，适宜用在以电压为输出信号，后续转换电路的输入阻抗较高，信号

变化相对要求较快的场合。因此在不同的需求场合下，可以采用不同的连接方式，一起讨论下面的问题。

思考讨论：不同场合的连接选择。

动态力传感器中，两片压电片多采用_____接法，可增大输出电荷量；在电子打火机和煤气灶点火装置中，多片压电片采用_____接法，可使输出电压达上万伏，从而产生电火花。

A. 串联　　　　B. 并联　　　　C. 既串联又并联

2. 压电传感器的测量电路

压电传感器本身所产生的电荷量很小，内阻抗又很高，其输出信号十分微弱。为了顺利进行测量，通常把压电传感器信号先输入到高输入阻抗的前置放大器中，经过阻抗变换以后，再采用一般的放大、检波电路处理，方可将输出信号提供给指示及记录仪表。前置放大器主要有两个作用：第一是放大压电传感器的输出信号；第二是将高阻抗输出变换为低阻抗输出。压电传感器的输出可以是电压信号，也可以是电荷信号，因此前置放大器有两种形式，即电压放大器和电荷放大器。

1) 电压放大器

电压放大器的电路如图 3-21（a）所示，使用时，把压电传感器通过导线与测量仪器相连，其中图中的参数分别为压电传感器绝缘电阻 R_a、前置放大器输入电阻 R_i 和前置放大器输入电容 C_i、传感器内部电容 C_a、电缆电容 C_c，这些都会对输出电压产生影响。

$$R=\frac{R_a R_i}{R_a+R_i}, C=C_c+C_i, u_a=\frac{Q}{C_a} \tag{3-21}$$

其等效电路如图 3-21（b）所示，当压电传感器受力为 $F=F_m\sin\omega t$ 时，电压为

$$u_a=\frac{Q}{C_a}=\frac{d_{11}F_m}{C_a}\sin\omega t=U_m\sin\omega t \tag{3-22}$$

式中，d_{11} 为压电传感器的压电常数；U_m 为压电传感器的输出电压的幅值。式（3-22）表明，压电传感器有很好的高频响应。从原理上看压电传感器不能测静态量，因为压电传感器上产生的微弱电量会通过 R_a 和 R_i 泄漏掉，只有动态力作用使电荷不断地补充，加上高输出阻抗，电荷才得以保存下来送入前置放大器。在测量时，压电传感器与电压放大器之间的电缆不能随意更换，以免引入误差。

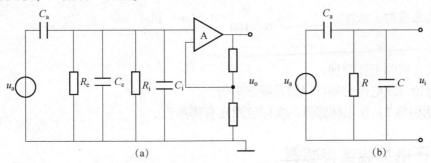

图 3-21　电压放大器的电路

(a) 放大器电路；(b) 等效电路

2) 电荷放大器

电荷放大器是一种输出电压与输入电荷量成正比的前置放大器,如图 3-22 所示,利用反馈电容 C_f 的高增益运算放大电路。当放大器开环增益 A 和输入电阻 R_i、反馈电阻 R_f(用于防止放大器的直流饱和)相当大时,放大器的输出电压 U_o 正比于输入电荷 Q,反比于反馈电容 C_f,而与 C_c、C_a、C_i 基本无关。放大器的输出电压为

$$U_o \approx \frac{Q}{C_f} \tag{3-23}$$

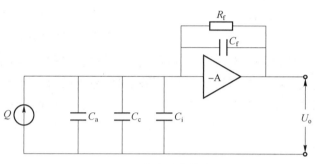

图 3-22 电荷放大器电路

因此,在实际使用电荷放大器时,连接电缆的长度对其灵敏度无明显影响,为远距离测试提供了方便。电容 C_f 的范围一般是 $100 \sim 10^4$ pF。

📖 **例题 3-3:压电电荷**

用某压电元件测量振动,其压电常数 $d_{11} = 100 \times 10^{-12}$ C/N,已知电荷放大器的反馈电容 $C_f = 1\,000$ pF,$R_f = 10$ MΩ,测得放大器的输出电压 $U_o = 0.1$ V,求:

(1) 压电元件的输出电荷量 Q 的有效值为多少库伦?
(2) 被测振动力 F 的有效值为多少?
(3) 电荷放大器的灵敏度 S 为多少 mV/pC?

解:

(1) 压电元件的输出电荷量 Q 的有效值:
$$Q \approx U_o C_f = 0.1 \times 1\,000 \times 10^{-12} = 100 \text{ (pC)}$$

(2) 被测振动力的有效值:$F_m = \dfrac{Q}{d_{11}} = \dfrac{100}{100 \times 10^{-12}} = 1 \text{ (N)}$

电荷放大器的灵敏度:$S = \dfrac{U}{Q} = \dfrac{0.1}{100} = 0.5 \text{ (mV/pC)}$

分析:

电荷放大器的工作原理。

思考讨论: 压电传感器可以测量静态力吗?

📘 **问题引导 2:压电传感器的实际应用还有哪些?**

3.3.3 压电加速度传感器

压电加速度传感器是一种测量振动和冲击的理想传感器。它具有结构简单、体积小、质

量轻、测量的频率范围宽、动态范围大、性能稳定、输出线性好等优点。

压电加速度传感器结构如图 3-23 所示，主要由压电元件、质量块、预压弹簧、基座及外壳等组成，整个部件装在外壳内并用螺栓加以固定。利用弹簧对压电元件及质量块施加预紧力，当压电加速度传感器和被测物体一起受到冲击振动时，压电元件 2 受质量块 5 惯性力的作用，根据牛顿第二定律，$F=ma$，式中，F 为质量块产生的惯性力；m 为质量块的质量；a 为加速度。这样，质量块就有一个正比于加速度的交变力作用在压电元件上。

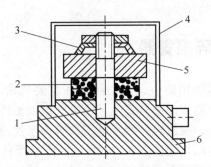

图 3-23　压电加速度传感器结构

1—螺栓；2—压电元件；3—预压弹簧；4—外壳；5—质量块；6—基座

这个动态力使压电元件的表面上产生交变电荷（或电压）。当被测物体的振动频率远低于压电传感器的固有频率时，压电传感器输出电荷（或电压）正比于作用力，即 $Q=d_{11}F=d_{11}ma$。

于是压电传感器输出电荷（或电压）与加速度成正比，式中 d_{11} 为压电常数。因此，测得传感器输出的电荷（电压）便可知加速度。

压电加速度传感器有着广泛的应用，例如在测量飞机构件（特别是薄板型小构件）的振动时，为了不使构件的振动失真，传感器的质量应尽可能轻，压电加速度传感器能够较为准确地测量出构件的振动。机床工作时，为了寻找出防止和消除机床振动的方法和提高机床抗振性能，可采用压电加速度传感器对机床振动进行检测和模态分析，以便充分了解各种机床的动态特性，找出机床产生受迫振动、爬行以及自激振动（颤振）的原因。如人体的动态特性研究在体育训练中的应用也有着广泛的应用。

例题 3-4：压电加速度传感器的应用

利用图 3-23 所示的压电加速度传感器及图 3-22 所示的电荷放大器测量机床的振动加速度，若传感器的灵敏度 $S=10$ pC/g（g 为重力加速度），电荷放大器灵敏度 $S_Q=10$ mV/pC，求：

（1）当输入加速度 $a=2g$（有效值）时，压电式加速度传感器的输出电荷值 Q（有效值）为多少？

（2）电荷放大器的输出电压 U_o（有效值，不考虑正负号）等于多少？

（3）此时电荷放大器的反馈电容 C_f 切换为多少？

解：

（1）压电加速度传感器的输出电荷：

$$Q=S\times a=10\text{ pC}/g\times 2g=20\text{ pC}$$

(2) 电荷放大器的输出电压：
$$U_o = S_Q \times Q = 10 \times 20 = 0.2(V)$$
(3) 反馈电容，代入式（3-21）：
$$C_f = \frac{Q}{U_o} = \frac{20}{0.2} = 100(pF)$$

分析：

压电加速度传感器、电荷放大器的工作原理和灵敏度的定义。其中灵敏度为输出的变化量与输入的变化量的比值。

3.3.4 压电式玻璃破碎报警器

在很多安全场合，比如博物馆防盗、文物防盗和重要机密或重要文件保存以及家用防盗，都可以设置玻璃破碎报警器来保证其安全。压电式玻璃破碎报警器具有使用频带宽、灵敏度高、结构简单、工作可靠、质量轻、测量范围广等许多优点，因此玻璃破碎报警器大部分采用压电式。其报警器的电路框图如图3-24所示，传感器粘贴在玻璃上，然后通过电缆和报警电路相连。为了提高报警器的灵敏度，信号经放大后，需经带通滤波器进行滤波，目的是使仅玻璃振动频范围内的输出电压通过。当传感器的输出信号高于设定的阈值时，驱动执行机构，输出报警信号。

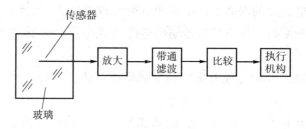

图3-24 压电式玻璃报警电路框图

BS-D2压电式传感器如图3-25所示，是专门用于检测玻璃破碎的一种传感器，它利用压电元件对振动敏感的特性来感知玻璃受撞击和破碎时产生的振动波。在使用时，用瞬干胶将其粘贴在玻璃上。当玻璃遭受暴力打碎的瞬间，压电薄膜感受到剧烈振动，表面产生电荷Q，在两个输出引脚之间产生窄脉冲报警信号，后经图3-24所示框图，最终实现报警。该传感器的最小输出电压为100 mV，最大输出电压为100 V，内阻抗为15~20 kΩ。

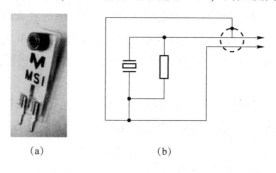

(a)　　　　　(b)

图3-25 BS-D2压电式传感器
(a) 外形；(b) 内部电路

3.3.5 高分子压电交通传感器

高分子压电交通传感器是利用轮胎经过压电电缆传感器时采集信息，产生一个与施加到压电电缆传感器上的压力成正比的模拟信号，并且输出的周期与轮胎停留在传感器上的时间相同。每当一个轮胎经过传感器时，传感器就会产生一个新的电子脉冲。它的优点在于感测冲击或振动范围宽，从地表振动造成的微弱压力信号到高速重型卡车轴的冲击均可。如图 3-26 所示，压电电缆埋在地下，通过分析输出波形的情况，可以得到车速、车型数据，再将车速、车型数据与国家标准的车辆分类数据表做比对，转换为可靠的分类数据。

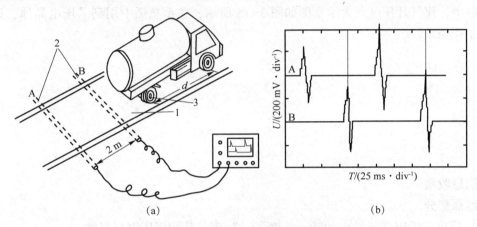

图 3-26 PVDF 压电电缆测速原理图
(a) 测速示意图；(b) 输出信号波形图
1—车道；2—压电交通传感器；3—车轮

通常在每条车道上安装两条传感器，这便于分别地采集每条车道的数据。使用两个传感器可以计算出车辆的速度。当轮胎经过传感器 A、B 时，输出的波形如图 3-26（b）所示，两个传感器之间的距离一般是 3 m，或比 3 m 短一些（可根据需要确定）。当已知传感器之间的距离，将两个传感器之间的距离除以 2 个传感器信号的时间周期，就可得出车速。有的国家为了校验会增加 2 条传感器。当轮胎经过传感器时，根据从 A 到 B，再从 B 到 C，最终从 A 到 C 的时间，计算出车速。然后对这几个车速进行对比，判断它们是否都在规定的范围内（通常不超过 2%）。如果车辆超速，前轮经过最后一个传感器时，立即车辆拍照，计算出车速。传感器可以交错安装，以便照相机有稳定的焦点，从而使得照片清晰可读。

💡 **知识点归纳：**

压电式传感器是利用压电材料本身固有的压电效应，将外加的压力转换成电荷变化量，再通过电荷（或电压）放大后，检测其对应的压力。

（1）压电效应和逆压电效应。
（2）压电式传感器可等效为电容器，为了能正常工作，前置放大器有电压放大器和电荷放大器。
（3）压电式传感器只能测量动态量。
（4）压电式传感器的应用非常广泛。

☑ **课后思考：**
测量加速度除了压电式加速度传感器外，还有其他类型吗？

工作页

学习任务：	认识并应用压电式传感器	姓名：	
学习内容：	压电式传感器	时间：	

※**任务说明**

煤气灶压电点火装置

生活中，煤气灶压电点火示意图如图 3-15 所示，在示意图中用到了压电晶体，请简单说明其工作原理？

※**信息收集**

传感器部分

（1）压电式蜂鸣器中发出"嘀……嘀……"声，是利用压电材料的（　　）。
　A. 应变效应　　　　B. 电涡流效应　　　　C. 正压电效应　　　　D. 逆压电效应

（2）压电传感器只能应用于（　　）测量。
　A. 静态　　　　　　B. 动态　　　　　　　C. 两者都可以

（3）使用压电陶瓷制作压力传感器可测量（　　）。
　A. 人的体重　　　　B. 车刀在切削时感受到的切削力的变化量
　C. 车刀的压紧力

（4）具有实用价值的压电材料基本上可分为三大类：压电＿＿＿＿、压电＿＿＿＿和＿＿＿＿材料。

（5）根据石英晶体切片上的受力方向，如图 3-27 所示，标出晶体切片上产生电荷的正负符号。

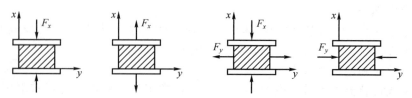

图 3-27　石英晶体的受力和产生的电荷

※**能力扩展**

传感器的应用

PVDF 高分子压电电缆测速原理如图 3-26 所示。两根压电电缆相距 $L=2$ m，平行埋设于柏油公路的路面下约 50 mm，可以用来测量车速及汽车的超重，并根据存储在计算机内部的档案数据判定汽车的车型。

现有一辆超重车辆以较快的车速压过此测速传感器，两根 PVDF 压电电缆的输出信号如图 3.26（b）所示，请分析填空。

（1）仪器屏幕上的坐标每格为_____ ms，汽车的前轮通过 A、B 两根压电电缆的时间差 $t_1 \approx$ _____ ms = _____ s。

（2）设 $L_{AB} = 2$ m，求车速，写出计算过程。

（3）前后轮依次通过 A 压电电缆的时间差 $t_2 \approx$ _____ ms = _____ s。

（4）估算出汽车前后轮间的轴距 d 为多少？写出计算过程。

本节总结：

_____
_____
_____
_____
_____
_____
_____

🏆 以上问题是否全部理解。是□　否□

确认签名：_____ 日期：_____

任务 3.4　测量转换电路-集成运算放大电路的应用

在任务 3.2 中，应变片电桥测量电路的输出电压不大，为了能够更好地测量，此时需要在后面连接放大电路，从而有足够大的电压驱动后面的执行机构。如图 3-28 所示电阻应变式传感器的单臂电桥，经放大电路放大后输出，从而实现了提高输出电压的目的。

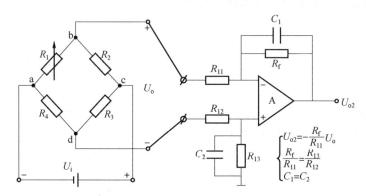

图 3-28　单臂电桥的输出放大电路

问题引导 1：什么是集成运算放大电路？

集成运算放大器是线性集成电路的一种，它除了具有很高的放大倍数外，还能通过外接一些元器件构成加法器、减法器等运算电路，所以称之为运算放大器，简称运放。在实际应用中有很大的灵活性和通用性。

3.4.1　集成运放基础知识概述

集成运放的电路符号如图 3-29 所示，其中图 3-29（a）是集成运放的国际符号，图 3-29（b）是集成运放的国标符号，图 3-29（c）是具有电源引脚的集成运放国际符号。它具有两个输入端：同相输入端（"+"端或"P"），反相输入端（"-"端或"N"），一个输出端。其内部由多级直接耦合的放大电路组成。注意：这里同相和反相只是输入电压和输出电压之间的关系，若输入正电压从同相端输入，则输出端输出正的输出电压，若输入正电压从反相端输入，则输出端输出负的输出电压。在具体的电路应用中，集成电路的符号和引脚对应关系我们可以通过查看数据手册来获得。

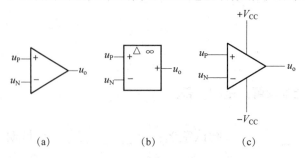

图 3-29　集成运放的电路符号

（a）国际符号；（b）国际符号；（c）具有电源引脚的国际符号

3.4.2 集成运放的主要性能与参数

为了正确选用集成运放，必须了解主要性能参数。集成运放的主要技术指标从静态参数和动态参数两方面来参考。

1. 静态参数

1) 输入失调电压 U_{io}

输入失调电压是表征运放内部电路对称性的指标。为使运放的输出电压为 0，在运放的输入级差分放大器所加的输入电压的数值，规定：在 25 ℃ 室温及规定电源电压下，为了使输出电压为零，在输入端加的补偿电压，即输入失调电压 U_{io}，输入失调电压越小，集成运放质量越好，一般 U_{io} 的值为 1 μV ~20 mV。

2) 输入失调电流 I_{io}

输入失调电流为零输入时，两输入静态偏置电流 I_{b1}、I_{b2} 之差。该参数用于表征差分输入级输入电流不对称的程度，数值越小越好。

3) 输入偏置电流 I_b

输入电压为零时，两输入端（+端、-端）静态基极电流的平均值。差动输入级集电极电流一定时，输入偏置电流反映了差动管 β 值的大小。对静态工作点有较大的影响，而且也影响温漂和运算精度。

4) 输入失调电压的温漂 $\dfrac{\Delta U_{io}}{\Delta T}$

在规定的温度范围内，输入失调电压随温度的变化量与温度变化量之比，是衡量温漂的重要指标。

5) 输入失调电流温漂 $\dfrac{\Delta I_{io}}{\Delta T}$

在规定的温度范围内，输入失调电流随温度的变化量与温度变化量之比，是对放大器电流温漂的度量。它同样不能用外接调零装置进行补偿。

6) 最大差模输入电压 U_{idmax}

最大差模输入电压是指集成运放两个输入端所能承受的最大差模输入电压，超过这个值输入级差动管中的管子将会出现反相击穿，甚至损坏。

7) 最大共模输入电压 U_{cdmax}

运放所能承受的最大共模输入电压，如果共模电压超过一定值时，将会使输入级工作不正常，因此要加以限制。

2. 动态参数

1) 开环增益 A_{VOL}

开环增益指运放在无外加反馈情况下的增益，决定运算精度的重要指标，手册中通常用大信号电压增益 V/mV 或 dB 表示。

2) 共模抑制比 K_{CMRR}

与差分放大电路中的定义是一样的,为差模电压增益 A_{vd} 与共模电压增益 A_{vc} 之比,常用分贝数来表示。

3) 差模输入电阻 R_{id}

输入为差模信号时,运放的输入电阻。

4) $-3\ dB$ 带宽

运放的差模电压增益 A_{vd} 下降 3 dB 时所对应的信号频率称为 3 dB 带宽。一般运放的3 dB 带宽为几 Hz~几 kHz,宽带运放可达到几 MHz。

5) 输出瞬态特性参数

输出瞬态特性参数用来表示集成运放输出信号的瞬态特性,描述这类特性的参数主要是转换速率,$S_R = \left|\dfrac{du_o}{dt}\right|_{max}$,反映运放对于快速变化的输入信号的响应能力。

3.4.3 理想集成运放

理想集成运算放大器主要有以下特性。

(1) 开环差模电压放大倍数 $A_d \to \infty$。

(2) 输入电阻 $R_i \to \infty$。无论输入信号电压 u_i 多大,输入电流都近似为 0 A。

(3) 输出电阻 $R_o \to 0\ \Omega$。输出电阻阻值接近 0 Ω,输出端可带很重的负载。

(4) 共模抑制比 $K_{CMR} \to \infty$。对差模信号有很大的放大倍数,而对共模信号几乎全部抑制。

(5) $-3\ dB$ 带宽 $BW \to \infty$;

(6) 输入偏置电流 $I_{b1} = 0$。

  问题引导2:集成运放的基本运算

随着集成运算放大器技术的不断发展,现在很多高性能的集成运算放大器的性能指标已趋近于理想条件。因此以后就把实际的集成运算放大器当成是理想集成运算放大器来分析,在一般的工程计算中是允许的。它的工作状态有两种:线性状态和非线性状态。

利用理想集成运算放大器推导出的"虚短"和"虚断"概念,对各种集成运算放大器应用电路进行分析和计算,既可简化分析和计算过程,又不致引起明显的误差。

3.4.4 "虚短"和"虚断"

1. 虚短

由于运放的开环电压增益很高,而运放的输出电压是个有限值,因此,两个输入端电压之间存在关系:$u_+ \approx u_-$($u_p \approx u_N$),如图 3-30 所示,同相输入端和反相输入端的电压相等,相当于"短路",简称虚短。

2. 虚断

因为运放的差模输入电阻很大，一般高达几百千欧姆以上，因此，流入运放输入端的电流往往远小于输入端外电路的电流，可忽略不计，即 $i_+ = i_- = 0$，如图 3-30 所示，如同断路一样，故简称虚断。

3.4.5 比例运算电路

1. 反相比例放大电路

反相比例放大电路如图 3-31 所示，输入信号从反相输入端与地之间加到运算放大电路内。R_f 是反馈电阻，将输出电压 u_o 反馈到反相输入端实现负反馈。R_1 是输入电阻，R_2 是补偿电阻（输入平衡电阻），即 $R_2 = R_1 /\!/ R_f$，它的作用使放大电路处于平衡状态。

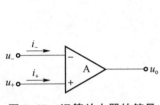

图 3-30 运算放大器的符号

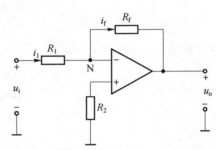

图 3-31 反相比例运算放大电路

分析电路：

因为"虚断" $i_+ = i_- = 0$，由图 3-31 得：$i_1 = i_f$

$$\frac{u_i - u_N}{R_1} = \frac{u_- - u_o}{R_f}$$

因为"虚地" $u_P \approx u_N = 0$，

所以

$$\frac{u_i}{R_1} = \frac{-u_o}{R_f}$$

最后得

$$u_o = -\frac{R_f}{R_1} u_i, A_u = -\frac{R_f}{R_1}$$

笔记：

利用"虚短"和"虚断"的概念，实际运算放大电路 u_- 的电位不等于零，但很接近零值，可以看成是接地，由于不是真正接地，称为"虚地"。

可见，输出电压与输入电压成比例关系，相位相反。只要运算放大电路的开环电压放大倍数足够大，那么闭环放大倍数 A_u 就只决定于电阻 R_f 与 R_1 的比值。

2. 同相比例放大电路

同相比例运算放大器如图 3-32 所示，该电路的输入信号加到运算放大器的同相输入端，反馈信号送到反相输入端。

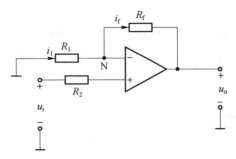

图 3-32 同相比例运算放大电路

分析电路：

因为"虚断" $i_+ = i_- = 0$，由图 3-32 得：$i_1 = i_f$

$$\frac{0 - u_N}{R_1} = \frac{u_N - u_o}{R_f}$$

因为"虚地" $u_P \approx u_N = u_i$

所以

$$\frac{0 - u_i}{R_1} = \frac{u_i - u_o}{R_f}$$

最后得

$$u_o = \left(1 + \frac{R_f}{R_1}\right) u_i$$

笔记：

利用"虚短"和"虚断"的概念，实际运算放大电路 u_- 的电位不等于零，但很接近零值，可以看成是接地，由于不是真正接地，称为"虚地"。

信号加在同相输入端，而反相端和同相端电位一样，所以输入信号对于运放是共模信号，因此要求运放有好的共模抑制能力。除了这种情况外，还有 $u_o = u_i$，就是输出电压跟随输入电压的变化，简称电压跟随器，如图 3-33 所示。

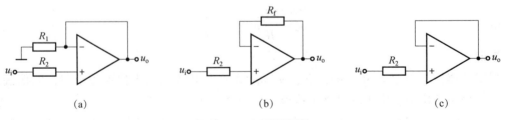

图 3-33 电压跟随器

(a) $R_f = 0$；(b) $R_1 = \infty$；(c) $R_f = 0$，$R_1 = \infty$

3. 积分运算电路

积分运算电路如图 3-34 所示。

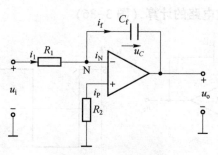

图 3-34 积分运算电路

分析电路:

因为"虚断" $i_+ = i_- = 0$,

"虚地" $u_P \approx u_N = 0$

所以

$$i_1 = i_f = \frac{u_i}{R_1}$$

$$u_o = -u_C = -\frac{1}{C_f}\int i_f \mathrm{d}t = -\frac{1}{R_1 C_f}\int u_i \mathrm{d}t$$

若输入电压为常数,则

$$u_o = \frac{u_i}{R_1 C_f} t$$

注意在实际应用时,输入电压的初始值。

4. 微分运算电路

微分运算电路如图 3-35 所示。

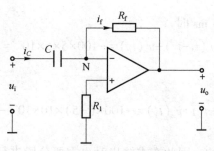

图 3-35 微分运算电路

分析电路:

因为"虚断" $i_+ = i_- = 0$,

"虚地" $u_P \approx u_N = 0$

所以电容两端的电压 $u_C = u_i$,有

$$i_f = i_C = C\frac{\mathrm{d}u_i}{\mathrm{d}t}$$

输出电压

$$u_o = -i_f R_f = -R_f C\frac{\mathrm{d}u_i}{\mathrm{d}t}$$

例题 3-5：积分运放电路的计算（图 3-36）

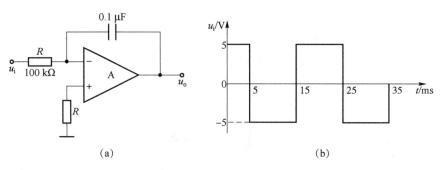

图 3-36　例题 3-5 积分电路及输入电压波形图

(a) 积分电路；(b) 输入电压波形

解：

输出电压的表达式

$$u_o = -\frac{1}{RC}\int_{t_1}^{t_2} u_i \mathrm{d}t + u_o(t_1)$$

当 u_i 为常量时

$$u_o = -\frac{1}{RC} u_i(t_2-t_1) + u_o(t_1)$$

$$= -\frac{1}{10^5 \times 10^{-7}} u_i(t_2-t_1) + u_o(t_1)$$

$$= -100 u_i(t_2-t_1) + u_o(t_1)$$

(1) 0~5 ms

若 $t=0$ 时 $u_o=0$，则 $t=5$ ms 时

$$u_o = -100 u_i(t_1-t_0) + u_o(t_0) = -100 \times 5 \times 5 \times 10^{-3} = -2.5(\mathrm{V})$$

(2) 5~15 ms

当 $t=15$ ms 时

$$v_o = -100 u_i(t_2-t_1) + u_o(t_1) = -100 \times (-5) \times 10 \times 10^{-3} - 2.5 = 2.5(\mathrm{V})$$

笔记：

分析：输入信号是分段的，因此在求输出时也需要分段进行。

计算时要计算一个周期，输出波形如图 3-37 所示。

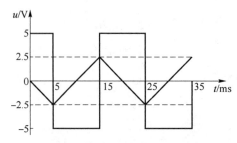

图 3-37　例题 3-5 积分电路输入和输出电压波形图

📌 问题引导3：集成运放的非线性应用

集成运放在传感器测量技术中，还经常用到电压比较器，这是将一个连续变化的输入电压与参考电压进行比较，在二者幅度相等时，输出电压将产生跳变。通常用于A/D转换、波形变换等场合。目前已经有专用的集成比较器，使用更加方便。

具有下面的特点：
（1）当同相输入端电压大于反相输入端电压时，输出电压为高电平，$u_o = u_{o_+}$；
（2）当同相输入端电压小于反相输入端电压时，输出电压为低电平，$u_o = u_{o_-}$。

3.4.6 过零比较器

同相过零比较器电路如图3-38（a）所示，同相端接u_i，反相端$u_- = 0$，输入电压与0电压进行比较。

当$u_i > 0$时，$u_o = u_{o_+}$，输出高电平；当$u_i < 0$时，$u_o = u_{o_-}$，输出低电平。

该比较器的传输特性如图3-38（b）所示。

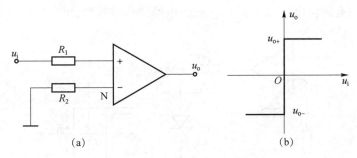

图3-38 过零电压比较电路
（a）比较电路；（b）特性曲线

该电路常用于检测正弦波的零点，当正弦波电压过零时，比较器输出发生跃变，在A/D转换中也有用到。

3.4.7 任意电压比较器

同相任意电压比较器电路如图3-39（a）所示，同相端接u_i，反相端$u_N = u_R$，所以输入电压是和u_R电压进行比较。

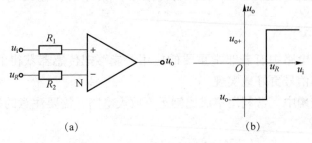

图3-39 任意电压比较器电路
（a）比较电路；（b）特性曲线

当 $u_i > u_R$ 时，$u_o = u_{o+}$，输出为高电平；当 $u_i < u_R$ 时，$u_o = u_{o-}$，输出为低电平。

该比较器的传输特性如图 3-39（b）所示。

上述的比较器电路简单、灵敏度高，但是抗干扰能力较差，当干扰叠加到输入信号上而在门限电压值上下波动时，比较器就会反复的动作，如果去控制一个系统的工作，会出现误动作。

3.4.8 迟滞比较器

反相端输入的迟滞比较器电路如图 3-40（a）所示。

集成运放输出端的限幅电路 $u_o = \pm u_Z$，集成运放反相输入端电压 $u_N = u_i$，同相端的电压为

$$u_P = \pm \frac{R_1}{R_1 + R_2} u_Z$$

令 $u_P = u_N$，则有阈值电压 $u_T = \pm \frac{R_1}{R_1 + R_2} u_Z$，电路的传输特性如图 3-40（b）所示。

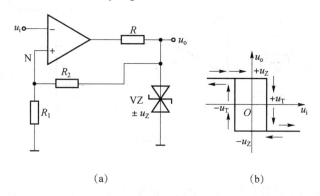

图 3-40 迟滞比较器电路

(a) 比较电路；(b) 特性曲线

当输入电压 $u_i < -u_T$ 时，u_N 一定小于 u_P，此时 $u_o = +u_Z$，$u_P = +u_T$。

当输入电压 u_i 增加并达到 $+u_T$ 后，稍增加其大小时，输出电压就会从 $+u_Z$ 向 $-u_Z$ 跃变。

当输入电压 $u_i > +u_T$ 时，u_N 一定大于 u_P，此时 $u_o = -u_Z$，$u_P = -u_T$。

当输入电压 u_i 减小并达到 $-u_T$ 后，在稍减小其大小时，输出电压就会从 $-u_Z$ 向 $+u_Z$ 跃变。

✐ **知识点归纳：**

集成运放在测量电路中有着非常重要的应用，能够把传感器获得的非电量信号进行放大，以便于后续处理信号更好地实现。

在测量技术的应用中，常利用集成比例运算放大电路，需要注意的是输出电压的大小受本身的参数限制。

☑ **课后思考：**

集成运放中的比较器在实际中有什么应用呢？后期在 A/D 转换中会讲到本部分。

工作页

学习任务:	集成运算放大电路的应用	姓名:	
学习内容:	集成运算比例运算电路	时间:	

※任务描述

电子秤框图如图 3-41 所示。

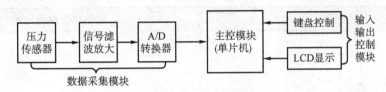

图 3-41 电子秤框图

电子秤中的压力传感器获取信号后,需要进行后续信号的处理,当电桥电路转化出来的电压信号,经检测发现数据很小,此时我们需要对此弱小的信号进行相应的处理,最终才能被计算机识别,请分析必须通过何种形式呢?

※信息收集

1. 基本概念

(1) 画出集成运算放大器的电路符号。

(2) 集成运算放大器的外形如图 3-42 所示。

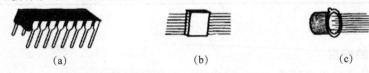

图 3-42 集成运算放大器的外形

(a) 双列直插式;(b) 扁平式;(c) 圆壳式

(3) 写出理想集成运放的几个特性。

2. 积分运算电路

积分运算电路概述如表 3-1 所示。

表 3-1　积分运算电路概述

电路图	输出电压推导过程
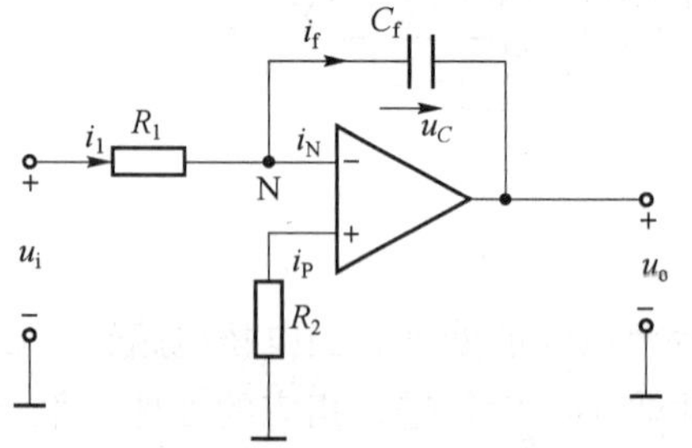 (电路图：反相输入积分运算电路，含 R_1、i_1、i_N、C_f、i_f、u_C、R_2、i_P、u_i、u_o)	
作用	波形变换； 放大电路失调电压的消除； 反馈控制中的积分补偿

3. 微分运算电路

微分运算电路概述如表 3-2 所示。

表 3-2　微分运算电路概述

电路图	输出电压推导过程
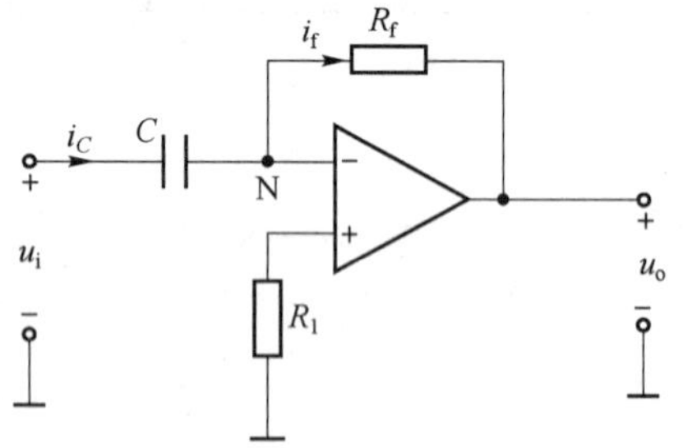 (电路图：反相输入微分运算电路，含 C、i_C、R_f、i_f、R_1、u_i、u_o)	
作用	微分电路主要用于脉冲电路、模拟计算机和测量仪器中

※**能力拓展**

1. 集成运放的应用

集成运放的最大输出电压为 $U_{OPP} = \pm 14\ \text{V}$，采用的芯片为 UA741CN，其说明如图 3-43 所示。

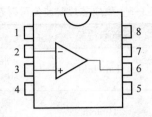

图 3-43 UA741CN 引脚说明

1—偏置（调零端）1；2—正向输入端；3—反向输入端；4—接电源-；
5—偏置（调零端）2；6—输出；7—接电源+；8—空脚

（1）UA741CN 第 4、7 引脚的输入电压为 15 V，请画出示意图来实现这个电压。

（2）集成运放组成如图 3-31 所示电路，已知 $R_1 = 10$ kΩ，$R_f = 100$ kΩ，$u_i = 0.6$ V，求输出电压 u_o 和平衡电阻 R_2 的大小及电压放大倍数 A_{VF}。

（3）当输入信号电压增加到 2 V 时，其输出电压的大小为多少？波形是否会失真？并分析原因？

（4）当输入信号为 $u_i = 2\sin 314t$ V，分析输出电压？波形是否会失真？并画出输出波形图？（难点）

2. 芯片介绍

1）集成运放供应商

目前我国可以生产很多型号的集成运放，可以满足大部分的芯片需求，除了我国之外，世界上还有很多知名公司生产运放，常见的公司如表 3-3 所示。

表 3-3 集成芯片制造公司列表

公司名称	缩写	商标符号	首标	举例
美国仙童公司	FCS	Fairchild	混合电路首标：SH 模拟电路首标：μA	μA741
日本日立公司	HIT	Hitachi	模拟电路首标：HA 数字电路首标 HD	HA741
日本松下公司	MATJ	Panasonic	模拟 IC：AN 双极数字 IC：DN MOS IC：MN	DN74LS00
美国摩托罗拉公司	MOTA	Motorola	有封装 IC：MC	MC1503
美国微功耗公司	MPS	Micro Power System	器件首标：MP	MP4346
日本电气公司	NEC	NEC	NEC 首标：μP 混合元件：A 双极数字：B 双极模拟：C MOS 数字：D	μPD7220
美国国家半导体公司	NS	National Semiconductor	模拟/数字：AD 模拟混合：AH 模拟单片：AM CMOS 数字：CD 数字/模拟：DA 数字单片：DM 线性 FET：LF 线性混合：LH 线性单片：LM MOS 单片：MM	LM101
美国无线电公司	RCA	RCA	线性电路：CA CMOS 数字：CD 线性电路：LM	CD4060
日本东芝公司	TOS	TOSHBA	双极线性：TA CMOS 数字：TC 双极数字：TD	TA7173

一般情况下，无论哪个公司的产品，除了首标不同外，只要编号相同，功能基本上是相同的。例如，CA741、LM741、MC741、PM741、SG741、CF741、μA741、μPC741 等芯片具有相同的功能。

2）常用集成运放芯片

（1）通用运放 μA741。

内部具有频率补偿、输入、输出过载保护功能，并允许有较高的输入共模和差模电压，电源电压适应范围宽。μA741 的符号如图 3-44 所示。它的主要技术指标如表 3-4 所示。

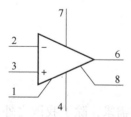

图 3-44 μA741 的符号

表 3-4 运放 μA741 的主要技术指标

输入失调电压	1 mV	输入失调电流	20 nA
输入偏置电流	80 nA	差模电压增益	2×10^5
输出电阻	75 Ω	差模输入电阻	2 MΩ
输出短路电流	25 mA	电源电流	1.7 mA

其中引脚 1、8 是调零端,引脚 4 是负电源,引脚 7 是正电源。

(2) 低功耗四运放 LM324(图 3-45)。

运放 LM324 是由 4 个独立的高增益、内部频率补偿的运放组成的,不但能在双电源下工作,也可在宽电压范围的单电源下工作,它具有输出电压振幅大、电源功耗小等优点,它的主要技术指标如表 3-5 所示。

表 3-5 运放 LM324 主要技术指标

输入失调电压	2 mV	输入失调电流	5 nA
输入偏置电流	45 nA	差模电压增益	100 dB
单电源工作电压	3~30 V	双电源工作电压	±(1.5~15) V
输出短路电流	25 mA	静态电流	500 μA

LM324 的引脚排列如图 3-45 所示,引脚 11 为负电源或地线,引脚 4 为正电源。

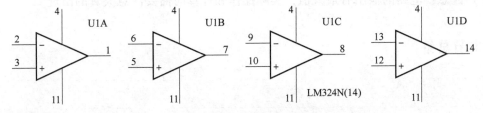

图 3-45 LM324 的引脚排列

(3) 高精度运算放大器 OP07(图 3-46)。

OP07(LM714)是低输入失调电压的集成运放,具有低噪声、小温漂等特点。其主要技术指标如表 3-6 所示。

表 3-6 运放 LM714 主要技术指标

输入失调电压	10 μV	电源电压	±22 V
输入失调电压温度系数	0.2 μV/℃	静态电流	500 μA
输入失调电流	0.7 nA		

其中引脚 1 和 8 是调零端,引脚 4 是负电源,引脚 7 是正电源。

(4) 低失调、低温漂 JFET 输入集成运放 LF411 如图 3-47 所示。

LF411 是高速度的 JFET 输入集成运放,具有小的输入失调电压和输入失调电压温度系数。当匹配良好的高电压场效应管输入时,还具有高输入电阻、小偏置电流和输入失调电

145

流，可用于高速积分器、D/A 转换器等电路。其主要技术指标如表 3-7 所示。

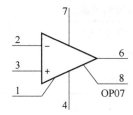

图 3-46　LM714 引脚说明

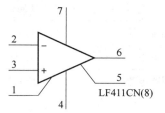

图 3-47　LF411 引脚说明

表 3-7　运放 LF411 的主要技术指标

输入失调电压	0.8 mV	输入失调电流	25 pA
输入失调电压温度系数	7 μV/℃	输入电阻	10^{12} Ω
输入差模电压	−30~+30 V	输入共模电压	−14.5~+14.5 V

其中引脚 1、5 端用于调零，引脚 4 是负电源，引脚 7 是正电源。

※结论

（1）集成运放是一个典型的放大电路，能够把传感器的电桥输出电压转化为大信号输出。

（2）微分电路和积分电路可以实现波形的转化。

（3）注意：电路的输出有最大值，实际操作和计算时需要注意失真的出现。

本节总结：

_____

_____

_____

_____

_____

以上问题是否全部理解。是□　否□

确认签名：_____日期：_____

工作页

学习任务：	实践——运算放大电路的应用	姓名：	
学习内容：	运算放大电路的实验	时间：	

※**设备认知与准备**

实验设备如表 3-8 所示。

表 3-8　实验设备

双倍稳压源	DF1731FL2A
函数发生器	Siemens D 2003 器
示波器	Tektronix TDS 2012
数字万用表	DT 9205 A

※**反相比例集成运放电路的测试及分析**

1. 搭建电路

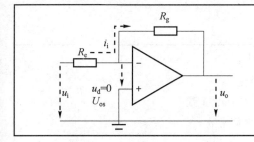

$R_e = 1\ \text{k}\Omega$ 和 $R_g = 10\ \text{k}\Omega$

驱动电压：+15 V 和 −15 V

2. 测量

输入信号的幅值最大允许多少，才能输出不失真？	电压大小：

波形记录并分析，频率不变情况，数据记录于表 3-9。

表 3-9　积分运算电路概述

输入信号：频率是 100 Hz，大小可变	波形记录	输出是否失真
$20V_{PP}$		
$10V_{PP}$		
$2V_{PP}$		
$0.2V_{PP}$		

3. 频率相关性

$u_i = 2V_{PP}$，$f = 100$ Hz 的电压，在输出端连接一个数字电压表 DT 9205 A。由于测量仪器的惯性，万用表显示的是脉动直流信号的平均值。频率相关性数据记录于表 3-10 中。

表 3-10 频率相关性数据

f/Hz	100	1 000	10 k	100 k
u_i/V				
u_o/mV				

在怎样的频率下，幅值下降到 90%、50% 及 10%？频率相关性数据记录于表 3-11 中。

表 3-11 频率相关性数据

项目	90%	50%	10%
f/kHz			
U_o/mV			
U_i/V			

※积分电路的测试及分析

1. 搭建电路

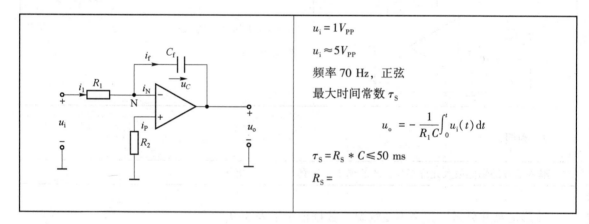

$u_i = 1V_{PP}$
$u_i \approx 5V_{PP}$
频率 70 Hz，正弦
最大时间常数 τ_S

$$u_o = -\frac{1}{R_1 C}\int_0^t u_i(t)\,dt$$

$\tau_S = R_S * C \leq 50$ ms
$R_S =$

2. 测量

波形记录	是否失真

※**项目评分**

评分标准如表 3-12 所示。

表 3-12 评分标准

项目内容	配分	评分标准		得分
预习课题	20	反比例运放电路相关知识	扣 3 分/处	
		积分电路参数计算	扣 3 分/处	
实验结果	70	反比例运放电路线性化分析	扣 3 分/处	
		频率相关性测量	扣 3 分/处	
		积分电路测量	扣 3 分/处	
	10	频率相关性分析	扣 3 分/处	
结束时间：			总得分	

反比例运算放大电路原理与应用

微分、积分电路原理与应用

※**结论**

集成运放的输出电压是否会失真，取决于哪些量？

本节总结：

🏆 以上问题是否全部理解。是□ 否□

确认签名：_____ 日期：_____

 项目实施

> 知识目标：理解电子秤的原理。
> 能力目标：1. 选择电子元件型号并装配。
> 　　　　　2. 实现称重传感器的装配与调试。
> 　　　　　3. 熟练掌握焊接工艺。
> 　　　　　4. 熟练使用电压表测试电路。
> 思政目标：严格执行工艺标准，培养精益求精的工匠精神。

实施任务 3.1　电子秤电路的方案设计

1. 电子秤工作原理

当物体放在秤盘上时，压力施加给传感器，该力敏传感器由弹性体和粘贴在弹性体上的箔电阻应变片组成。当传感器受力时应变片产生形变，其阻值发生变化，在应变片桥臂上施加电压，通过电桥转换电路输出一个变化的模拟信号。此模拟信号是与受力成正比的电压信号。此电信号一般比较微弱，经过放大电路放大、滤波后再由模数（A/D）转换成为数字信号，最后送入 CPU 处理，CPU 根据键盘输入内容和各种功能开关的状态进行必要的判断、分析软件来控制各种运算，将数字信号转换为物体的实际质量信号。

2. 电子秤方案设计

1) 设计说明

电路在正常工作中，把砝码放在圆盘上，通过称重传感器的检测，将称重传感器的信号经 LM324（TL074）组成的差分放大器将信号放大，经过 A/D 转换，再经过微处理器处理，送到 LCD 将重量显示出来。

2) 电路图

电路原理图如图 3-48 所示。

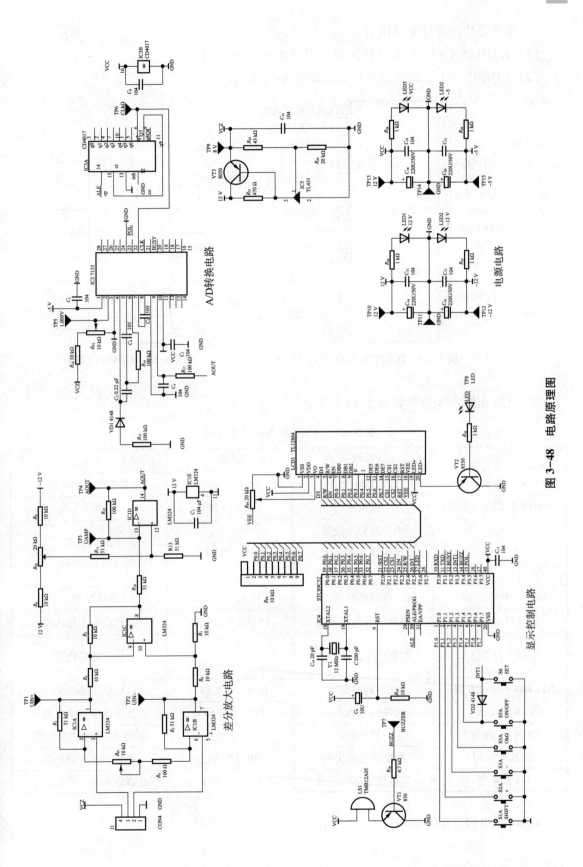

图 3-48 电路原理图

3) 相关芯片和设计要求说明

（1）ICL7135（4 位半 A/D 转换器）引脚如图 3-49 所示。

（2）CD4017（十进制计数器）引脚如图 3-50 所示。

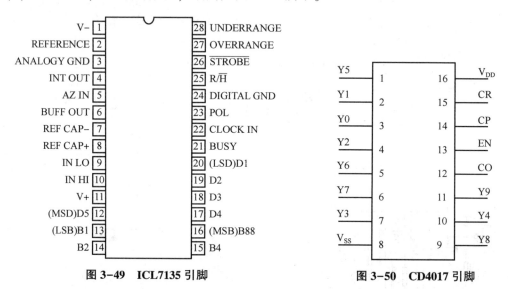

图 3-49　ICL7135 引脚　　　　　　图 3-50　CD4017 引脚

ICL7135 引脚功能说明如表 3-13 所示。

表 3-13　ICL7135 引脚功能说明

引脚	功能	引脚	功能
V-（1 脚）	负电源端-5 V	Vref（2 脚）	基准电压输入端
ANALOGY GND（3 脚）	模拟地	CP（14 脚）	时钟输入端
AZ（5 脚）	积分器和比较器反相输入端，接自零电容	BUF（6 脚）	输出缓冲端，接积分电阻
REF CAP-（7 脚）	基准电容负	REFCAP+（8 脚）	基准电容正
IN LO（9 脚）	被测信号负输入端	IN+HI（10 脚）	被测信号正输入端
V+（11 脚）	电源正端，接+5 V	D5~D1（12，17~20 脚）	位扫描输出端
B1~B88（13~16 脚）	BCD 码输出端	BUSY（21 脚）	忙状态输出端
CLK（22 脚）	时钟信号输入端	POL（23 脚）	负极性信号输出端
DGND（24 脚）	数字地	R/$\overline{H}$（25 脚）	运行/读数操作控制端
/STR（26 脚）	数据选通输出端	OR（27 脚）	超量程状态输出端
UR（28 脚）	欠量程状态输出端	INT（4 脚）	积分器输入端，接积分电容

CD4017 引脚功能说明如表 3-14 所示。

表 3-14 CD4017 引脚功能说明

引脚	功能	引脚	功能
Y0~Y9（1~7，9~11 脚）	计数输出端	CO（12 脚）	进位输出端
V_{SS}（8 脚）	接地	CP（14 脚）	时钟输入端
EN（13 脚）	使能端	V_{DD}（16 脚）	电源端
CR（15 脚）	清零端		

（3）单片机 STC89C52RD+引脚如图 3-51 所示。

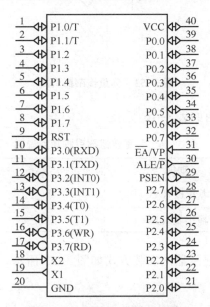

图 3-51 STC89C52RD+引脚

STC89C52RD+引脚功能说明如表 3-15 所示。

表 3-15 STC89C52RD+引脚功能说明

输入/输出引脚（I/O 口）			
引脚	功能	引脚	功能
P0.0~P0.7（39~32 脚）	8 位双向 I/O 口	P1.0~P1.7（1~8 脚）	8 位准双向 I/O 口
P2.0~P2.7（21~28 脚）	8 位准双向 I/O 口	P3.0~P3.7（10~17 脚）	8 位准双向 I/O 口
控制口			
$\overline{PSEN}$（29 脚）	外部程序存储器读选通信号	ALE/$\overline{P}$（30 脚）	地址锁存允许/编程信号
$\overline{EA}$/VP（31 脚）	外部程序存储器地址允许/固化编程电压输入端	RST（9 脚）	复位信号输入端
电源及其他			
VCC（40 脚）	电源端+5 V	GND（20 脚）	接地端
X1、X2（19、18 脚）	时钟电路引脚		

(4) 称重传感器引脚如图 3-52 所示。

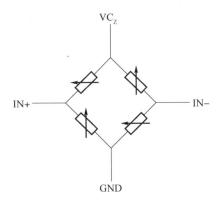

图 3-52 称重传感器引脚

称重传感器引脚功能说明如表 3-16 所示。

表 3-16 秤重传感器引脚功能说明

导线	功能	导线	功能
红色线	电源正极（VC_Z）	黑色线	接地端（GND）
绿色线	正输出端（IN+）	白色线	负输出端（IN-）

(5) 压力传感器及液晶显示器的安装方式如图 3-53 所示。

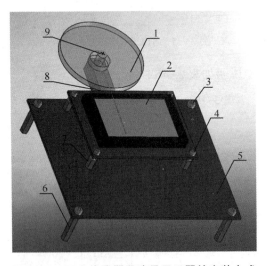

图 3-53 压力传感器及液晶显示器的安装方式
1—圆盘；2—液晶显示器；3，4—螺栓（3×6 mm）；5—PCB；6，7—铜柱（3×30 mm）；
8—压力传感器；9—螺栓（含垫片）

思考讨论：

从电子秤的电路图中可以发现，要能够设计出满足项目要求的电子秤，需要信号采集电路中的测力传感器、运算放大电路及显示电路部分。

实施任务 3.2 电子秤的装配与调试

安全文明生产

要求：仪器、工具正确放置，按正确的操作规程进行操作，操作过程中爱护仪器、工具、工作台，防止出现触电事故。

电子秤的装配、调试与测试

测试时间：_____ 测试人：_____

1. 电子元件的选择与装配

根据图 3-48，从表 3-17 中正确选择所需要的元器件，把它们准确地焊接在线路板上。

要求：焊点大小适中，无漏焊、假焊、虚焊、连焊，焊点光滑、圆润、干净，无毛刺；引脚加工尺寸及成形符合工艺要求；导线长度、剥头长度符合工艺要求，芯线完好，捻头镀锡。

表 3-17 元件清单

序号	标称	名称	规格	序号	标称	名称	规格
1	R_1	贴片电阻	51 kΩ	17	R_{17}	贴片电阻	100 kΩ
2	R_2	贴片电阻	10 kΩ	18	R_{18}	电阻	4.7 kΩ
3	R_3	贴片电阻	10 kΩ	19	R_{19}	电阻	10 kΩ
4	R_4	贴片电阻	100 Ω	20	R_{20}	电阻	1 kΩ
5	R_5	贴片电阻	51 kΩ	21	R_{21}	贴片电阻	470 Ω
6	R_6	贴片电阻	10 kΩ	22	R_{22}	贴片电阻	43 kΩ
7	R_7	贴片电阻	10 kΩ	23	R_{23}	贴片电阻	20 kΩ
8	R_8	贴片电阻	10 kΩ	24	R_{24}	贴片电阻	1 kΩ
9	R_9	贴片电阻	10 kΩ	25	R_{25}	贴片电阻	1 kΩ
10	R_{10}	贴片电阻	51 kΩ	26	R_{26}	贴片电阻	1 kΩ
11	R_{11}	贴片电阻	51 kΩ	27	R_{27}	贴片电阻	1 kΩ
12	R_{12}	贴片电阻	100 kΩ	28	C_1	贴片电容	104 μF
13	R_{13}	贴片电阻	51 kΩ	29	C_2	贴片电容	104 μF
14	R_{14}	贴片电阻	10 kΩ	30	C_3	CBB 电容	0.22 μF
15	R_{15}	贴片电阻	100 kΩ	31	C_4	贴片电容	105 μF
16	R_{16}	贴片电阻	100 kΩ	32	C_5	贴片电容	105 μF

续表

序号	标称	名称	规格	序号	标称	名称	规格
33	C_6	贴片电容	104 μF	63	S3	轻触开关	6×6×5
34	C_7	贴片电容	104 μF	64	S4	轻触开关	6×6×5
35	C_8	CBB 电容	104 μF	65	S5	轻触开关	6×6×5
36	C_9	电解电容	10 μF	66	S6	轻触开关	6×6×5
37	C_{10}	瓷片电容	20 pF	67	IC1	贴片集成电路	LM324/TL074
38	C_{11}	瓷片电容	20 pF	68	IC2	集成电路	7135
39	C_{12}	CBB 电容	104 μF	69	IC3	集成电路	CD4017
40	C_{13}	贴片电容	104 μF	70	IC4	集成电路	STC89C52
41	C_{14}	电解电容	220 μF/50 V	71	IC5	稳压集成	TL431
42	C_{15}	CBB 电容	104 μF	72	LED1	发光二极管	贴片
43	C_{16}	电解电容	220 μF/50 V	73	LED2	发光二极管	贴片
44	C_{17}	CBB 电容	104 μF	74	LED3	发光二极管	贴片
45	C_{18}	电解电容	220 μF/50 V	75	LED4	发光二极管	贴片
46	C_{19}	CBB 电容	104 μF	76	LCD1	液晶显示器	TL12864
47	C_{20}	电解电容	220 μF/50 V	77		光盘	1
48	C_{21}	CBB 电容	104 μF	78		液晶插座	1
49	LS1	有源蜂鸣器	TMB12A05	79		单排针	1
50	R_{P1}	电位器	10 kΩ	80	J1	称重传感器	1 kg（配螺栓垫片）
51	R_{P2}	电位器	20 kΩ	81		IC 插座	40P
52	R_{P3}	电位器	10 kΩ	82		IC 插座	28P
53	R_{P4}	排阻	10 kΩ	83		IC 插座	16P
54	R_{P5}	电位器	20 kΩ	84		砝码（5 个）	
55	VD1	贴片二极管	4148	85		铜柱（4 个）	3×10 mm
56	VD2	贴片二极管	4148	86		铜柱（4 个）	3×30 mm
57	VT1	三极管	8550	87		螺栓（12 个）	3×6 mm
58	VT2	三极管	8550	88		螺栓（2 个）	3×20 mm
59	VT3	三极管	8050	89		螺母（2 个）	3 mm
60	Y1	晶振	12 MHz	90		电源连接线（5 条）	15 cm
61	S1	轻触开关	6×6×5	91		线路板	
62	S2	轻触开关	6×6×5				

2. 电子产品装配

根据图 3-48 正确地装配器件。

要求：印制板插件位置正确，元器件极性正确，元器件、导线安装及字标方向均应符合工艺要求；插接件、紧固件安装可靠牢固，印制板安装对位；无烫伤和划伤处，整机清洁无污物。

3. 电路工作点参数测试

要求：根据图 3-48 和已按图焊接好的线路板，对电路进行参数测试。

在电路正常工作中，测试下面测试点电压，并记录在表 3-18 中。

表 3-18 测试点电压测试表

要求	测试点		数值
按住"SET"键	IC4	5 脚电压	
		13 脚电压	
按住"ON/OFF"键	IC4	5 脚电压	
		13 脚电压	

4. 电路的调试与检测

要求：根据图 3-48 和已按图焊接好的线路板，按要求对电路进行调试与检测。

（1）调试并实现电路的基本功能，功能要求如表 3-19 所示。

表 3-19 功能要求

项目	功能要求
电源电路工作正常	1. 发光二极管 LED1、LED2、LED3、LED4 正常发光； 2. TP9 电压为 7.9 V
LCD 显示电路正常	1. 按"ON/OFF"键，液晶屏显示图像和字符； 2. 调节 R_{P5}，提高图像显示清晰度
差分放大电路工作正常	1. 接上称重传感器，用手压称重传感器的托盘； 2. TP4 电压产生较大变化
A/D 采样电路工作正常	1. 调节 R_{P3}，使 TP5 电压为 1 000 mV； 2. 调 R_{P2}，使 TP4 电压在 -600~600 mV 变化时，LCD 显示的质量随之发生改变
键盘电路正常	1. 上电后，液晶背光点亮，显示欢迎界面； 2. 按"ON/OFF"键，开启和关闭液晶屏； 3. 按"SET"键能进入设置界面，则"SET"键正常； 4. 在设置界面按"-""+""SHIFT"键正常设置时间、单价； 5. 按"OK"键能保存退出，表示"OK"键正常

（2）调试与检测电路，并记录数据。

正确完成电路的安装与调试，调试后进行检测，并把检测的结果填在表 3-20 和表 3-21 中。

表 3-20　电子秤测试电压数据记录

调试要求	测试点	数据或变化情况
按"ON/OFF"键开机后，LCD 背光点亮	电压 TP8	
增大称重传感器托盘上的压力	电压 TP1	
	电压 TP3	
	电压 TP4（变化）	

表 3-21　砝码与电压之间的关系

质量/g	0	20	40	60	80	100
电压/V						

项目评价

项目的评价分为两部分，包含专业技能的应用和综合素养。

1. 电子秤装配与调试项目评价（见表 3-22）

表 3-22　电子秤装配与调试项目评价

评价项目	评价标准	评分人		
		个人	小组	教师
元器件检测（10 分）	1. 所有元器件选择正确，得 10 分； 3. 有 1 个元器件选择错误，得 9 分； 3. 有 2 个元器件选择错误，得 8 分； 4. 有 3 个元器件选择错误，得 7 分； 5. 有 4 个或 4 个以上元器件选择错误，得 6 分			
电路板焊接（19 分）	要求：焊点大小适中，无漏焊、假焊、虚焊、连焊，焊点光滑、圆润、干净、无毛刺；引脚加工尺寸及成型符合工艺要求；导线长度、剥头长度符合工艺要求，芯线完好，捻头镀锡			
	1. 所有焊点符合要求，得 19 分； 2. 个别（1~2 个）不符合要求，得 17 分； 3. 3~5 个不符合要求，得 12 分； 4. 有严重（超过 6 个元器件以上）不符合要求，得 10 分			
电子产品装配（15 分）	要求：插件位置正确，元件极性正确，元件、导线安装及字标方向均应符合工艺要求；插接件、紧固件安装可靠牢固，印制板安装对位；无烫伤和划伤处，整机清洁无污物			
	1. 全部符合要求，得 15 分； 2. 个别（1~2 个）不符合，得 13 分； 3. 3~5 个不符合，得 10 分； 4. 6 个以上不符合，得 8 分			

续表

评价项目	评价标准	评分人		
		个人	小组	教师
电路工作点参数测试（16分）	IC4引脚的电压测试，每处4分，共4处			
电路的调试与检测（20分）	要求：调试并能实现电路的基本功能			
	电源电路工作正常，得4分			
	LCD显示电路正常，得4分			
	差分放大电路工作正常，得4分			
	AD采样电路工作正常，得4分			
	键盘电路正常，得4分			
测量（20分）	按"ON/OFF"键开机后的电压测量数据，得2分			
	增大称重传感器托盘上的压力，电压测量数据，每处2分，共3处			
	砝码与电压之间的关系，每处2分，共6处			
得分				

2. 综合评价

主要从职业素养、专业能力、创新能力三方面来进行评价，如表3-23所示。

表3-23 电子秤综合素养评价

评价要素	评价标准	评价依据	评价方式（各部分所占比重）			权重
			个人	小组	教师	
职业素养	1. 能文明操作、遵守实训室的管理规定； 2. 能与其他学员团结协作； 3. 自主学习，按时完成工作任务； 4. 工作积极主动，勤学好问； 5. 能遵守纪律，服从管理	1. 工具的摆放是否规范； 2. 仪器仪表的使用是否规范； 3. 工作台的整理情况； 4. 项目任务书的填写是否规范； 5. 平时表现； 6. 学生制作的作品	0.3	0.3	0.4	0.3

续表

评价要素	评价标准	评价依据	评价方式（各部分所占比重）			权重
			个人	小组	教师	
专业能力	电子秤装配与调试项目评价	表3-22 电子秤装配与调试项目评价表得分	0.2	0.2	0.6	0.6
创新能力	1. 在项目分析中提出自己的见解； 2. 对项目教学提出建议或意见具有创新； 3. 独立完成项目方案的撰写，并设计合理	1. 提出创新的观念； 2. 提出意见和建议被认可； 3. 好的方法被采用； 4. 在设计报告中有独特见解	0.2	0.2	0.6	0.1
得分						

3. 撰写技术文档

电子秤项目技术文档要求如表3-24所示。

表3-24 电子秤项目技术文档要求

技术文档内容	报告要求
1. 项目方案的选择与制定： （1）方案的制定； （2）器件的选择。 2. 项目电路的组成及工作原理； 分析电路的组成及工作原理； 3. 电子秤的装配与调试、测量； 4. 项目收获； 5. 项目制作与调试过程中所遇到的问题	1. 内容全面翔实； 2. 填写相应的电路设计； 3. 填写相应的调试报告； 4. 填写相应的问题解决方案

本节总结：

以上问题是否全部理解。是□ 否□

确认签名：_____ 日期：_____

项目小结

电子秤是利用现代传感器技术、电子技术和计算机技术一体化的电子称量装置。通过本项目的学习，可以了解力敏传感器的应用，本项目主要涉及电阻应变式传感器和压电式传感器以及典型的测量电路、电桥电路和运放电路的应用。

电阻式传感器中的电阻应变片分为金属式应变片和半导体式应变片。金属应变片随其所受应力的作用会发生机械形变，从而阻值发生改变。半导体式应变片随其所受应力的作用，电阻率会发生变化，从而阻值发生改变。半导体式应变片的灵敏度远大于金属应变片，它可以通过粘贴在测试件上来测量一些非电量，如力、加速度、振动等。由于电阻应变式传感器的阻值变化量非常微小，因此常通过电桥电路把阻值的变化转化为电压的变化并输出。电桥测量电路分为四分之一电桥、半臂电桥电路、全臂电桥电路，其中全臂电桥电路的灵敏度最高，并且在使用时需要注意其温度补偿电路。电桥电路输出的电压相对比较微小，为了能驱动后面的执行系统，需要对电压进行放大。常见的集成运放电路有反比例运放、同相比例运放和微分、积分电路。

在电子秤的项目实施中，了解如何进行元器件的识别和检测，同时装配和调试时必须按照工艺标准来执行。例如焊点需要大小适中，无漏焊、假焊、虚焊、连焊，焊点光滑、圆润、干净、无毛刺；引脚加工尺寸及成型符合工艺要求；导线长度、剥头长度符合工艺要求，芯线完好，捻头镀锡。印制板的装配时，插件位置正确，元器件极性正确，元器件、导线安装及字标方向均应符合工艺要求；接插件、紧固件安装可靠牢固，印制板安装对位；无烫伤和划伤处，整机清洁无污物。

项目四

物料自动分拣系统

物料自动分拣系统是指能够识别物料属性并对物料进行分类传输的自动系统。通常，物料自动分拣系统由控制装置、分类装置、输送装置及分拣道口组成。控制装置用于识别、接收和处理分拣信号，根据分拣信号决定物料进入哪一分拣道口。分类装置在物料经过该装置时，根据控制装置发出的分拣指示执行分拣动作，如改变物料在输送装置上的运行方向，以使其进入不同分拣道口。输送装置的主要组成部分为传送带或输送机，将物料输送至分拣道口。分拣道口供已分拣物料进入集货区域的通道。物料自动分拣系统采用流水线自动作业方式，不受气候、时间、人的体力等因素的限制，可以连续运行且准确率高，被广泛应用于物流、航空、食品、医药等行业。

物料分拣系统的工作流程

项目描述

本项目围绕物料自动分拣系统展开，在进行了一系列可应用于物料分拣的传感器的工作原理、测量电路以及应用场合等基础知识的学习之后，实施物料分拣系统中两大任务场景——闸门/物料计数器的设计和物料自动分拣系统的组装与调试。

任务场景一，完成实现闸门启闭、物料计数功能的含有传感器的简单电路的理解及设计，绘制安装草图、完成电路板焊接、元器件连接，并能够对电路进行调试、检测和故障分析。

任务场景二，基于给出的物料分拣系统的机械和电气图纸，完成具有如下功能要求的物料自动分拣系统的器件选型、装配和调试：

（1）按下启动按钮，传送带开始传送物料，当物料到达机械手工作范围（或传送带端时），传送带自动停止传送。

（2）当传送带正在传送物料时，如果有物体进入安全工作区，传送带将自动停止。

（3）能够对传送带上传送的物体进行计数。

（4）当物料到达机械手工作范围后，能够检测物料的尺寸（直径、高度），并由机械手自动将不同的物料放置到相应的工位。

（5）当物料到达机械手工作范围后，能够检测物料的材质（金属、塑料、磁性），并由机械手自动将不同的物料放置到相应的工位。

（6）当物料到达机械手工作范围后，能够检测物料的颜色（红色、黄色、蓝色），并由机械手自动将不同的物料放置到相应的工位。

本项目旨在培养应用于该系统的传感器的选型与配置技能以及电路制作、调试、检测、故障排除的能力。

项目准备

物料检测与识别是自动分拣系统工作的重要环节,也是本项目的学习与实践重点。物料自动分拣系统涉及物料的计数,物料尺寸、材质与颜色的识别,还涉及传送带、通道闸门的开启与关闭等。上述功能的实现、物料属性的识别得益于传感器的合理选择与配置。为了能够准确运用传感器,需掌握不同传感器的工作原理及使用,现展开几种常见传感器知识的学习。

任务 4.1　电感式传感器的认知与应用

> 知识目标：1. 掌握电感式传感器的工作原理。
> 　　　　　2. 熟悉电感式传感器的测量电路。
> 　　　　　3. 了解电感式传感器的应用。
> 能力目标：能够正确地选取和使用电感式传感器。
> 思政目标：培养对新技术、新材料的研究与探索兴趣。

物料具有不同的尺寸规格,在自动分拣系统中,主要借助电感式传感器来识别物料的长、宽、高、直径以及距离等,同时在自动分拣系统里,电感式传感器可以用来检测金属物料。

📌 问题引导 1：什么是电感式传感器？都包括哪些？

4.1.1　定义及分类概述

利用电磁感应原理将被测物理量转换成线圈自感系数（简称"自感"或"电感"）L 或互感系数（简称"互感"）M,再由测量电路转换为电压或电流的变化量输出,这种装置称为电感式传感器,如图 4-1 所示。

电感式传感器的原理与应用

图 4-1　电感式传感器的定义

被测物理量是非电量,可以是位移、振动、压力、流量和比重,既可用于静态测量,又可用于动态测量。

电感式传感器可分为自感型、互感型以及电涡流型三大类,如图 4-2 所示。

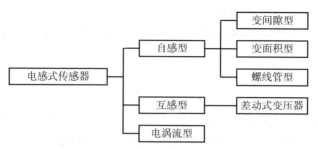

图 4-2 电感式传感器的分类

4.1.2 自感型电感传感器

自感型电感传感器是把被测量变化转换成自感 L 的变化,通过一定的转换电路转换成电压或电流输出。按磁路几何参数变化形式的不同,目前常用的自感型电感传感器有变间隙型、变面积型和螺线管型三种,如图 4-3 所示。

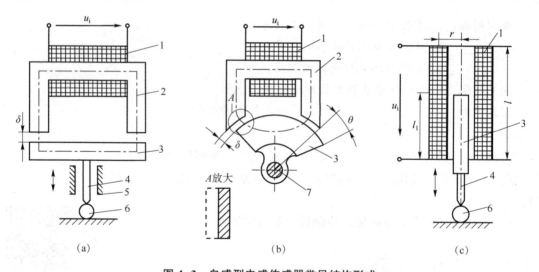

图 4-3 自感型电感传感器常见结构形式

(a) 变间隙型;(b) 变面积型;(c) 螺线管型

1—线圈;2—铁芯;3—衔铁;4—测杆;5—导轨;6—工件;7—转轴

1. 工作原理

1) 变间隙型

变间隙型自感传感器的结构如图 4-4 所示,其由线圈、铁芯和衔铁组成。

工作时,衔铁与被测物体连接,被测物体的位移将引起空气隙的厚度发生变化。由于气隙磁阻的变化,导致了线圈电感量的变化。线圈的电感可用式(4-1)表示。

$$L = \frac{N^2}{R_m} \tag{4-1}$$

式中,N 为线圈匝数;R_m 为磁路总磁阻。

对于变间隙型自感传感器,如果忽略磁路铁损,则磁路总磁阻为

$$R_m = \frac{l_1}{\mu_1 S_1} + \frac{l_2}{\mu_2 S_2} + \frac{2\delta}{\mu_0 S_0} \tag{4-2}$$

式中,l_1 为铁芯磁路长度;l_2 为衔铁磁路长度;S_0 为空气隙磁路截面积;S_1 为铁芯磁路截面积;S_2 为衔铁磁路截面积;μ_1 为铁芯磁导率;μ_2 为衔铁磁导率;μ_0 为空气磁导率;δ 为空气隙厚度。

因此有

$$L = \frac{N^2}{\dfrac{l_1}{\mu_1 S_1} + \dfrac{l_2}{\mu_2 S_2} + \dfrac{2\delta}{\mu_0 S_0}} \tag{4-3}$$

一般情况下,导磁体的磁阻与空气隙磁阻相比是很小的,因此线圈的电感值可近似地表示为

$$L = \frac{N^2 \mu_0 S_0}{2\delta} \tag{4-4}$$

电感量 L 与空气隙厚度 δ 之间是非线性关系,其特性如图 4-5 所示。

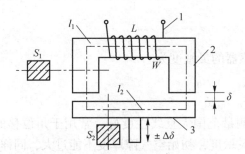

图 4-4 变间隙型自感传感器的结构
1—线圈;2—铁芯;3—衔铁

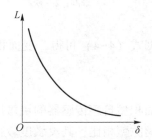

图 4-5 变间隙型自感传感器的 L-δ 特性

由式 (4-4) 和图 4-5 可以看出,该传感器的电感量 L 与空气隙厚度 δ 成反比,空气隙厚度越大,电感量越小,空气隙厚度越小,电感量越大。线路中的电流与电感的关系可用式 (4-5) 表示。电感量越大,电流值越小,反之,电感量越小,电流值越大。

$$I = \frac{U}{Z} \approx \frac{U}{X_L} = \frac{U}{2\pi f L} \tag{4-5}$$

式中,I 为线路电流;Z 为阻抗,这里为感抗 X_L;f 为电源频率。

根据式 (4-4) 可得,变间隙型自感传感器的灵敏度为

$$K = \frac{dL}{d\delta} = -\frac{N^2 \mu_0 S_0}{2\delta^2} \tag{4-6}$$

由式 (4-6) 可以看出,传感器的灵敏度随空气隙的厚度增大而减小,两者呈非线性关系,测量较小位移时较精确。通常测量范围为 0.001~1 mm。

2) 变面积型

由式 (4-4) 可知,影响电感量 L 的物理量除了空气隙厚度 δ 外,还可以是空气隙磁路

截面积 S_0。空气隙厚度 δ 不变，铁芯与衔铁之间相对覆盖面积（即空气隙磁路截面积）随被测量的变化改变，从而导致线圈的电感量 L 发生变化。利用这一性质进行检测的传感器，称之为变面积型自感传感器，其结构如图 4-6 所示。

对于变面积型自感传感器，电感量 L 与空气隙磁路截面积 S_0 之间是线性关系，其特性如图 4-7 所示。电感量 L 与空气隙磁路截面积 S_0 成正比，空气隙磁路截面积 S_0 越大，电感量越大。

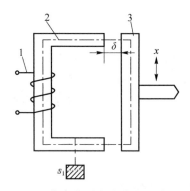

图 4-6 变面积型自感传感器的结构
1—线圈；2—铁芯；3—衔铁

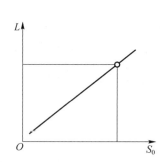

图 4-7 变面积型自感传感器的 L-S_0 特性

根据式（4-4）可得，变面积型自感传感器的灵敏度为

$$K = \frac{dL}{dS_0} = \frac{N^2 \mu_0}{2\delta} \tag{4-7}$$

变面积型自感传感器的灵敏度为常数，测量范围大且线性度好，常用于角位移的测量。但与变间隙型相比，其灵敏度较低。欲提高灵敏度，初始空气隙厚度不能过大，同样受工艺和结构的限制，其空气隙厚度的选取与变间隙型自感传感器相同。

3）螺线管型

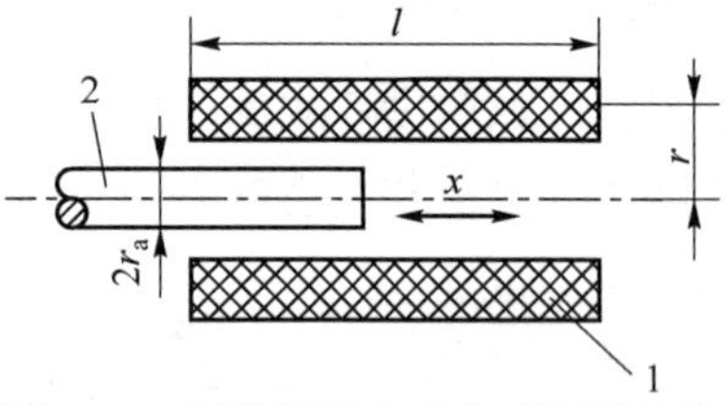

图 4-8 所示为螺线管型自感传感器的结构。螺线管型自感传感器的衔铁随被测对象移动，线圈磁力线路径上的磁阻发生变化，线圈电感量也因此而变化。线圈电感量的大小与衔铁插入线圈的深度有关。

图 4-8 螺线管型自感传感器的结构
1—线圈；2—衔铁

设线圈长度为 l、线圈的平均半径为 r、线圈的匝数为 N、衔铁进入线圈的长度为 l_a、衔铁的半径为 r_a、衔铁的有效磁导率为 μ_m。若线圈的长径比 l/r 足够大，则线圈内部的磁场是均匀的。此时，线圈的电感量 L 与衔铁进入线圈的长度 l_a 的关系可表示为

$$L = \frac{4\pi^2 N^2}{l^2}[lr^2 + (\mu_m - 1)l_a r_a^2] \tag{4-8}$$

根据式（4-8），螺线管型自感传感器的灵敏度为

$$K = \frac{dL}{dl_a} = \frac{4\pi^2 N^2}{l^2}(\mu_m - 1)r_a^2 \tag{4-9}$$

与前面介绍的两种传感器相比,螺线管型自感传感器结构简单,制造装配容易;由于磁路大部分为空气,易受外部磁场干扰;由于空气隙大,磁路磁阻大,故灵敏度较前两种低,但线性范围大,并且由于磁阻大,为了达到某一电感量,需要的线圈匝数多,因而线圈分布电容大。

对于长螺线管($l \gg r$),当衔铁工作在螺线管接近中部位置时,可以认为绕组内磁场强度是均匀的,此时绕组的电感量 L 与衔铁插入深度 l_a 成正比。螺线管越长,线性区就越大。螺线管型电感传感器的线性区约为螺线管长度的 1/10。测杆应选用非导磁材料,电导率也应尽量小,以免增加铁磁损耗和电涡流损耗。

📖 **例题4-1:螺线管型自感传感器的应用**

采用螺线管型自感传感器测量直径为 100 mm 的工件是否合格,被测工件的最大允许误差为±1.5 mm,求:应选长度大于多少毫米的螺线管?

解:$\Delta D = 2 \times 1.5 = 3$(mm),则螺线管长度为 $l > 3 \times 10 = 30$(mm)(不包括外壳)。

分析:合格直径被允许的误差是±1.5 mm,也就是说,它允许的误差范围是 1.5×2 = 3 mm。这 3 mm 的范围,即线性工作区,是螺线管长度的 1/10,所以螺线管长度是 30 mm。

📄 **问题引导2:如何提高自感传感器的测量精度?**

对于单个线圈工作的自感传感器,如变间隙型自感传感器,它的非线性误差比较大,此外,外界的干扰,如电源电压频率的变化和温度的变化,都会使输出产生误差。在实际使用中,常采用两个相同的传感线圈共用一个衔铁,当衔铁偏离中间位置时,两个线圈的电感量一个增加、一个减小,形成差动形式,这样可以提高传感器的灵敏度,减小测量误差。图4-9 所示为变间隙型、变面积型及螺线管型三种类型的差动式自感传感器。

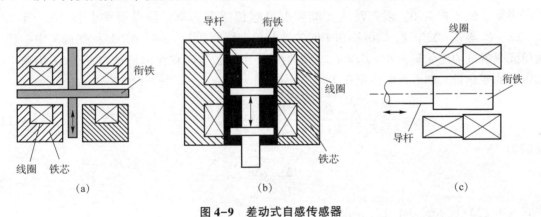

图4-9 差动式自感传感器

(a)变间隙型;(b)变面积型;(c)螺线管型

差动式变间隙型自感传感器输出特性曲线如图4-10所示。曲线1代表上绕组电感量 L_1 随空气隙厚度 δ 的变化,曲线2代表下绕组电感量 L_2 随空气隙厚度 δ 的变化,曲线3代表差接后电感量随空气隙厚度 δ 的变化。从曲线图可以看出,与非差动电感传感器相比,差动式电感传感器的特性曲线的斜率变大,灵敏度提高;输出曲线变直,线性度改善。

2. 测量电路

自感传感器的测量电路包括交流电桥、变压器式交流电桥以及谐振式等。

1）交流电桥

交流电桥是自感传感器的主要测量电路，交流电桥一般为了提高灵敏度和改善线性度，电感线圈接成差动式，如图4-11所示。

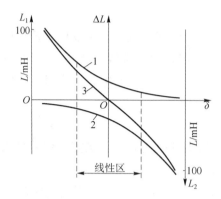

图 4-10　差动式变间隙型自感传感器输出特性
1—上绕组特性；2—下绕组特性；3—L_1、L_2差接后的特性

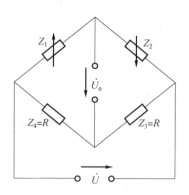

图 4-11　交流电桥

桥臂 Z_1 和 Z_2 是差动传感器的两个线圈，另外两个相邻的桥臂用纯电阻 R 代替，其输出电压为

$$\dot{U}_o = \frac{Z_1}{Z_1+Z_2}\dot{U} - \frac{Z_4}{Z_3+Z_4}\dot{U} = \frac{Z_1 Z_3 - Z_2 Z_4}{(Z_1+Z_2)(Z_3+Z_4)}\dot{U} \tag{4-10}$$

当电桥平衡时，即 $Z_1 Z_3 = Z_2 Z_4$，电桥输出电压 $\dot{U}_o = 0$；当桥臂阻抗发生变化时，引起电桥不平衡，$\dot{U}_o$ 不再为 0。以差动式变间隙型自感传感器为例，假设衔铁上移 $\Delta\delta$，则 $Z_1 = Z_0 + \Delta Z$，$Z_2 = Z_0 - \Delta Z$，Z_0 是衔铁在中间位置时单个线圈的复阻抗，ΔZ 是衔铁偏离中心位置时单线圈阻抗的变化量，$Z_3 = Z_4 = R$，L_0 为衔铁在中间位置时单个线圈的电感，ΔL 为单个线圈电感的变化量，则电桥输出电压为

$$\dot{U}_o = \frac{Z_1}{Z_1+Z_2}\dot{U} - \frac{R}{R+R}\dot{U} = \frac{\dot{U}}{2} \cdot \frac{Z_1 - Z_2}{Z_1+Z_2} = \frac{\dot{U}}{2} \cdot \frac{\Delta Z}{Z_0} = \frac{\dot{U}}{2} \cdot \frac{\Delta L}{L_0} \tag{4-11}$$

又因为

$$\frac{\Delta L}{L_0} \approx \frac{\Delta\delta}{\delta_0} \tag{4-12}$$

将式（4-12）代入式（4-11），得

$$\dot{U}_o \approx \frac{\dot{U}}{2} \cdot \frac{\Delta\delta}{\delta_0} \tag{4-13}$$

可知，电桥输出电压与 $\Delta\delta$ 有关。

2）变压器式交流电桥

变压器式交流电桥如图4-12所示。电桥两臂 Z_1、Z_2 为传感器线圈阻抗，另外两桥臂为交流变压器二次线圈的 1/2 阻抗。

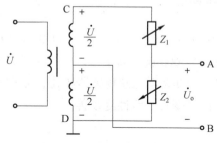

图 4-12　变压器式交流电桥

当负载阻抗为无穷大时，桥路输出电压为

$$\dot{U}_o = \frac{Z_1}{Z_1+Z_2}\dot{U} - \frac{1}{2}\dot{U} = \frac{Z_1-Z_2}{2(Z_1+Z_2)}\dot{U} \tag{4-14}$$

若传感器的衔铁处于中间位置，即 $Z_1 = Z_2 = Z_0$，此时，有 $\dot{U}_o = 0$，电桥平衡。当传感器衔铁上移时，则 $Z_1 = Z_0+\Delta Z$，$Z_2 = Z_0-\Delta Z$，电桥输出电压为

$$\dot{U}_o = \frac{\dot{U}}{2} \cdot \frac{\Delta Z}{Z_0} \tag{4-15}$$

衔铁上下移动相同距离时，输出电压的大小相等，但方向相反，由于是交流电压，输出指示无法判断位移方向，必须配合相敏检波电路来解决。

3）谐振式

谐振式测量电路有谐振式调幅电路和谐振式调频电路两种，如图4-13和图4-14所示。

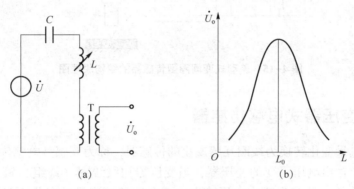

图4-13 谐振式调幅电路
（a）调幅电路；（b）输出电压 U_o 与电感 L 的关系曲线

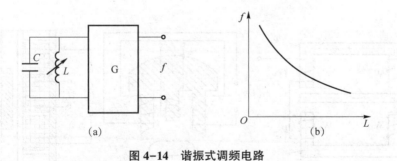

图4-14 谐振式调频电路
（a）调频电路；（b）振荡频率 f 与电感 L 的关系曲线

在图4-13（a）所示调幅电路中，传感器电感 L、电容 C、变压器 T 一次侧串联在一起，接入交流电源，变压器二次侧将有电压 $\dot{U}_o$ 输出，输出电压的频率与电源频率相同，而幅值随着电感 L 而变化。图4-13（b）所示为输出电压 $\dot{U}_o$ 与电感 L 的关系曲线，其中 L_0 为谐振点的电感值，此电路灵敏度很高，但线性度差，适用于线性度要求不高的场合。

调频电路的基本原理是传感器电感 L 变化将引起输出电压频率的变化。一般是把传感器电感 L 和电容 C 接入一个振荡回路中，如图4-14（a）所示。此时，其振荡频率为

$$f=\frac{1}{2\pi\sqrt{LC}} \tag{4-16}$$

当电感 L 变化时，振荡频率 f 随之变化，根据振荡频率 f 的大小即可测出被测量的值。图 4-14（b）所示为振荡频率 f 与电感 L 的特性，它具有明显的非线性关系。

3. 应用举例

图 4-15 所示为一种用于物料自动分拣系统的差动式变间隙型自感传感器的结构原理图。该传感器由铁芯、衔铁、线圈、测杆以及弹簧组成。衔铁与测杆连接在一起，动态测量范围是 ±1 mm，分辨率为 1 μm，精度为 3%，用于测量物料的高度。

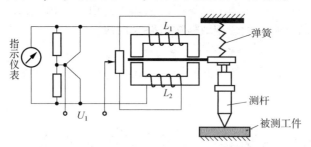

图 4-15 差动式变间隙型传感器的结构原理图

4.1.3 差动变压器式电感传感器

把被测的非电量变化转换为线圈互感变化的传感器，称为互感型电感传感器。因这种传感器实质上是一个输出电压可变的变压器，当变压器初级线圈（绕组）输入稳定交流电压后，次级线圈（绕组）便产生感应电压输出，该电压随被测量的变化而变化，并且其次级线圈（绕组）都是用差动形式连接，所以又称为差动变压器式电感传感器。

差动变压器式电感传感器也有变间隙型、变面积型和螺线管型三种，如图 4-16 所示。

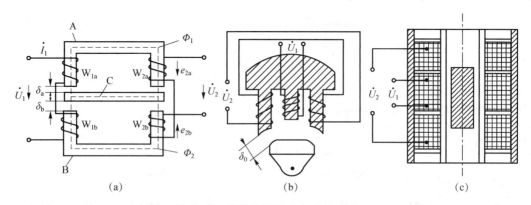

图 4-16 差动变压器式电感传感器
（a）变间隙型；（b）变面积型；（c）螺线管型

1. 工作原理

1）变间隙型

以图 4-16（a）为例，差动变压器式变间隙型电感传感器由衔铁 C、初级绕组 W_{1a} 及 W_{1b}、次级绕组 W_{2a} 及 W_{2b}、铁芯 A-B 组成。将两个初级绕组的同名端顺向串联，并施加交

流电压 $\dot{U}_1$，两个次级绕组的同名端反向串联，在两个次级绕组 W_{2a} 及 W_{2b} 中便会产生感应电动势 e_{2a} 和 e_{2b}，如果工艺上保证变压器结构完全对称，则当衔铁 C 处于初始平衡位置时，它与两个铁芯的间隙有 $\delta_{a0}=\delta_{b0}=\delta_0$，则必然会使初级绕组 W_{1a} 和次级绕组 W_{2a} 间的互感 M_a 与初级绕组 W_{1b} 和次级绕组 W_{2b} 的互感 M_b 相等，致使两个次级绕组 W_{2a} 及 W_{2b} 的互感电动势相等，即 $e_{2a}=e_{2b}$。

由于次级绕组反相串联，差动变压器式电感传感器输出电压：$\dot{U}_2=e_{2a}-e_{2b}=0$。当被测物体有位移时，与被测体相连的衔铁的位置将发生相应的变化，使 $\delta_a \neq \delta_b$，互感 $M_a \neq M_b$，两次级绕组的互感电动势 $e_{2a} \neq e_{2b}$，输出电压 $\dot{U}_2=e_{2a}-e_{2b} \neq 0$，即差动变压器式电感传感器有电压输出，此电压的大小与极性将反映被测体位移的大小和方向。

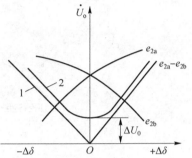

图 4-17 差动变压器式变间隙型电感传感器输出特性

差动变压器式变间隙型电感传感器的输出特性如图 4-17 所示，图中 e_{2a}、e_{2b} 分别为两个次级绕组的输出感应电动势，$e_{2a}-e_{2b}$ 为差动变压器输出电动势，$\Delta\delta$ 表示衔铁偏离中心位置的距离，实线 1 表示理想的输出特性，实线 2 表示实际的输出特性。ΔU_0 为零点残余电压。

2）变面积型

以图 4-16（b）为例，它是一个"山"字形铁芯上绕有三个绕组，中间为初级绕组，两侧为次级绕组，输入非电量为角位移，当衔铁因被测量变化绕轴转动，衔铁的转动改变了铁芯与衔铁间磁路上的垂直有效覆盖面积，也就改变了绕组间的互感，使其中一个互感增加，另一个互感减小，因此，两个次级绕组中的感应电动势也随之改变，测出反相串联的次级绕组的输出电压，就可以判断出非电量的大小和方向。

3）螺线管型

以图 4-16（c）为例，中部为一个初级绕组，上下两侧为极性反接的次级绕组。当衔铁的位置居中时，两次级绕组上的感应电动势相等。当衔铁因为被测物变化而上下移动时，改变了衔铁伸入绕组的长度，也就改变了绕组间的互感，使其中一个互感增加，另一个互感减小，因此，两个次级绕组中的感应电动势也随之改变，测出反相串联的次级绕组的输出电压，就可以判断出非电量的大小和方向。

差动变压器式螺线管型电感传感器的输出特性曲线如图 4-18 所示，图中 W_1 为初级绕组，W_{2a}、W_{2b} 为次级绕组，e_{2a}、e_{2b} 分别为两个次级绕组的输出感应电动势，$\dot{U}_2$ 为差动输出电压，Δx 表示衔铁偏离中心位置的距离，实线表示理想的输出特性，而虚线部分表示实际的输出特性。$\Delta \dot{U}_0$ 为零点残余电压，这是由于差动变压器制作上的不对称以及铁芯位置等因素所造成的。

▣ **问题引导 3：如何减小零点残余电压？**

为了减小零点残余电压可采取以下方法：

（1）设计和工艺上保证结构的对称性。产生零点残余电压的最大因素是次级线圈不对称，因此，有必要在线圈所用材料和直径尺寸、匝数、匝数比、绝缘材料的选择以及绕制方

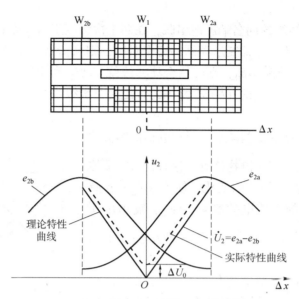

图 4-18 差动变压器式螺线管型电感传感器的输出特性

法等方面进行对称设计。同时,铁芯材料要均匀并经过热处理,以改善导磁性能,提高磁性能的均匀性和稳定性。在实践中,可采用拆圈的方法使两个次级线圈的等效参数相等,以减小零点残余电压。

(2) 选用合适的测量线路。采用相敏检波电路不仅可以鉴别衔铁移动方向,而且可以把衔铁在中间位置时,因高次谐波引起的零点残余电压消除掉。

(3) 采用补偿电路。在电路上进行补偿,补偿方法主要有串联电阻、并联电容、接入反馈电阻或反馈电容等。图 4-19 所示为几种零点残余电压的补偿电路。

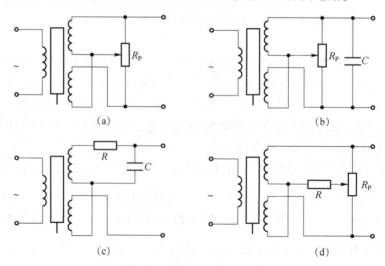

图 4-19 几种零点残余电压的补偿电路
(a) 在输出端接入电位器 R_P;(b) 并联一只电容 C;(c) 串联一个电阻 R;(d) 接入电阻 R(几百千欧)

2. 测量电路

差动变压器式电感传感器输出的是交流电压,若用交流电压表测量,只能反映衔铁位移的大小，而不能反映移动方向。此外，其测量值中将包含零点残余电压。为了达到能辨别移动方向及消除零点残余电压的目的，实际测量时，常常采用差动整流电路和相敏检波电路。

1）差动整流电路

差动整流电路结构简单，一般不需要调整相位，不考虑零点残余电压的影响，适于远距离传输。图4-20所示为差动整流的两种典型电路。图4-20（a）是简单方案的电压输出型。为了克服上述电路中二极管的非线性影响以及二极管正向饱和压降和反向漏电流的不利影响，可以采用图4-20（b）所示电路。

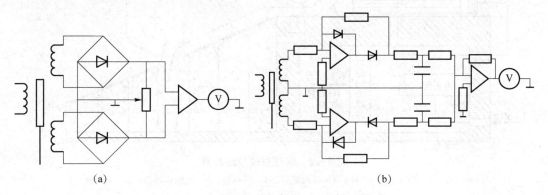

图4-20 差动整流电路

(a) 简单方案；(b) 优化方案

2）相敏检波电路

图4-21所示为差动相敏检波电路的一种形式。相敏检波电路要求比较电压与差动变压器次级侧输出电压的频率相同，相位相同或相反；另外还要求比较电压的幅值尽可能大，一般情况下，其幅值应为信号电压的3~5倍。

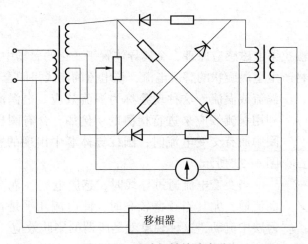

图4-21 差动相敏检波电路

3. 应用举例

差动变压器式电感传感器不仅可以直接用于测量位移，而且还可以测量与位移有关的任何机械量，如振动、加速度、应变、压力、张力、比重和厚度等。在物料分拣系统中，还可以用于直径等尺寸的测量。图 4-22 所示为滚柱直径分选装置。

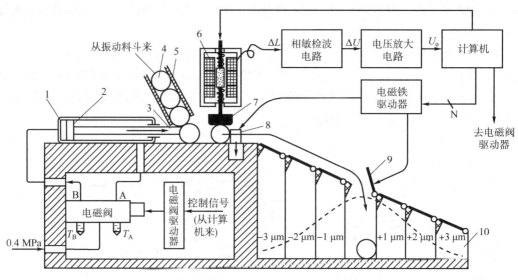

图 4-22 滚柱直径分选装置

1—气缸；2—活塞；3—推杆；4—被测滚柱；5—落料管；6—电感传感器；7—钨钢测头；
8—限位挡板；9—电磁翻板；10—容器（料斗）

4.1.4 电涡流型电感传感器

电涡流型电感传感器（简称"涡流传感器"）是利用电涡流效应，将位移、转速、表面温度等非电量转换为阻抗的变化或电感的变化从而进行非电量测量的，最大的特点可以实现非接触测量。

1. 工作原理

涡流效应：根据法拉第电磁感应原理，金属导体置于变化的磁场中或在磁场中做切割磁力线运动时，导体内将产生呈涡旋状的感应电流，该电流的流线呈闭合回线，此电流称为电涡流或涡流，这种现象称为涡流效应。电涡流型电感传感器就是利用涡流效应来进行检测的。例如，含有圆柱导体芯的螺线管线圈中通有交变电流时，圆柱导体芯中出现的感应电流或涡流，如图 4-23 所示。

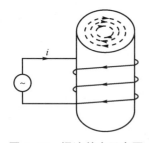

图 4-23 涡流效应示意图

当交变电流通过导线时，感应电流（涡流）将集中在导体表面流通，尤其当频率较高时，此电流几乎是在导体表面附近的一薄层中流动，这种现象就是所谓的集肤效应。交变电流频率越高，涡流的集肤效应越显著，即涡流穿透深度越小，其穿透深度

$$h = 5\,030\sqrt{\frac{\rho}{\mu_r f}} \tag{4-17}$$

式中，ρ 为导体的电阻率；μ_r 为导体相对磁导率；f 为交变磁场频率。

图 4-24 所示为在交变电流不同频率情况下，圆形导体中涡流的集肤效应。直流电流

时，涡流在导体中均匀分布，如图 4-24（a）所示；中频电流时，中心部位电密度减小，如图 4-24（b）所示；高频电流时，电流趋向表面分布，如图 4-24（c）所示。

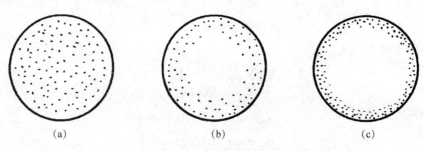

图 4-24　圆形导体中涡流的集肤效应
(a) 直流电流；(b) 中频电流；(c) 高频电流

结合式（4-17）及图 4-24 可以看出，涡流穿透深度与激励电流频率有关。因此根据激励频率高低，电涡流型电感传感器可分为高频反射式和低频透射式两大类。前者用于非接触式位移变量的检测，后者仅用于金属板厚度的测量。

1）高频反射式

高频反射式电涡流传感器结构简单，主要由一个固定在框架上的扁平线圈组成。线圈可以粘贴在框架的端部，也可以绕在框架端部的槽内。图 4-25 所示为高频反射式电涡流传感器。金属板置于一只线圈的附近，它们之间相互的间距为 δ，当线圈输入一高频交变电流 I_1 时，便产生交变磁通量 Φ_1，金属板在此交变磁场中会产生感应电流 I_2，这种电流在金属体内是闭合的，所以称为"电涡流"或"涡流"。这种电涡流也将产生交变磁场 Φ_2，与线圈的磁场变化方向相反，Φ_2 总是抵抗 Φ_1 的变化，由于涡流磁场 Φ_2 的作用使原线圈的等效阻抗发生变化。

高频反射式电涡流传感器的等效电路如图 4-26 所示，图中 R_1、L_1 为电涡流线圈在高频时的等效电阻和电感。被测导体靠近电涡流线圈时，被测导体可等效为短路环，其等效电阻为 R_2、电感为 L_2。线圈与导体间存在一个互感 M，它随线圈与导体间距的减小而增大。根据等效电路列出电路方程组为

$$\begin{cases} R_2 \dot{I}_2 + j\omega L_2 \dot{I}_2 - j\omega M \dot{I}_1 = 0 \\ R_1 \dot{I}_1 + j\omega L_1 \dot{I}_1 - j\omega M \dot{I}_2 = \dot{U}_1 \end{cases} \tag{4-18}$$

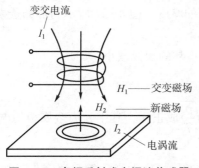

图 4-25　高频反射式电涡流传感器

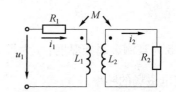

图 4-26　高频反射式电涡流传感器的等效电路

可得传感器的等效阻抗为

$$Z = \frac{\dot{U}_1}{\dot{I}_1} = \left[R_1 + \frac{\omega^2 M^2}{R_2^2 + (\omega L_2)^2} R_2 \right] + j \left[\omega L_1 - \frac{\omega^2 M^2}{R_2^2 + (\omega L_2)^2} \omega L_2 \right] \quad (4-19)$$

传感器的等效电感为

$$L = L_1 - L_2 \frac{\omega^2 M^2}{R_2^2 + (\omega L_2)^2} \quad (4-20)$$

传感器的等效电阻为

$$R = R_1 + R_2 \frac{\omega^2 M^2}{R_2^2 + (\omega L_2)^2} \quad (4-21)$$

当被测物与电涡流线圈的间距 δ 减小时，电涡流线圈与被测导体互感 M 增大，等效电感 L 减小，等效电阻 R 增大，品质因数 Q 值降低：

$$Q = \omega L / R \quad (4-22)$$

等效电阻上消耗的有功功率 P 增大：

$$P = I^2 R \quad (4-23)$$

一般地讲，线圈的阻抗变化与金属导体的电阻率 ρ、磁导率 μ、线圈与金属导体的距离 δ 以及线圈激励电流的频率 f 等参数有关，即线圈阻抗 Z 是这些参数的函数，可写成 $Z = g(\rho, \delta, \mu, f)$。若能控制参数 ρ、μ、f 恒定不变，这样阻抗就能成为 δ 的单值函数，就能实现位移非接触测量。

为了充分有效地利用电涡流效应，对于平板型的被测物体，则要求被测物体的半径应大于线圈半径的 1.8 倍，否则灵敏度降低。当被测物体是圆柱体时，被测物体直径必须为线圈直径的 3.5 倍以上，灵敏度才不受影响。

2）低频透射式

低频透射式电涡流型传感器包括发射线圈和接收线圈，并分别位于被测材料上、下方。由振荡器产生的低频电压 u_1 施加到发射线圈两端，于是在接收线圈两端将产生感应电压 u_2，它的大小与 u_1 的幅值、频率以及两个线圈的匝数、结构和两者的相对位置有关。若两线圈间无金属导体，则接收线圈的磁力线能较多穿过接收线圈，在接收线圈上产生的感应电压 u_2 最大。

如果在两个线圈之间设置一金属板，由于在金属板内产生电涡流，该电涡流消耗了部分能量，使到达接收线圈的磁力线减小，从而引起 u_2 的下降。金属板厚度越大，电涡流损耗越大，u_2 就越小。可见 u_2 的大小间接反映了金属板的厚度。图 4-27 所示为低频透射式电涡流型传感器的原理图及输出特性。

接收线圈的感应电压与被测厚度的增大按负幂指数的规律减小，即

$$u_2 \propto e^{-\frac{\delta}{t}} \quad (4-24)$$

式中，δ 为被测金属板厚度；t 为贯穿深度，它与 $\sqrt{\dfrac{\rho}{f}}$ 成正比，其中 ρ 为金属板的电阻率，f 为交变电磁场的频率。

为了较好地进行厚度测量，激励频率应选得较低。频率太高，贯穿深度小于被测厚度，不利进行厚度测量，通常选 1 kHz 左右。

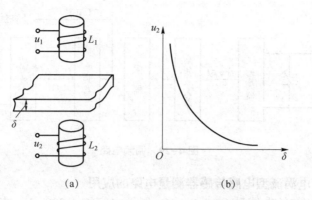

图 4-27 低频透射式电涡流型传感器的原理图及输出特性
(a) 原理图；(b) 输出特性

一般地说，测薄金属板时，频率应略高些，测厚金属板时，频率应低些。在测量电阻率 ρ 较小的材料时，应选较低的频率（如 500 Hz），测量电阻率 ρ 较大的材料，则应选用较高的频率（如 2 kHz），从而保证在测量不同材料时能得到较好的线性和灵敏度。

2. 测量电路

利用电涡流式变换元件进行测量时，为了得到较强的电涡流效应，通常激磁线圈工作在较高频率下，所以信号转换电路主要有调幅电路和调频电路两种。

1）调幅（AM）电路

调幅电路，如图 4-28 所示，是以传感线圈与调谐电容组成并联 LC 谐振回路，由石英晶体振荡器提供稳频、稳幅的中高频激磁电流，根据欧姆定理，测量电路的输出电压正比于 LC 谐振电路的阻抗 Z。当传感线圈与被测体之间的距离变化时，引起阻抗 Z 的变化，使输出电压跟随变化，从而实现位移量的测量，故称调幅法。但输出电压放大器的放大倍数漂移会影响测量精度，因此还需要进行温度补偿。

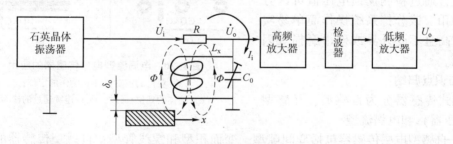

图 4-28 调幅电路

2）调频（FM）电路

调频电路，如图 4-29 所示，以 LC 振荡回路的频率 f 作为输出量。根据式（4-25）可知，当金属板至传感器之间的距离发生变化时，将引起线圈电感的变化，从而使振荡器的频率发生变化，再通过鉴频器进行频率-电压转换，即可得到与频率成比例的输出电压。这里，若距离 x 变小时，电感量 L 也随之变小，同时引起 LC 振荡器的输出电压 U_o 及频率 f 变高。

$$f \approx \frac{1}{2\pi\sqrt{LC}} \tag{4-25}$$

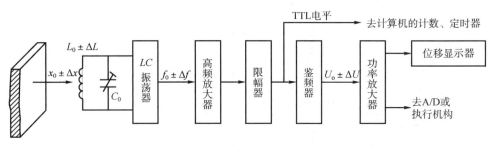

图 4-29 调频电路

📖 例题 4-2：电涡流型电感传感器测量电路的应用

设电涡流线圈的初始电感量 $L=0.8$ mH，微调电容 $C_0=200$ pF，求探头中的振荡器的初始频率 f_0。

分析：初始频率可利用式（4-25）计算求得。

解：$f_0 \approx \dfrac{1}{2\pi\sqrt{LC_0}} = \dfrac{1}{2\pi\sqrt{0.8\times10^{-3}\times100\times10^{-12}}} \approx 560(\text{kHz})$

3. 应用举例

电涡流型电感传感器的应用如图 4-30 所示。

利用电涡流型电感传感器对金属物的敏感性，可以对物体实现定位、数目检测、料位控制等功能，如图 4-30（d）所示，图中的"连续通过的检测"示例选自一种硬币分拣系统。当一组硬币借助传送带输送，布置在传送带上特定位置处的电涡流型传感器根据不同导体材料磁导率和电阻率不同，输出不同的电压反馈值，通过检测反馈电压值可区分真币和伪币。该分拣系统操作简单易实现，精度高且不受外界或硬币磨损等因素的干扰。

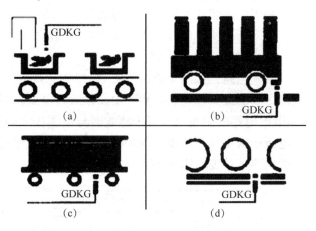

图 4-30 电涡流型电感传感器的应用
(a) 料位的控制；(b) 物体的定位；
(c) 物体的到位/通过；(d) 连续通过的检测

✏️ 知识点归纳：

电感式传感器分为自感型、互感型（差动变压器）和电涡流型。

（1）自感型电感传感器包括变间隙型、变面积型和螺线管型；自感型传感器的测量电路包括交流电桥、变压器式交流电桥以及谐振式等。

（2）互感型电感传感器实质上是一个输出电压可变的变压器，同样包括变间隙型、变面积型和螺线管型；互感型电感传感器的测量电路包括差动整流电路和相敏检波电路。

（3）电涡流型电感传感器包括高频反射式和低频透射式两大类；电涡流电感传感器的主要测量电路有调幅电路和调频电路两种。

☑ 课后思考：

（1）分析电感式传感器出现非线性的原因，并说明如何改善。
（2）试比较自感型电感传感器与差动变压器式电感传感器的异同。
（3）怎样利用电涡流效应进行位移测量？

工作页

学习任务：	电感式传感器的认知与应用	姓名：	
学习内容：	电感式传感器的工作原理及应用	时间：	

※**信息收集**

基本概念

（1）自感型电感传感器常见的形式有_____、_____、_____三种。

（2）变间隙型自感传感器电感 L 与空气隙厚度 δ 成_____比，两者为_____（线性/非线性）关系。空气隙厚度 δ 越小，灵敏度 K 就_____。为了保证一定的线性度，变间隙型自感传感器只能用于_____位移的测量。

（3）变间隙型自感传感器电感 L 与空气隙磁路截面积 S_0 是_____（线性/非线性）关系，灵敏度为_____。

（4）对于长螺线管（$l \gg r$），当衔铁工作在螺线管接近_____位置时，可以认为螺线管内磁场强度是均匀的，此时螺线管的电感 L 与衔铁插入深度 l_a 成_____比。

（5）差动式自感传感器与单线圈自感传感器的特性相比，差动式自感传感器的线性度较_____，灵敏度较_____。

（6）电涡流效应：_____。

（7）集肤效应：_____。

（8）交变磁场的频率 f_____，电涡流的渗透深度就_____，集肤效应越_____。可以利用集肤效应来检测_____。

※**能力扩展**

计算及分析

（1）欲测量极微小的位移，应选择（　　）自感传感器。

A. 变间隙型　　　　B. 变面积型　　　　C. 螺线管型

（2）若期望线性好、灵敏度高、量程为 1 mm 左右且分辨力为 1 mm 左右的自感传感器，应选择（　　）自感传感器为宜。

A. 变间隙型　　　　B. 变面积型　　　　C. 螺线管型

（3）若期望线性范围为±1 mm，应选择线圈骨架长度为（　　）左右的螺线管式自感传感器或差动变压器。

A. 2 mm　　　　B. 20 mm　　　　C. 400 mm　　　　D. 1 mm

（4）螺线管型自感传感器采用差动结构是为了（　　）。

A. 增加线圈的长度从而增加线性范围　　B. 提高灵敏度，减小温漂

C. 降低成本　　　　　　　　　　　　　D. 增加线圈对衔铁的吸引力

（5）自感传感器或差动变压器采用相敏检波电路最重要的目的是为了（　　）。

A. 提高灵敏度

B. 将输出的交流信号转换成直流信号

C. 使检波后的直流电压能反映检波前交流信号的相位和幅度

（6）某车间用检测装置来测量直径范围为 10 mm±1 mm 轴的直径误差，应选择线性范围为（　　）的电感传感器为宜（当轴的直径为 10 mm±0.01 mm 时，预先调整电感传感器的安装高度，使衔铁正好处于电感传感器中间位置）。

A. 10 mm　　　　B. 3 mm　　　　C. 1 mm　　　　D. 12 mm

（7）当电涡流线圈与被测体距离 x 变大时，电涡流线圈的电感 L _____，同时引起 LC 振荡器的频率 f _____及输出电压 u_o _____，且频率 $f=$ _____。

（8）如图 4-31 所示，已知齿轮数是 60，测得频率 400 Hz，则齿轮的转速 = _____ r/min。

图 4-31　电涡流式接近开关测量转速

📖 **本节总结**：

　　以上问题是否全部理解。是□　否□

　　　　　　　　确认签名：_____日期：_____

任务 4.2 电容式传感器的认知与应用

> 知识目标：1. 掌握电容式传感器的工作原理。
> 　　　　　2. 熟悉电容式传感器的测量电路。
> 　　　　　3. 了解电容式传感器的应用。
> 能力目标：能够正确地选取和使用电容式传感器。
> 思政目标：通过灵敏度的进一步介绍，培养一丝不苟的工作态度。

电容式传感器应用广泛，在自动分拣系统中，可以借助电容式传感器来实现物料厚度等在线测量监控，也可以作为启动按钮实现系统的启动与停止。

📄 问题引导 1：什么是电容式传感器？都包括哪些？

4.2.1 定义及分类概述

电容式传感器

以电容器为敏感元件，将被测物理量的变化转换为电容量变化的传感器称为电容式传感器，如图 4-32 所示。

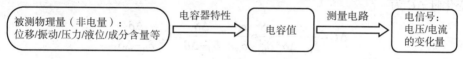

图 4-32 电容式传感器的定义

被测物理量为非电量，可以是位移、振动、压力、液位、成分含量等，通过检测电路中的电压、电流等电信号来反映电容值的变化。

图 4-33 所示为平板电容器的基本结构，由被绝缘介质分开的两个平行金属板组成。

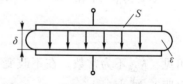

图 4-33 平板电容器的基本结构

当忽略边缘效应时，其电容为

$$C = \frac{\varepsilon S}{\delta} = \frac{\varepsilon_0 \varepsilon_r S}{\delta} \tag{4-26}$$

式中，ε 为电容极板间介质的介电常数，$\varepsilon = \varepsilon_0 \varepsilon_r$，$\varepsilon_0$ 为真空介电常数，ε_r 为极板间介质相对介电常数；S 为两平行板所覆盖的面积；δ 为两平行板之间的距离。

图 4-34 电容式传感器的分类

当两板距离 δ、覆盖面积 S 和介电常数 ε 中的某一项或某几项变化时，电容 C 就发生了改变。基于两板距离、覆盖面积以及介电常数的变化，电容式传感器可以分为三类，即变间隙型、变面积型和变介质型，如图 4-34 所示。

4.2.2 工作原理

1. 变间隙型

图 4-35 所示为变间隙型电容传感器的结构。测量过程中，一个极板固定，另一极板运动，并与被测参数关联，因被测参数的改变而引起移动时，两极板之间的电容量 C 就改变了。电容量 C 与极距 δ 的特性曲线如图 4-36 所示。

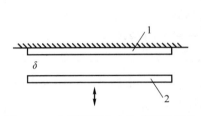

图 4-35 变间隙型电容传感器的结构

1—定极板；2—动极板

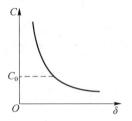

图 4-36 C-δ 特性曲线

设初始极距为 δ_0，当动极板向上位移时，极板间距减小了 $\Delta\delta$，其电容为

$$C_{\Delta\delta} = \frac{\varepsilon S}{\delta_0 - \Delta\delta} = C_0\left(1 + \frac{\Delta\delta}{\delta_0 - \Delta\delta}\right) \tag{4-27}$$

其电容变化量 ΔC 为

$$\Delta C = \frac{\varepsilon S}{\delta_0 - \Delta\delta} - \frac{\varepsilon S}{\delta_0} = \frac{\varepsilon S}{\delta_0} \cdot \frac{\Delta\delta}{\delta_0 - \Delta\delta} = C_0 \frac{\Delta\delta}{\delta_0 - \Delta\delta} \tag{4-28}$$

式中，C_0 为极距为 δ_0 时的初始电容量。

电容 $C_{\Delta\delta}$ 与位移 $\Delta\delta$ 不是线性关系，其灵敏度 $K_{\Delta\delta}$ 为

$$K_{\Delta\delta} = \frac{\mathrm{d}C_{\Delta\delta}}{\mathrm{d}\Delta\delta} = -\frac{\varepsilon S}{(\delta_0 - \Delta\delta)^2} \tag{4-29}$$

可见，$K_{\Delta\delta}$ 不为常数。在不改变介电常数和覆盖面积的前提下，为了提高灵敏度，可将初始极距 δ_0 减小。

2. 变面积型

当动极板因被测参数的改变移动时，两极板间的相对覆盖面积发生变化，引起电容的变化，这一类的电容式传感器为变面积型电容传感器。常用的有直线位移式、角位移式和圆筒位移式三种，如图 4-37 所示。

1）直线位移式

图 4-38 所示为直线位移式电容传感器。其中，极板长度为 b，宽度为 a，间隙为 d，动极板相对定极板运动位移量为 Δx。据此，电容变化量为

$$\Delta C = C - C_0 = -\frac{\varepsilon b}{d}\Delta x = -C_0\frac{\Delta x}{a} \tag{4-30}$$

电容 C 的相对变化 $\Delta C/C_0$ 与直线位移 Δx 呈线性关系。

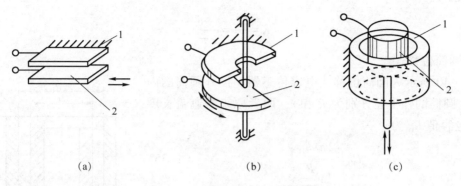

图 4-37 变面积型电容传感器

(a) 直线位移式；(b) 角位移式；(c) 圆筒位移式

1—定极板；2—动极板

灵敏度为

$$K=\frac{\Delta C}{\Delta x}=-\frac{\varepsilon b}{d} \quad (4-31)$$

因此，该电容传感器的灵敏度为常数，即输出与输入呈线性关系。减小两极板间的距离 d 或增大极板的边长 b，可提高传感器的灵敏度，但 d 的减小受到电容器击穿电压的限制，而增大 b 则受到传感器体积的限制。

2）角位移式

图 4-39 所示为角位移式电容传感器，动极板绕轴转动，若角位移为 θ，则此时电容量为

$$C=\frac{\varepsilon A\left(1-\dfrac{\theta}{\pi}\right)}{d}=C_0\left(1-\dfrac{\theta}{\pi}\right) \quad (4-32)$$

则电容变化量

$$\Delta C=C-C_0=-C_0\frac{\theta}{\pi} \quad (4-33)$$

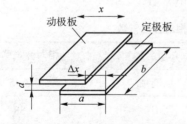

图 4-38 直线位移式电容传感器

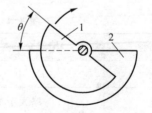

图 4-39 角位移式电容传感器

1—定极板；2—动极板

因此，电容 C 的相对变化 $\Delta C/C_0$ 与角位移 θ 也呈线性关系。

灵敏度为

$$K = \frac{\Delta C}{\theta} = -\frac{C_0}{\pi} \tag{4-34}$$

3) 圆筒位移式

图 4-40 所示为圆筒位移式电容传感器。设外圆筒的内半径、内圆筒的外半径分别为 R 和 r，两者原来的遮盖长度为 h_0，电容值 C_0 为

$$C_0 = \frac{2\pi\varepsilon h_0}{\ln\frac{R}{r}} \tag{4-35}$$

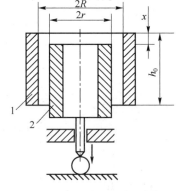

当覆盖长度变化时，电容量也随之变化，当两圆筒相对移动 $\pm\Delta x$ 时，电容量为

$$C = \frac{2\pi\varepsilon(h_0 \pm \Delta x)}{\ln\frac{R}{r}} = C_0\left(1 \pm \frac{\Delta x}{h_0}\right) \tag{4-36}$$

图 4-40 圆筒位移式电容传感器
1—定极板；2—动极板

电容量 C 与位移量 $\pm\Delta x$ 呈线性关系。

变化量 ΔC 为

$$\Delta C = C - C_0 = \pm\frac{2\pi\varepsilon\Delta x}{\ln\frac{R}{r}} \tag{4-37}$$

灵敏度为

$$K = \frac{\Delta C}{\Delta x} = \pm\frac{2\pi\varepsilon}{\ln\frac{R}{r}} \tag{4-38}$$

从式 (4-31)、式 (4-34)、式 (4-38) 可看出，变面积型电容传感器的输出特性是线性的，灵敏度是常数，但灵敏度较低。因此，这一类传感器多用于检测直线位移、角位移以及尺寸等参量。

3. 变介质型

在电容器两极板间插入不同介质时，由于各种介质的相对介电常数不同，所以电容器的电容量不同。表 4-1 所示为几种常见介质的相对介电常数。

表 4-1 几种常见介质的相对介电常数

介质名称	相对介电常数 ε	介质名称	相对介电常数 ε
真空	1	玻璃釉	3~5
空气	略大于 1	SiO_2	38
其他气体	1~1.2	云母	5~8
变压器油	2~4	干的纸	2~4
硅油	2~3.5	干的谷物	3~5

续表

介质名称	相对介电常数 ε	介质名称	相对介电常数 ε
聚丙烯	2~2.2	环氧树脂	3~10
聚苯乙烯	2.4~2.6	高频陶瓷	10~160
聚四氟乙烯	2.0	低频陶瓷、压电陶瓷	1 000~10 000
聚偏二氟乙烯	3~5	纯净水	80

常见的变介质型电容传感器，根据介质的位置和极板的形式不同，可分为三类：单组平板厚度式、单组平板位移式和测量液位圆筒式。

1) 单组平板厚度式

单组平板厚度式变介质型电容传感器如图 4-41 所示。设定极板长度为 a、宽度为 b、两极板间的距离为 δ，空气的介电常数为 ε_1，被测物的厚度和介电常数分别为 δ_x 和 ε_2。当某种被测介质处于两极板间时，若忽略边缘效应，该传感器的电容量 C 等效为空气所引起的电容 C_1 和被测介质所引起的电容 C_2 的串联。电容 C 可用式 (4-39) 表达：

$$C=\frac{1}{1/C_1+1/C_2}=\frac{ab}{(\delta-\delta_x)/\varepsilon_1+\delta_x/\varepsilon_2} \qquad (4-39)$$

传感器的电容量与被测物的厚度和介电常数有关。当介电常数一定时，通过传感器电容量的变化测量物体的厚度。

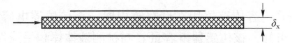

图 4-41 单组平板厚度式变介质型电容传感器

2) 单组平板位移式

单组平板位移式变介质型电容传感器如图 4-42 所示。设定极板长度为 a、宽度为 b、两极板间的距离为 δ，空气的介电常数为 ε_1，被测物的厚度、进入两极板间的长度和介电常数分别为 δ_x、x 和 ε_2。当某种被测介质处于两极板间时，若忽略边缘效应，该传感器的电容量 C 等效为被测物插入段的电容 C_1 和被测物无插入段的电容 C_2 的并联。电容 C 可用式 (4-40) 表达：

$$C=C_1+C_2=\frac{bx}{(\delta-\delta_x)/\varepsilon_1+\delta_x/\varepsilon_2}+\frac{b(a-x)}{\delta/\varepsilon_1} \qquad (4-40)$$

3) 测量液位圆筒式

测量液位圆筒式变介质型电容传感器如图 4-43 所示。设电容传感器外圆筒的内半径、内圆筒的外半径分别为 R 和 r，总高度为 h，空气的介电常数为 ε_1，被测物的液面高度为 h_x，介电常数为 ε_2。电容 C 可用式 (4-41) 表达：

$$C=\frac{2\pi\varepsilon_1 h}{\ln(R/r)}+\frac{2\pi(\varepsilon_2-\varepsilon_1)h_x}{\ln(R/r)} \qquad (4-41)$$

由此可见，该传感器电容量 C 与被测液位高度 h_x 呈线性关系。

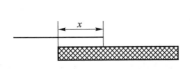
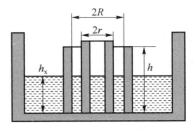

图 4-42 单组平板位移式变介质型电容传感器　　图 4-43 测量液位圆筒式变介质型电容传感器

例题 4-3：液位圆筒式电容传感器的应用

液位圆筒式电容传感器由直径为 40 mm 和 8 mm 的两个同心圆柱体组成，如图 4-43 所示。储存罐也是圆柱形，直径为 50 cm，高为 1.2 m。被储存液体的 $\varepsilon_r=2.1$。计算传感器的最小电容和最大电容以及用在储存罐内传感器的灵敏度（pF/L）。

解：

$$C_{\min}=\frac{2\pi\varepsilon_1 H}{\ln(R/r)}=\frac{2\pi\times 8.85\times 1.2}{\ln 5}\approx 41.46\ (\text{pF})$$

$$C_{\max}=\frac{2\pi\varepsilon_1\varepsilon_r H}{\ln(R/r)}=41.46\times 2.1\approx 87.07\ (\text{pF})$$

$$V=\frac{\pi d^2}{4}H=\frac{\pi(0.5)^2}{4}\times 1.2\approx 235.6\ (\text{L})$$

$$K=\frac{C_{\max}-C_{\min}}{V}=\frac{87.07-41.46}{235.6}\approx 0.19\ (\text{pF/L})$$

分析：当液位圆筒式电容传感器用在储存罐内时，该传感器电容量 C 与被测液位高度 h_x 呈线性关系，进一步可知，该传感器电容量 C 与被测液体体积呈线性关系，其灵敏度可以用电容变化量与体积变化量的比值来表达。

讨论：什么情况下灵敏度是最大呢？

问题引导 2：如何提高电容传感器的灵敏度，减小非线性误差？

在实际应用中，为了提高灵敏度，减小非线性误差，大都采用差动式结构。图 4-44 所示为变间隙型和变面积型电容传感器的差动结构。

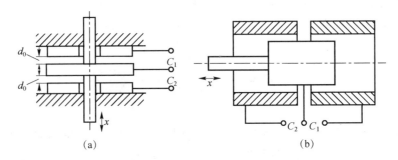

图 4-44 电容传感器的差动结构
(a) 变间隙型；(b) 变面积型

以变间隙型的差动结构为例展开具体分析，如图 4-44 (a) 所示，中间为动极板，上、下为定极板，两部分初始间隙均为 d_0，初始电容为 C_0。当动极板向上移动 Δd 时，则上部电容

$$C_1 = C_0 + \Delta C_1 = \frac{\varepsilon_0 S}{d_0 - \Delta d} = \frac{\varepsilon_0 S}{d_0(1 - \Delta d/d_0)} = \frac{C_0}{1 - \Delta d/d_0} \tag{4-42}$$

下部电容

$$C_2 = C_0 - \Delta C_2 = \frac{\varepsilon_0 S}{d_0 + \Delta d} = \frac{\varepsilon_0 S}{d_0(1 + \Delta d/d_0)} = \frac{C_0}{1 + \Delta d/d_0} \tag{4-43}$$

当 $\Delta d/d_0 \ll 1$ 时，按级数展开可写成

$$C_1 = C_0\left[1 + \frac{\Delta d}{d_0} + \left(\frac{\Delta d}{d_0}\right)^2 + \left(\frac{\Delta d}{d_0}\right)^3 + \cdots\right] \tag{4-44}$$

$$C_2 = C_0\left[1 - \frac{\Delta d}{d_0} + \left(\frac{\Delta d}{d_0}\right)^2 - \left(\frac{\Delta d}{d_0}\right)^3 + \cdots\right] \tag{4-45}$$

电容量的变化为

$$\Delta C = C_1 - C_2 = C_0\left[2\frac{\Delta d}{d_0} + 2\left(\frac{\Delta d}{d_0}\right)^3 + \cdots\right] = 2\frac{\Delta d}{d_0}C_0\left[1 + \left(\frac{\Delta d}{d_0}\right)^2 + \left(\frac{\Delta d}{d_0}\right)^4 + \cdots\right] \tag{4-46}$$

略去高次项，则

$$\Delta C = 2\frac{\Delta d}{d_0}C_0 \tag{4-47}$$

即

$$\frac{\Delta C}{C_0} \approx 2\frac{\Delta d}{d_0} \tag{4-48}$$

如果只考虑线性项和三次项，则电容式传感器的相对非线性误差近似为

$$\gamma_L = \frac{2|(\Delta d/d_0)^3|}{2|\Delta d/d_0|} \times 100\% = \left(\frac{\Delta d}{d_0}\right)^2 \times 100\% \tag{4-49}$$

传感器的灵敏度为

$$K = \frac{\Delta C}{\Delta d} = \frac{2C_0}{d_0} \tag{4-50}$$

在非差动结构情况下，按级数展开且略去高次项，得

$$\Delta C' = \frac{\Delta d}{d_0}C_0 \tag{4-51}$$

传感器的灵敏度为

$$K' = \frac{\Delta C'}{\Delta d} = \frac{C_0}{d_0} \tag{4-52}$$

如果考虑线性项与二次项，则电容式传感器的相对非线性误差近似为

$$\gamma_L' = \frac{(\Delta d/d_0)^2}{|\Delta d/d_0|} \times 100\% = \left|\frac{\Delta d}{d_0}\right| \times 100\% \tag{4-53}$$

比较式（4-50）、式（4-52）和式（4-49）、式（4-53），可见差动式电容传感器相较于非差动结构，非线性得到很大改善，灵敏度也提高了一倍。

4.2.3　测量电路

电容传感器中电容值以及电容变化量都十分微小，这样微小的电容量很难直接被目前的

显示仪表所显示,也很难被记录仪所接受,不便于传输。因此需要借助测量电路检出这一微小电容增量,并将其转换成与其成单值函数关系的电压、电流或者频率。

常用的测量电路包括调频电路、运算放大器电路、二极管双T形交流电桥和脉冲宽度调制电路等。

1. 调频电路

调频电路如图 4-45 所示,这种测量电路是把电容式传感器与一个电感元件组成一个振荡器谐振电路。

图 4-45　调频-鉴频电路原理图

调频振荡器的振荡频率由式(4-54)决定:

$$f = \frac{1}{2\pi\sqrt{LC}} \quad (4-54)$$

式中,L 为振荡回路电感;C 为振荡回路总电容,$C = C_1 + C_2 + C_x$,其中,C_1 为振荡回路固有电容,C_2 为传感器引线分布电容,$C_x = C_0 \pm \Delta C$ 为传感器的电容。

当电容传感器不工作时,$\Delta C = 0$,则 $C = C_1 + C_2 + C_0$,所以,振荡器有一个固有频率 f_0,其表示式为

$$f_0 = \frac{1}{2\pi\sqrt{(C_1 + C_2 + C_0)L}} \quad (4-55)$$

当电容传感器工作时,电容量发生变化,$\Delta C \neq 0$,振荡器频率有相应变化,此时频率为

$$f = \frac{1}{2\pi\sqrt{(C_1 + C_2 + C_0 \mp \Delta C)L}} = f_0 \pm \Delta f \quad (4-56)$$

此频率再通过鉴频电路将频率的变化转换为振幅的变化,经放大器放大后即可显示,这种方法称为调频法。电容传感器调频测量电路具有较高的灵敏度,可以测量高至 0.01 μm 级位移变化量。信号的输出频率易于用数字仪器测量,并与计算机通信,抗干扰能力强,可以发送、接收,以达到遥测遥控的目的。

2. 运算放大器电路

运算放大器电路如图 4-46 所示。电容式传感器跨接在高增益运算放大器的输入端与输出端之间。运算放大器的输入阻抗很高,因此可认为它是一个理想运算放大器,其输出电压为

$$u_o = -u_i \frac{C_0}{C_x} \quad (4-57)$$

将

$$C_x = \frac{\varepsilon S}{d} \quad (4-58)$$

代入式(4-57),则有

$$u_o = -u_i \frac{C_0}{\varepsilon S} d \tag{4-59}$$

可以看出，输出电压 u_o 与动极板的机械位移 d 呈线性关系。

在运算放大器的放大倍数和输入阻抗无限大的条件下，运算放大器电路解决了变间隙型电容传感器的非线性问题，但实际上运算放大器测量电路仍然存在一定的非线性。

为保证仪器精度，除了要求运算放大器阻抗和放大倍数足够大外，还要求电源电压的幅值和固定电容值非常稳定。

3. 二极管双 T 形交流电桥

二极管双 T 形交流电桥测量电路如图 4-47 所示，图中，高频电源提供了幅值为 U 的对称方波；D1、D2 为特性完全相同的理想二极管；R_1、R_2 为阻值相等的固定电阻；C_1、C_2 为差动电容式传感器的电容且初始值相等。对于单电容工作的情况，可以使其中一个为固定电容，另一个为传感器电容；R_L 为负载电阻。

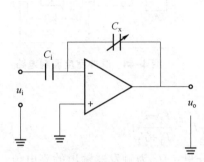

图 4-46 运算放大器电路

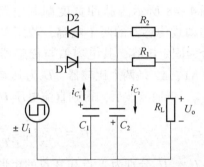

图 4-47 二极管双 T 形交流电桥测量电路

（1）当传感器不工作时，$C_1 = C_2$。

当电源电压输入为正半周时，二极管 D1 导通、D2 截止，对电容 C_1 充电；在随后负半周出现时，电容 C_1 上的电荷通过电阻 R_1、负载电阻 R_L 放电，流过 R_L 的电流为 I_1。当电源电压输入为负半周时，D2 导通、D1 截止，对电容 C_2 充电；在随后出现正半周时，电容 C_2 通过电阻 R_2、负载电阻 R_L 放电，流过 R_L 的电流为 I_2。电流 $I_1 = I_2$ 且方向相反，在一个周期内流过 R_L 的平均电流为零。

（2）当传感器工作时，$C_1 \neq C_2$。

此时，$I_1 \neq I_2$，且在一个周期内通过 R_L 上的平均电流不为零，因此产生输出电压，输出电压在一个周期内平均值为

$$U_o = I_L R_L = R_L \frac{1}{T} \int_0^T [I_1(t) - I_2(t)] dt$$

$$\approx \frac{R(R + 2R_L)}{(R + R_L)^2} \cdot R_L U_i f(C_1 - C_2) \tag{4-60}$$

式中，f 为电源频率。

当 R_L 已知，若

$$\left[\frac{R(R+2R_L)}{(R+R_L)^2}\right] \cdot R_L = M(\text{常数}) \tag{4-61}$$

则改写为

$$U_o = U_i fM(C_1-C_2) \tag{4-62}$$

输出电压 U_o 不仅与电源电压幅值和频率有关，而且与 T 形网络中的电容 C_1 和 C_2 的差值有关。当电源电压确定后，由式（4-62）可知，输出电压 U_o 是电容 C_1 和 C_2 的函数。

二极管双 T 形交流电桥的特点如下：线路简单，可全部放在探头内，大大缩短了电容引线、减小了分布电容的影响；电源周期、幅值影响灵敏度，要求高度稳定；输出阻抗与电容无关，克服了电容式传感器高内阻的缺点；适用于具有线性特性的单组式和差动式传感器。

4. 脉冲宽度调制电路

脉冲宽度调制电路利用对传感器电容的充放电的快慢变化，使电路输出脉冲的宽度随传感器电容量变化而变化，通过低通滤波器得到对应被测量变化的直流信号。

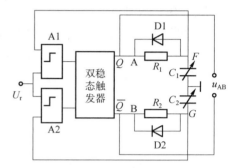

图 4-48 脉冲宽度调制电路

图 4-48 所示为脉冲宽度调制电路，图中 C_1、C_2 为差动式传感器的两个电容，若用单组式，则其中一个为固定电容，其电容值与传感器电容初始值相等；A1、A2 是两个比较器，U_r 为其参考电压。

u_{AB} 经低通滤波后，得到直流电压 U_o，即

$$U_o = U_A - U_B = \frac{T_1}{T_1+T_2}U_1 - \frac{T_2}{T_1+T_2}U_1 = \frac{T_1-T_2}{T_1+T_2}U_1 \tag{4-63}$$

式中，U_A、U_B 分别为 A 点和 B 点的矩形脉冲的直流分量；U_1 为触发器输出的高电位；U_r 为触发器的参考电压；T_1、T_2 分别为 C_1 和 C_2 的充电时间，用式（4-64）和式（4-65）表示。

$$T_1 = R_1 C_1 \ln \frac{U_1}{U_1-U_r} \tag{4-64}$$

$$T_2 = R_2 C_2 \ln \frac{U_1}{U_1-U_r} \tag{4-65}$$

设 $R_1 = R_2 = R$，则

$$U_o = \frac{C_1-C_2}{C_1+C_2}U_1 \tag{4-66}$$

因此，输出的直流电压与传感器两电容差值成正比。

设电容 C_1 和 C_2 的极间距离和面积分别为 δ_1、δ_2 和 S_1、S_2，将平行板电容公式代入式（4-66），对于差动式变间隙型和变面积型电容传感器可得

$$U_o = \frac{\delta_2-\delta_1}{\delta_1+\delta_2}U_1 \tag{4-67}$$

$$U_o = \frac{S_1-S_2}{S_2+S_1}U_1 \tag{4-68}$$

可见，脉冲宽度调制电路能适用于上述差动式电容传感器，并具有理论上的线性特性，这是十分可贵的性质。脉冲宽度调制电路的特点如下：采用直流电源，其电压稳定度高，不存在稳频、波形纯度的要求，也不需要相敏检波与解调等，对元件无线性要求，经低通滤波

器可输出较大的直流电压,对输出矩形波的纯度要求也不高;输出的脉冲宽度与差动电容传感器的变化量呈线性关系。

4.2.4 应用举例

在物料自动分拣系统中,需要借助一定的开关元件实现系统的启动与停止,图4-49所示为电容式触摸开关,包括相对设置的上电极片1和下电极片2、设置在上电极片上方的按钮4,以及设置在上电极片1和下电极片2之间的绝缘垫片3;上电极片1和下电极片2之间通电后,按钮4根据其受按压的情况推动上电极片1向下电极片2运动或弹性形变,以改变上电极片和下电极片之间的距离,从而改变上电极片和下电极片之间的电容量,根据电容量的变化实现系统的启动与停止。

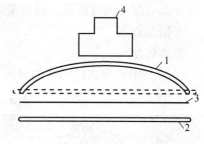

图4-49 电容式触摸开关
1—上电极片;2—下电极片;
3—绝缘垫片;4—按钮

✍ **知识点归纳:**

电容式传感器分为变间隙型、变面积型和变介质型。

(1) 变面积型电容传感器包括直线位移式、角位移式和圆筒位移式。

(2) 变介质型电容传感器包括单组平板厚度式、单组平板位移式和测量液位圆筒式。

(3) 电容式传感器常用的测量电路包括调频电路、运算放大器电路、二极管双T形交流电桥和脉冲宽度调制电路等。

☑ **课后思考:**

(1) 影响电容式传感器灵敏度的因素有哪些?提高其灵敏度可以采取哪些措施,带来什么后果?

(2) 简述差动式电容传感器测量厚度的工作原理。

(3) 试分析圆筒式电容传感器测量液面高度的基本原理。

工作页

学习任务：	电容式传感器的认知与应用	姓名：	
学习内容：	电容式传感器的工作原理及应用	时间：	

本部分学习内容涉及注册计量师考试。

※**信息收集**

基本概念

(1) 归纳电容式传感器的分类及特点并填表4-2。

表4-2 电容式传感器的分类及特点

	分类	特点
电容式传感器		
	电容表达式	

(2) 在间距为1 mm的两块平行极板的间隙中插入（　　），可测得最大的电容量。
A. 塑料薄膜　　　B. 干的纸　　　C. 湿的纸　　　D. 玻璃薄片

(3) 电子卡尺的分辨率可达0.01 mm，行程可达200 mm，它的内部所采用的电容传感器是（　　）。
A. 变间隙型　　　B. 变面积型　　　C. 变介质型

(4) 电容式传感器对（　　）的灵敏度最高。
A. 玻璃　　　B. 塑料　　　C. 纸　　　D. 鸡饲料

(5) 电容式传感器适合测量（　　）。
A. 温度　　　B. 磁场　　　C. 浑浊度　　　D. 振动

(6) 电容式传感器灵敏度最高的是（　　）。
A. 变间隙型　　　B. 变面积型　　　C. 变介质型

(7) 变间隙型电容传感器适用于测量微小位移是因为（　　）。
A. 电容量微弱、灵敏度太低
B. 需要做非接触测量
C. 传感器灵敏度与间隙平方成反比，间隙变化大，则非线性误差大

(8) 下列不属于电容式传感器测量电路的是（　　）。
A. 调频测量电路　　　　　　　B. 运算放大器电路
C. 脉冲宽度调制电路　　　　　D. 相敏检波电路

※**能力扩展**

分析及计算

(1) 人体感应式传感器原理图如图4-50所示，图4-51所示为鉴频器的输入输出特性

曲线。请分析该原理图并填空。

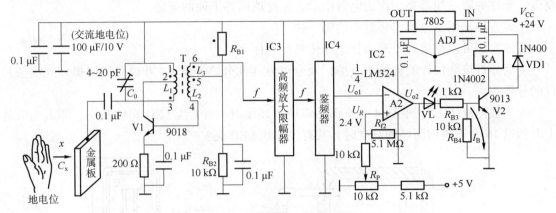

图 4-50 人体感应式传感器原理图

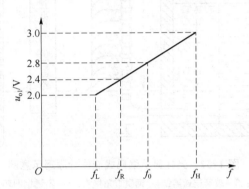

图 4-51 鉴频器的输入输出特性曲线

①地电位的人体与金属板构成空间分布电容 C_x，C_x 与微调电容 C_0 从高频等效电路来看，两者之间构成_____联。V1、L_1、C_0、C_x 等元件构成了_____电路，$f=$_____，f 略高于 f_R。当人手未靠近金属板时，C_x 最_____（大/小），检测系统处于待命状态。当人手靠近金属板时，金属板对地分布电容 C_x 变_____，因此高频变压器 T 的次级侧的输出频率 f 变_____（高/低）。

②从图 4-51 可以看出，当 f 低于 f_R 时，U_{o1}_____于 U_R，A2 的输出电压 U_{o2} 将变为_____电平，因此 VL_____（亮/暗）。

③三端稳压器 7805 的输出电压为_____V，由于运放饱和时的最大输出电压约比电源低 1 V，所以 A2 的输出电压约为_____V，中间继电器 KA 变为_____状态（吸合/释放）。

④图 4-50 中的运放接正反馈电阻 R_{f2}，所以 A2 在电路中起_____器的作用，V2 起_____（电压放大/电流驱动）作用，基极电阻 R_{B3} 起_____作用；VD1 起_____作用，防止当 V2 突然截止时，产生过电压而使_____击穿。

⑤通过以上分析可知，该传感器主要用于检测_____，它的最大优点是_____，可以将它应用到_____以及_____等场所。

（2）图 4-52 所示为利用分段电容传感器测量液位的原理示意图。在玻璃连通器的外圆

壁上等间隔地套着 n 个不锈钢圆环，并采用 101 线 LED 光柱作为显示器，用来显示液位的高度，光柱的第一线常亮，作为电源指示，据此请回答下面的问题。

①该方法采用了电容传感器中的哪一种？

②该方法可以测量导电液体和绝缘体吗？为什么？

③请分析该液位计的分辨率（%）及分辨力（几分之一米），并说明如何提高此类液位计的分辨率。

④当被测液体上升到第 64 个不锈钢圆环的高度时，101 线 LED 光柱全亮。那么当液体上升到第 16 个不锈钢圆环的高度时，共有多少线 LED 亮？

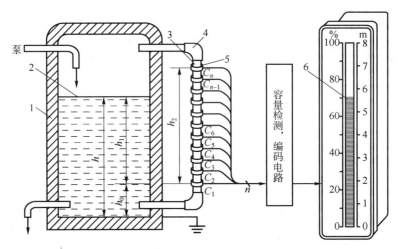

图 4-52　光柱显示编码式液位计原理示意图
1—储液罐；2—液面；3—玻璃连通器；4—钢质直角接头；5—不锈钢圆环；6—101 线 LED 光柱

本节总结：

以上问题是否全部理解。是□　否□

确认签名：＿＿＿＿＿＿＿＿＿＿　日期：＿＿＿＿＿＿＿＿＿＿

任务 4.3 霍尔传感器的认知与应用

> 知识目标：1. 掌握霍尔传感器的工作原理。
> 　　　　　2. 熟悉霍尔传感器的测量电路。
> 　　　　　3. 了解霍尔传感器的应用。
> 能力目标：能够正确选取和使用霍尔传感器。
> 思政目标：通过霍尔效应发现过程的介绍，激励珍惜时间、培养认真严谨的学习态度。

物料具有多种属性，如材料、尺寸、颜色等，这些都可能成为分拣的依据。单就材料而言，常见的有金属、塑料、磁性等不同物料需要分拣。这里，可以借助霍尔传感器来区分和识别磁性材料。

📄 **问题引导 1**：什么是霍尔传感器？

4.3.1 定义及分类概述

霍尔传感器的原理与应用

霍尔传感器是基于霍尔效应将被测量（如电流、磁场、位移、压力、压差、转速等）转换成电动势输出的一种传感器。

按照霍尔传感器的功能可将它们分为霍尔线性器件和霍尔开关器件，前者输出模拟量，后者输出数字量。按被检测对象的性质可将它们的应用分为直接应用和间接应用。前者是直接检测出受检测对象本身的磁场或磁特性，后者是检测受检测对象上人为设置的磁场，用这个磁场来做被检测信息的载体，通过它将许多非电、非磁的物理量（如力、力矩、压力、应力、位置、位移、速度、加速度、角度、角速度、转数、转速以及工作状态发生变化的时间等）转变成电量来进行检测和控制，如图 4-53 所示。

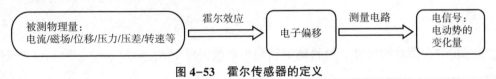

图 4-53 霍尔传感器的定义

4.3.2 工作原理

半导体薄片置于磁感应强度为 B 的磁场中，磁场方向垂直于薄片，当有电流 I 流过薄片时，在垂直于电流和磁场的方向上将产生电动势 E_H，这种现象称为霍尔效应，如图 4-54 所示，该电动势称霍尔电动势。薄片越薄，灵敏度越高。

由霍尔片（即矩形半导体薄片）、引线和壳体组成的结构称为霍尔元件，如图 4-55 所示。

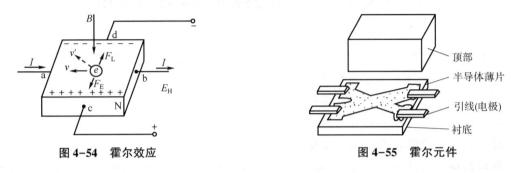

图 4-54　霍尔效应　　　　　　　图 4-55　霍尔元件

当磁场垂直于薄片时，电子受到洛仑兹力 F_L 的作用向内侧偏移，在半导体薄片 c、d 方向的端面之间建立起感应电动势。洛仑兹力 F_L 为

$$F_L = qvB \tag{4-69}$$

式中，q 为电子的电荷量；v 为电子的运动速度；B 为外电场的磁感应强度。

感应电动势 E_H 在半导体薄片上产生电场，于是电子在受到电场力 F_E 的作用，方向与洛仑兹力相反。

$$F_E = qE \tag{4-70}$$

式中，E 为电场强度。

因为 $F_L + F_E = 0$，则

$$vB = -E \tag{4-71}$$

设半导体薄片电流方向的尺寸为 l，厚度方向的尺寸为 δ，电场方向的尺寸为 b，通过半导体薄片的电流 I 为

$$I = -qnvb\delta \tag{4-72}$$

式中，n 为单位体积的载流子数量。

且

$$E_H = Eb \tag{4-73}$$

则

$$E_H = \frac{IB}{qn\delta} \tag{4-74}$$

式中，n、q、δ 在薄片的尺寸、材料确定后均为常数，可令 $K_H = 1/(qn\delta)$，则式（4-74）可简化为

$$E_H = K_H IB \tag{4-75}$$

式中，K_H 为霍尔元件的灵敏度。由于金属材料中的电子浓度 n 很大，所以灵敏度 K_H 非常小，而半导体材料中的电子浓度较小，所以灵敏度比较高。

若磁感应强度 B 不垂直于霍尔元件，而是与其法线成某一角度 θ 时，实际上作用于霍尔元件上的有效磁感应强度是其法线方向（与薄片垂直的方向）的分量，即 $B\cos\theta$，这时的霍尔电动势为

$$E_H = K_H IB\cos\theta \tag{4-76}$$

霍尔电动势 E_H 与输入电流 I、磁感应强度 B 成正比，且当磁感应强度 B 的方向改变时，霍尔电动势 E_H 的方向也随之改变。如果所施加的磁场为交变磁场，则霍尔电动势 E_H 为同频率的交变电动势。

通过上述表达式，可以得到以下结论：①流入（a、b）端的电流 I 越大，霍尔电动势也就越高，这是因为电子和空穴积累得越来越多；②作用在薄片上的磁感应强度 B 越强，霍尔电动势也就越高，这是由于电子受到的洛仑兹力越来越大；③薄片的厚度、半导体材料中的电子浓度等因素对霍尔电动势也有很大的影响。

4.3.3 测量电路

图 4-56（a）中，从矩形薄片半导体基片的两个相互垂直方向侧面上引出一对电极，其中，1-1′电极用于施加控制电流，称为控制电极；另一对 2-2′电极用于引出霍尔电动势，称为霍尔电动势输出极。在基片外面用金属或陶瓷、环氧树脂等封装作为外壳。图 4-56（b）所示为霍尔元件通用的图形符号。如图 4-56（c）所示，霍尔电极在基片上的位置及它的宽度对霍尔电势数值影响很大。通常霍尔电极位于基片长度的中间，其宽度远小于基片的长度。图 4-56（d）所示为基本测量电路。

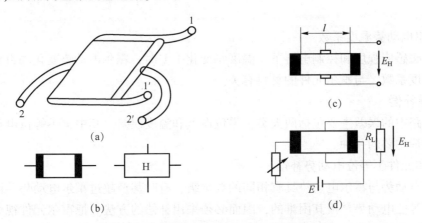

图 4-56 霍尔传感器外形结构及测量电路
（a）外形结构示意图；（b）图形符号；（c）霍尔电极位置；（d）基本测量电路

1. 基本参数

电路中所涉及的参数主要包括：输入电阻、输出电阻、额定控制电流、最大允许控制电流、不等位电动势、不等位电阻、寄生直流电动势、霍尔电动势温度系数。

1）输入电阻和输出电阻

输入电阻：控制电极间的电阻值称为输入电阻。

输出电阻：输出电动势（霍尔电动势）对外电路来说相当于一个电压源，其电源内阻即为输出电阻。

以上电阻值是在磁感应强度为零，且环境温度在 20 ℃±5 ℃时确定的。

2）额定控制电流和最大允许控制电流

额定控制电流：当霍尔元件自身温升 10 ℃时所流过的控制电流称为额定控制电流。

最大允许控制电流：以元件允许最大温升为限制所对应的控制电流称为最大允许控制电流。

3）不等位电动势和不等位电阻

当霍尔元件的控制电流为 I 时，若元件外加磁场为零，空载的霍尔电动势称为不等位电动势，产生这一现象的原因有：

(1) 霍尔电动势输出极安装位置不对称或不在同一等电位面上；

(2) 半导体材料不均匀造成电阻率不均匀或几何尺寸不均匀；

(3) 控制电极接触不良造成控制电流不均匀分布等，可采用电桥法来补偿。

不等位电阻 r_0 可以用不等位电动势 E_0 表示，其值为不等位电动势 E_0 与控制电流 I 的比值，如图 4-57 所示。

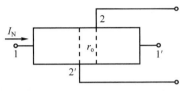

图 4-57 不等位电势示意图

4）寄生直流电动势

在外加磁场为零、霍尔元件用交流激励时，霍尔电动势输出极输出除了交流不等位电动势外，还有一直流电动势，称为寄生直流电动势。其产生的原因有：

①控制电极与霍尔电动势输出极接触不良，形成非欧姆接触，造成整流效果；

②两个霍尔电动势输出极大小不对称，则两个电极点的热容不同、散热状态不同形成极间温差电势。

5）霍尔电动势温度系数

在一定磁感应强度和控制电流下，温度每变化 1 ℃时，霍尔电动势变化的百分率称为霍尔电动势温度系数，与霍尔元件的材料有关。

2. 误差补偿

测量电路中的误差主要包括两大类：零位误差和温度误差。其中，不等位电动势是霍尔零位误差中最主要的一种。

1）霍尔元件不等位电动势补偿

不等位电动势与霍尔电动势具有相同的数量级，有时甚至超过霍尔电动势，而实际应用中要消除不等位电动势是极其困难的，因而必须采用补偿的方法。把霍尔元件视为一个四臂电阻电桥，不等位电动势就相当于电桥的初始不平衡输出电压，如图 4-58 所示，其中 1-1′ 为控制电极，2-2′ 为霍尔电动势输出极，电极分布电阻分别用 R_1、R_2、R_3、R_4 表示，把它们看做电桥的四个桥臂。理想情况下，电极 2、2′ 处于同一等位面，$R_1 = R_2 = R_3 = R_4$，电桥平衡，不等位电动势 E_0 为 0。实际上，由于电极 2、2′ 不在同一等位面上，所以四个电阻的阻值不相等，电桥不平衡，不等位电动势不等于零。此时可根据 2、2′ 两点电位的高低，判断应在哪一桥臂上并联一定的电阻，使电桥达到平衡，从而使不等位电动势为零。几种补偿电路如图 4-59 所示。其中图 4-59（a）和图 4-59（b）为常见的补偿电路，图 4-59（b）和图 4-59（c）相当于在等效电桥的两个桥臂上同时并联电阻，图 4-59（d）用于交流供电的情况。

2）霍尔元件温度补偿

霍尔元件是采用半导体材料制成的，因此它们的许多参数都具有较大的温度系数，从而使霍尔元件产生温度误差。

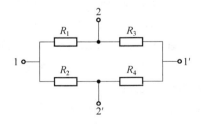

图 4-58 霍耳元件的等效电路

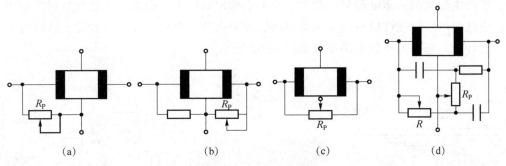

图 4-59 几种补偿电路

霍尔元件的灵敏系数 K_H 是温度的函数，它随温度的变化引起霍尔电动势的变化。霍尔元件的灵敏度系数与温度的关系可写成

$$K_H = K_{H0}(1+\alpha\Delta T) \quad (4-77)$$

式中，K_{H0} 为温度 T_0 时的 K_H 值；ΔT 为温度变化量；α 为霍尔电动势温度系数。其中，大多数霍尔元件的温度系数 α 是正值，它们的霍尔电动势随温度升高而增加 $\alpha\Delta T$ 倍。温度补偿电路如图 4-60 所示。

在温度补偿电路中，设初始温度为 T_0，霍尔元件输入电阻为 R_{i0}，灵敏系数为 K_{H0}，分流电阻为 R_{P0}，根据分流概念得

$$I_{H0} = \frac{R_{P0} I_S}{R_{P0} + R_{i0}} \quad (4-78)$$

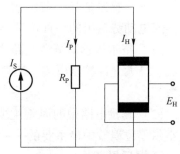

图 4-60 温度补偿电路

当温度升至 T 时，电路中各参数变为

$$I_H = \frac{R_P I_S}{R_P + R_i} = \frac{R_{P0}(1+\beta\Delta T) I_S}{R_{P0}(1+\beta\Delta T) + R_{i0}(1+\delta\Delta T)} \quad (4-79)$$

式中，β 为分流电阻温度系数；δ 为霍尔元件输入电阻温度系数。

当温度升高 ΔT，为使霍尔电动势保持不变，补偿电路必须满足温升前、后的霍尔电动势不变，即 $E_{H0}=E_H$，$K_{H0} I_{H0} B = K_H I_H B$，因而

$$K_{H0} I_{H0} = K_H I_H \quad (4-80)$$

将式（4-77）~式（4-79）代入式（4-80）经整理并略去高次项，得

$$R_{P0} = \frac{(\delta-\beta-\alpha) R_{i0}}{\alpha} \quad (4-81)$$

当霍尔元件选定后，它的输入电阻 R_{i0}、温度系数 δ 及霍尔电动势温度系数 α 是确定值，可计算出分流电阻 R_{P0} 及所需的温度系数 β 值。

4.3.4 应用举例

图 4-61 所示为应用于物料自动分拣系统的霍尔传感器原理图。在霍尔传感器下方设置有磁铁，当磁性材料（如钢球）在传动带上经过霍尔传感器上方时，磁力线集中穿过霍尔

元件，可产生较大的霍尔电动势，放大、整形后输出高电平，而对于非磁性材料，输出为低电平，由此，可区分磁性材料与非磁性材料。如果在测量电路中设置计数器，这样可对磁性材料进行计数，基本的计数电路原理如图4-62所示。

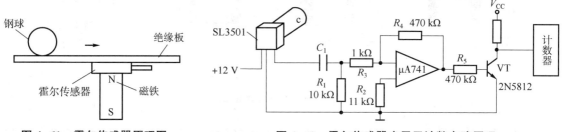

图4-61 霍尔传感器原理图　　　　图4-62 霍尔传感器应用于计数电路原理

✍ 知识点归纳：

霍尔传感器是基于霍尔效应将被测量（如电流、磁场、位移、压力、压差、转速等）转换成电动势输出的一种传感器。

（1）霍尔传感器测量电路中所涉及的参数主要包括：输入电阻、输出电阻、额定控制电流、最大允许控制电流、不等位电动势、不等位电阻、寄生直流电动势、霍尔电动势温度系数。

（2）测量电路中的误差主要包括两大类：零位误差和温度误差。其中，不等位电动势是霍尔零位误差中最主要的一种。

☑ 课后思考：

（1）霍尔元件的不等位电动势补偿方法是什么？
（2）霍尔元件的温度补偿方法是什么？

工作页

学习任务：	霍尔传感器的认知与应用	姓名：	
学习内容：	霍尔传感器的工作原理及应用	时间：	

※**信息收集**

基本概念

（1）霍尔效应：_____。

（2）霍尔电动势与_____、_____、_____、_____和_____有关。

（3）制作霍尔元件应采用的材料是_____。

（4）霍尔元件有两对电极，一对用来施加激励电压或电流，称为_____电极，另一对用来输出引线，称为_____电极。

（5）霍尔片越厚，其霍尔灵敏度系数越_____。

（6）属于四端元件的是（　　）。

A. 应变片　　　　B. 压电晶片　　　　C. 霍尔元件　　　　D. 热敏电阻

（7）公式 $E_H = K_H IB\cos\theta$ 中 θ 是指（　　）。

A. 磁力线与霍尔薄片平面之间的夹角

B. 磁力线与霍尔元件内部电流方向的夹角

C. 磁力线与霍尔薄片的垂线之间的夹角

（8）霍尔效应的灵敏度高低与外加磁场的磁感应强度成（　　）关系。

A. 正比　　　　B. 反比　　　　C. 相等

（9）霍尔传感器属于（　　）。

A. 能量转换型传感器　　　　B. 电容型传感器

C. 电阻型传感器　　　　　　D. 有源型传感器

※**能力拓展**

分析及计算

如图 4-63 所示，在被测转速的转轴上安装一个齿轮，将线性霍尔器件及磁路系统靠近齿轮。齿轮的转动使磁路的磁阻随气隙的改变而周期性地变化，其中，T 为周期，N 为齿轮的齿数，求该转轴的转速。

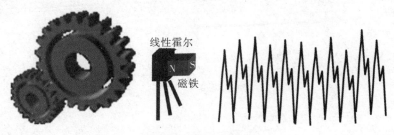

图 4-63　霍尔测速仪

本节总结：

🏆 以上问题是否全部理解。是□ 否□

确认签名：＿＿＿＿＿＿＿＿＿＿ 日期：＿＿＿＿＿＿＿＿＿＿

任务 4.4　光电式传感器的认知与应用

> **知识目标**：1. 掌握光电式传感器的工作原理。
> 　　　　　　　2. 熟悉光电式传感器的测量电路。
> 　　　　　　　3. 了解光电式传感器的应用。
> **能力目标**：能够正确地选取和使用光电式传感器。
> **思政目标**：通过光电效应的介绍，激励严谨务实、一丝不苟的科学精神。

不同颜色的物体对光的反射率和吸收率不同，光电式传感器可以检测出这一差异，由此，在物料自动分拣系统中，光电式传感器能够实现对物料颜色的区分和辅助分拣。

📖 问题引导1：什么是光电式传感器？都包括哪些？

4.4.1　定义及分类概述

光电式传感器是以光电元件作为转化元件，可以将被测的非电量通过光量的变化转化成电量的传感器，如图4-64所示。它可用于检测直接引起光量变化的非电物理量，如光强、光照度、辐射测温、气体成分等；也可用来检测能转换成光量变化的其他非电量，如零件直径、表面粗糙度、应变、位移、振动、速度、加速度，以及物体的形状、工作状态的识别等。

光电式传感器一般由光源、光学元件和光电元件三部分组成。

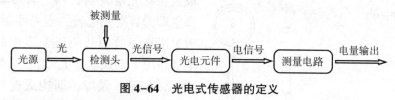

图4-64　光电式传感器的定义

按工作原理可分为光电效应传感器、红外热释电传感器、固体图像传感器和光纤传感器等。这里主要对光电效应传感器的工作原理予以介绍。

4.4.2　工作原理

光电效应传感器的物理基础是光电效应。

根据爱因斯坦的光子假说：光是一粒一粒运动着的粒子流，这些光粒子称为光子。每一个光子具有一定的能量。其大小等于普朗克常数 h 乘以光的频率 ν，所以不同频率的光子具有不同的能量。光的频率越高，其光子能量就越大。具有一定能量的光子作用到某些物体上转化为该物体中一些电子的能量而产生电效应，这种现象称为光电效应。

光电效应一般分为外光电效应和内光电效应，根据这些效应可制成不同的光电转换器件（或称光敏元件）。

1. 外光电效应

光线照射在某些物体上，而使电子从这些物体表面逸出的现象称为外光电效应，也称光电子发射，逸出的电子称为光电子。

光照射在物体上可以看成一连串具有一定能量的光子轰击这些物体。根据爱因斯坦假设：一个光子的能量只能传递给一个电子，因此单个光子把全部能量传给物体中的一个自由电子，使自由电子的能量增加 $h\nu$。这些能量一部分用作电子逸出物体表面的逸出功 A，另一部分变为电子的初动能，即

$$h\nu = \frac{1}{2}mv^2 + A \tag{4-82}$$

当光子能量大于逸出功时，才会有光电子发射出来，才会产生外光电效应；当光子能量小于逸出功时，不能产生外光电效应；当光子的能量恰好等于逸出功时，光电子的初速度 $v=0$，可以产生此光电子的单色光频率为 ν_0，则 ν_0 为该物质产生光电效应的最低频率，称其为红限频率。显然，如果入射光的频率低于红限频率，不论入射光的强度有多大，也不会使物质发射光电子；而对于高于红限频率的入射光，即使是光线很弱也会产生光电子。

由于电子逸出时具有一定的初动能，可以形成光电流，当入射光的频谱成分不变时，光电流与入射光的强度成正比。为使光电流为零，需加反向电压才能使其截止。

基于外光电效应的光电元件有光电管和光电倍增管等。

1）光电管

光电管包括真空光电管和充气光电管，两者外形和结构相似，如图 4-65 所示。半圆筒形金属片制成的阴极 K 和位于阴极轴心的金属丝制成的阳极 A 封装在玻璃外壳内，且阴极上涂有光电发射材料。若玻璃外壳内抽成真空即为真空光电管，当光照射在阴极上时，中央阳极可收集从阴极上逸出的电子，在外电场作用下形成电流 I。若玻璃外壳内充入惰性气体如氩、氖等，即构成充气光电管。当充气光电管的阴极被光照射后，光电子在飞向阳极的途中和气体的原子发生碰撞而使气体电离，因此增加了光电流，从而使光电管

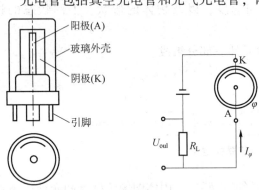

图 4-65 光电管的外形和结构

的灵敏度增加。但导致充气光电管的光电流与入射光强度不成比例，从而使其稳定性变差，对非线性、惰性、温度影响大。

光电管工作时，必须在其阴极与阳极之间加上电势，使阳极的电位高于阴极。光电流的大小与照射在光电阴极上的光强度成正比。

光电管的主要特性包括伏安特性、光照特性和光谱特性。

（1）伏安特性。在一定的光照射下，对光电器件的阴极所加电压与阳极所产生的电流之间的关系称为光电管的伏安特性。它是应用光电传感器参数的主要依据。图 4-66 所示为两种光电管的伏安特性。

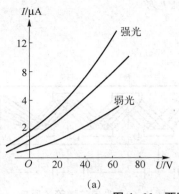
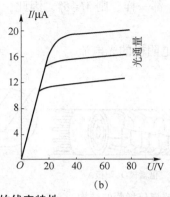

图 4-66 两种光电管的伏安特性

(a) 真空光电管；(b) 充气光电管

（2）光照特性。当光电管的阳极和阴极之间所加电压一定时，光通量与光电流之间的关系称为光电管的光照特性。光照特性曲线的斜率称为光电管的灵敏度。光电管的光照特性曲线如图 4-67 所示。

（3）光谱特性。光电管的阴极对光谱有选择性，因此光电管对光谱也有选择性。保持光通量和阴极电压不变，阳极电流与光波长之间的关系叫作光电管的光谱特性。一般对于阴极材料不同的光电管，它们有不同的红限频率，因此，可用于不同的光谱范围。此外，即使照射在阴极上的入射光频率高于红限频率并且强度相同，随着入射光频率的不同，阴极发射的光电子的数量会不同，即同一光电管对不同频率的光的灵敏度不同，这就是光谱特性的体现。

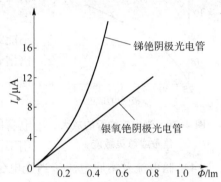

图 4-67 光电管的光照特性曲线

2）光电倍增管

当入射光很微弱时，普通光电管产生的光电流很小，不容易探测，这时常用光电倍增管对电流进行放大。光电倍增管的结构和原理如图 4-68 和图 4-69 所示。在光电管的阴极与阳极之间安装若干个倍增极 D1、D2、…、Dn，就构成了光电倍增管。光电倍增管的工作原理建立在光电发射和二次发射的基础之上。工作时，倍增极电位是逐级增高的，当入射光照射光电阴极 K 时，立刻有电子逸出，逸出的电子受到第一倍增极 D1 正电位作用，使之加速打在第一倍增极 D1 上，产生二次电子发射。同理，第一倍增极 D1 发射的电子在第二倍增极 D2 更高正电位作用下，再次被加速打在第二倍增极 D2 上，第二倍增极 D2 又会产生二次电子发射，这样逐级前进直到电子被阳极 A 收集为止。通常光电倍增管的阳极与阴极间的电压为 1 000~2 500 V，两个相邻倍增电极的电位差为 50~100 V，其灵敏度比普通真空光电管高几万到几百万倍，因此在很微弱的光照下也能产生很大的光电流。

光电倍增管的主要特性包括倍增系数、阴极灵敏度、总灵敏度、光谱特性、暗电流及本底电流。

（1）倍增系数。倍增系数 M 等于各倍增电极的二次电子发射电子 δ_i 的乘积。如果 n 个

倍增电极的 δ_i 都一样，则 $M=\delta_i^n$，因此，阳极电流 I 为

$$I=i\delta_i^n \tag{4-83}$$

式中，i 为光电阴极的光电流。

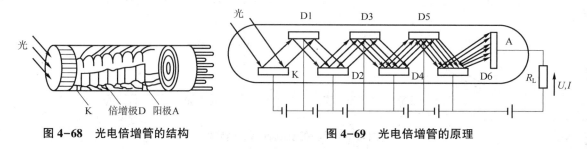

图 4-68　光电倍增管的结构　　　　图 4-69　光电倍增管的原理

（2）阴极灵敏度和总灵敏度。一个光子在阴极上能够打出的平均电子数叫作光电阴极的灵敏度。一个光子在阳极上产生的平均电子数叫作光电倍增管的总灵敏度。光电倍增管的放大倍数或总灵敏度如图 4-70 所示。极间电压越高，灵敏度越高；但极间电压也不能太高，太高反而会使阳极电流不稳。另外，由于光电倍增管的灵敏度很高，所以不能受强光照射，否则将会损坏。

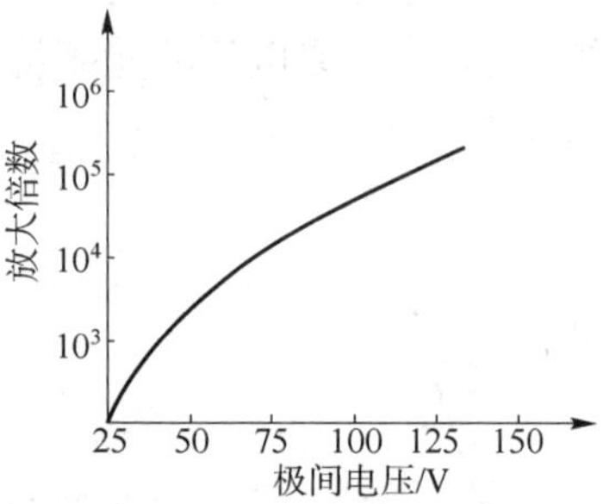

图 4-70　光电倍增管的放大倍数或总灵敏度

（3）光谱特性。光电倍增管的光谱特性与相同材料光电管的光谱特性很相似。对各种不同波长区域的光，应选用不同材料的光电阴极。

（4）暗电流及本底电流。当光电倍增管不受光照但极间加入电压时，在阳极上会收集到电子，这时的电流称为暗电流。如果光电倍增管与闪烁体放在一起，在完全避光情况下，出现的电流称为本底电流，其值大于暗电流。增加的部分是宇宙射线对闪烁体的照射而使其激发，被激发的闪烁体照射在光电倍增管上而造成的。本底电流具有脉冲形式，因此，也称为本底脉冲。

2. 内光电效应

物体受光照射后，其内部的原子释放出电子并不逸出物体表面，而仍留在内部，使物体的电阻率发生变化或产生光电动势的现象称为内光电效应，前者称为光电导效应，后者称为光生伏特效应。基于光电导效应的光电元件有光敏电阻、光敏二极管、光敏晶体管及光敏晶闸管等。基于光生伏特效应的光电元件有光电池等。

这里主要介绍光敏电阻和光电池。

1）光敏电阻

在半导体光敏材料两端装上电极引线，将其封装在带有透明窗的管壳里就构成光敏电阻。为了增加灵敏度，两电极常做成梳状。光敏电阻的结构和图形符号如图 4-71 和图 4-72 所示。构成光敏电阻的材料有金属硫化物（如 CdS）、硒化物、碲化物等半导体。半导体的导电能力取决于半导体载流子数目的多少。当光敏电阻受到光照时，若光子能量大于该半导体材料的禁带宽度，则价带中的电子吸收光子能量后，跃迁到导带成为自由电子，同时产生空穴，电子-空穴对的出现使电阻率变小。光照越强，光生电子-空穴对就越多，阻值就越

低。入射光消失，电子-空穴对逐渐复合，电阻也逐渐恢复原值。光敏电阻未受光照时的阻值称为暗电阻，受强光照射时的阻值称为亮电阻。暗电阻越大，亮电阻越小，灵敏度越高。

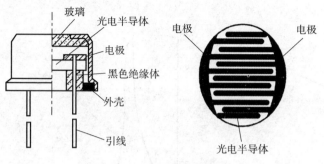

图 4-71　光敏电阻的结构

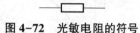

图 4-72　光敏电阻的符号

光敏电阻的灵敏度易受湿度的影响，因此要将光电导体严密封装在玻璃壳体中。如果把光敏电阻连接到外电路中，在外加电压的作用下，用光照射就能改变电路中电流的大小，其工作电路如图 4-73 所示。

此外，温度对光敏电阻也有较大影响，温度上升，暗电阻减小，暗电流增大，灵敏度下降，这是光敏电阻的一大缺点。

光敏电阻的主要特性包括伏安特性、光照特性、光谱特性、响应时间、频率特性和温度特性。

（1）伏安特性。在光敏电阻两端所加电压和其内部通过的电流的关系曲线，称为光敏电阻的伏安特性。一般光敏电阻如硫化铅、硫化铊的伏安特性曲线如图 4-74 所示。当光照一定时，其阻值与外加电压无关；所加的电压越高，光电流越大（线性），而且没有饱和现象。在给定的电压下，光电流的数值将随光照增强而增大。

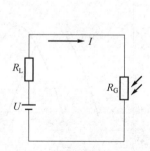

图 4-73　光敏电阻的工作电路

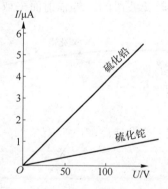

图 4-74　光敏电阻的伏安特性

（2）光照特性。光敏电阻的光照特性用于描述光电流和光照强度之间的关系，绝大多数光敏电阻光照特性曲线是非线性的，如图 4-75 所示。不同光敏电阻的光照特性是不同的，一般光照越强，光电流越大。由于光敏电阻光照特性的非线性，光敏电阻不宜作线性测量元件，一般用作开关式光电转换器。

（3）光谱特性。对于不同波长的入射光，光敏电阻的灵敏度是不同的。几种常用光敏电阻材料的光谱特性如图 4-76 所示。从图 4-76 中看出，硫化镉的峰值在可见光区域，而硫化铅的峰值在红外区域。因此在选用光敏电阻时，应该把元件和光源的种类结合起来考虑，才能获得满意的结果。

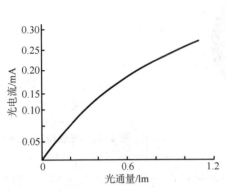

图 4-75 光敏电阻的光照特性

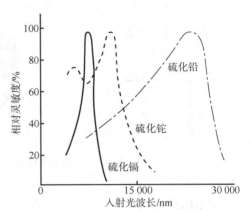

图 4-76 几种常用光敏电阻的光谱特性

（4）响应时间和频率特性。光敏电阻的光电流不能立刻随着光照量的改变而立即改变，即光敏电阻产生的光电流有一定的惰性，这个惰性通常用时间常数来描述。所谓时间常数即为光敏电阻自停止光照起到电流下降为原来的 63% 所需要的时间，因此，时间常数越小，响应越迅速，但大多数光敏电阻的时间常数都较大，这是它的缺点之一。图 4-77 所示为硫化镉和硫化铅光敏电阻的频率特性。硫化铅的使用频率范围最大，其他都较差。目前正在通过工艺改进达到改善各种材料光敏电阻的频率特性。

（5）温度特性。随着温度不断升高，光敏电阻的暗电阻和灵敏度都要下降，同时温度变化也影响它的光谱特性。图 4-78 所示为硫化铅光敏电阻的温度特性。从图 4-78 中可以看出，它的峰值随着温度上升向波长短的方向移动，因此有时为了提高元件的灵敏度，或为了能够接收较长波段的红外辐射而采取一些制冷措施。

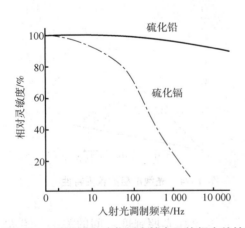

图 4-77 硫化镉和硫化铅光敏电阻的频率特性

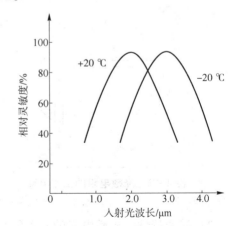

图 4-78 硫化铅光敏电阻的温度特性

2）光电池

光电池是利用光生伏特效应把光直接转变成电能的器件，又称为太阳能电池。它是基于光生伏特效应制成的，是自发电式有源元件。它有较大面积的 PN 结，当光照射在 PN 结上时，在结的两端出现电动势，有光线作用时就是电源。

光电池的命名方式是把光电池的半导体材料的名称冠于光电池之前，如硒光电池、砷化镓光电池、硅光电池等。目前应用最广、最有发展前途的是硅光电池。硅光电池的结构和工作原理如图 4-79 所示。在一块 N 型硅片上用扩散的方法掺入一些 P 型杂质如硼，形成 PN 结。当光照到 PN 结区时，如果光子能量足够大，将在结区附近激发出电子-空穴对，在 N 区聚积负电荷，P 区聚积正电荷，这样 N 区和 P 区之间出现电位差。若将 PN 结两端用导线连起来，电路中有电流流过，电流的方向由 P 区流经外电路至 N 区。若将外电路断开，就可测出光生电动势。光电池的标识符号、基本电路及等效电路如图 4-80 所示。

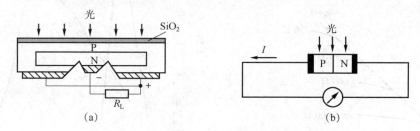

图 4-79　硅光电池的结构和工作原理
(a) 结构；(b) 工作原理

光电池的主要特性包括光照特性、光谱特性、频率特性、温度特性和稳定性。

(1) 光照特性。光电池在不同的光强照射下可产生不同的光电流和光生电动势。硅光电池的光照特性如图 4-81 所示。从曲线可以看出，短路电流在很大范围内与光强呈线性关系。开路电压随光强变化是非线性的，并且当照度在 2 000 lx 时就趋于饱和了。因此把光电池作为测量元件时，应把它当作电流源的形式来使用，不宜用作电压源。

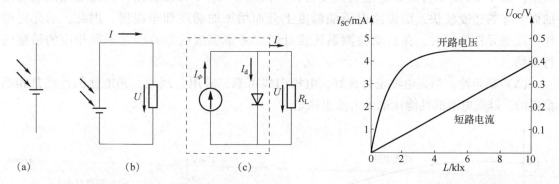

图 4-80　光电池标识符号、基本电路及等效电路
(a) 标识符号；(b) 基本电路；(c) 等效电路

图 4-81　硅光电池的光照特性

所谓光电池的短路电流，是反映外接负载电阻相对于光电池内阻很小时的光电流。而光电池的内阻是随着照度增加而减小的，所以在不同照度下可用大小不同的负载电阻为近似"短路"条件。从实验中知道，负载电阻越小，光电流与照度之间的线性关系越好，且线性范围越宽。对于不同的负载电阻，可以在不同的照度范围内，使光电流与光强保持线性关系。所以应用光电池作测量元件时，所用负载电阻的大小，应根据光强的具体情况而定。总

之，负载电阻越小越好。图4-82所示为硒光电池接不同负载电阻时的光照特性。

（2）光谱特性。光电池对不同波长的光的灵敏度是不同的。图4-83所示为硅光电池和硒光电池的光谱特性曲线。从图4-83中可知，不同材料的光电池，光谱响应峰值所对应的入射光波长是不同的，硅光电池在 0.8 μm 附近，硒光电池在 0.5 μm 附近，硅光电池的光谱响应波长范围为 0.4~1.2 μm，而硒光电池的范围只能为 0.38~0.75 μm，可见硅光电池可以在很宽的波长范围内应用。

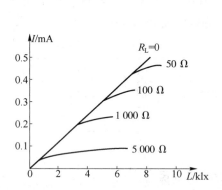

图4-82 硒光电池接不同负载电阻时的光照特性

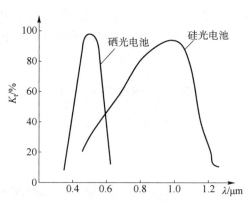

图4-83 硅光电池和硒光电池的光谱特性曲线

（3）频率特性。光电池的频率特性是反映光的交变频率和光电池输出电流的关系，如图4-84所示。从曲线可以看出，硅光电池有很高的频率特性，可用于高速计数、有声电影等方面。这是硅光电池在所有光电元件中最为突出的优点。

（4）温度特性。光电池的温度特性是指光电池的开路电压和短路电流随温度变化的关系，图4-85所示为硅光电池的温度特性。由图4-85中可以看出，开路电压随温度增加而下降的速度较快，而短路电流随温度上升而增加的速度却很缓慢。因此，当光电池作为敏感元件使用时，在自动检测系统设计时应考虑温度的漂移，并采取相应的措施进行补偿。

（5）稳定性。当光电池密封良好，电极引线可靠、应用合理时，光电池的性能是相当稳定的。硅光电池的性能比硒光电池更稳定。

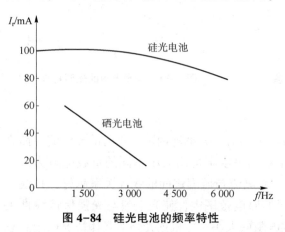

图4-84 硅光电池的频率特性

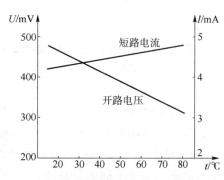

图4-85 硅光电池的温度特性

4.4.3 测量电路

按光电元件（光学测控系统）输出量性质可分为两类：模拟式光电传感器和脉冲（开关）式光电传感器。

1. 模拟式光电传感器

模拟式光电传感器是将被测量转换成连续变化的光电流，它与被测量间成单值关系。模拟式光电传感器按测量方法可以分为辐射式、吸收（透射）式、反射式和遮光式4大类，如图4-86所示。

辐射式光电传感器，被测物体本身就是辐射源，它可以直接照射在光电元件上，也可以经过一定的光路后作用在光电元件上。光电高温计、比色高温计、红外侦察和红外遥感等均属于这一类。这种方式也可以用于防火报警和构成光照度计等。

吸收式光电传感器，被测物体位于恒定光源与光电元件之间，根据被测物对光的吸收程度或对其谱线的选择来测定被测参数。如测量液体、气体的透明度、混浊度，对气体进行成分分析，测定液体中某种物质的含量等。

反射式光电传感器，恒定光源发出的光投射到被测物体上，被测物体把部分光通量反射到光电元件上，根据反射的光通量多少测定被测物表面状态和性质，例如测量零件的表面粗糙度、表面缺陷、表面位移等。

遮光式光电传感器，被测物体位于恒定光源与光电元件之间，光源发出的光通量经被测物遮去其一部分，使作用在光电元件上的光通量减弱，减弱的程度与被测物在光学通路中的位置有关，利用这一原理可以测量长度、厚度、线位移、角位移、振动等。

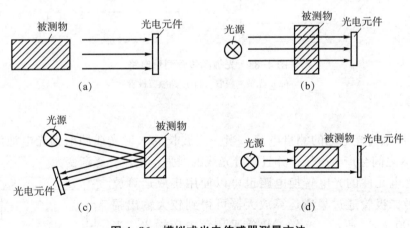

图4-86 模拟式光电传感器测量方法
（a）辐射式；（b）吸收式；（c）反射式；（d）遮光式

2. 脉冲式光电传感器

脉冲（开关）式光电传感器中，光电元件接收的光信号是断续变化的，因此光电元件处于开关工作状态，它输出的光电流通常是只有两种稳定状态的脉冲形式的信号，多用于光电计数和光电式转速测量等场合。

由光源、光学通路和光电器件组成的光电式传感器在用于光电检测时，还必须配备适当的测量电路。测量电路能够把光电效应造成的光电元件电性能的变化转换成所需要的电压或电流。不同的光电元件，所要求的测量电路也不相同。下面介绍几种半导体光电元件常用的测量电路。

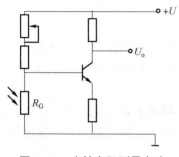

图 4-87　光敏电阻测量电路

半导体光敏电阻可以通过较大的电流，所以在一般情况下无须配备放大器。在要求较大的输出功率时，可用图 4-87 所示的测量电路。

图 4-88（a）所示为带有温度补偿的光敏二极管桥式测量电路。当入射光强度缓慢变化时，光敏二极管的反向电阻也是缓慢变化的，温度的变化将造成电桥输出电压的漂移，因此必须进行补偿。图 4-88（a）中一个光敏二极管作为检测元件，另一个装在暗盒里置于相邻桥臂中，温度的变化对两只光敏二极管的影响相同，因此，可消除桥路输出温度的漂移。

光敏三极管在低照度入射光下工作或者希望得到较大的输出功率时，可以配以放大电路，如图 4-88（b）所示。

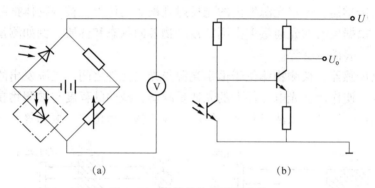

图 4-88　光敏晶体管测量电路
（a）光敏二极管；（b）光敏三极管

图 4-89 所示为光电池的测量电路，当一定波长的入射光线照射到光电池的 PN 结时，在 P 区和 N 区之间会产生电压，并且随着光线的增强，电压会逐渐变大。

半导体光电元件的光电转换电路也可以使用集成运算放大器。硅光敏二极管通过集成运算放大器可得到较大输出幅度，如图 4-90（a）所示。光敏二极管采用负电压输入，当受到光线照射时，PN 结导通，光线的强弱会影响运算放大器的放大倍数。

图 4-90（b）所示为硅光电池的光电转换电路，由于光电池的短路电流和光照呈线性关系，因此将它接在运算放大器的正、反相输入端之间，利用这两端电位差接近于零的特点，可以得到较好的效果。

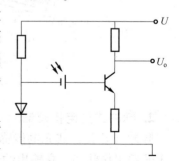

图 4-89　光电池的测量电路

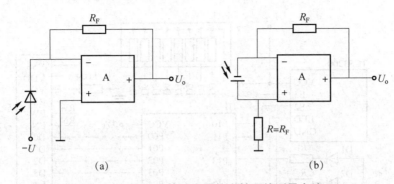

图 4-90 使用运算放大器的光敏元件测量电路
(a) 光敏二极管输出信号放大电路；(b) 硅光电池的光电转换电路

4.4.4 应用举例

为实现铅笔颜色自动化测量与分选，使用 STC89C52 为主控芯片，TCS3200 传感器为颜色采集模块，采集铅笔的颜色并以 R、G、B 分量形式输出数字信号传给主控芯片进行处理，LCD 显示模块展示颜色检测结果和 R、G、B 分量值，LED 指示模块实时展示系统目前的运行状态，系统原理如图 4-91 所示。

图 4-91 系统原理

颜色采集模块的核心硬件采用 TCS3200 传感器，此传感器的芯片集成了 64 个硅光电二极管，根据光电二极管滤光颜色的不同分为 4 种类型，其中，有红色、绿色和蓝色滤波器各 16 个，使得只有对应的颜色光能够通过滤波器，从而分别检测出 R、G、B 的信号，其余 16 个光电二极管无滤波器，作为检测参考量，允许任何颜色光通过。传感器将彩色铅笔的颜色光信号转换为方波频率信号，且输出量为数字信号，当采集颜色信息时，利用微处理器控制 S2、S3 两个引脚不同的选通组合，可以选择不同的滤波器得到不同颜色的分量值。因彩色铅笔不发光，传感器四周布置 4 个 LED 灯作为补偿光源，理论上看作白色光源，用于检测不发光物体的颜色。系统电路如图 4-92 所示。数据处理模块核心硬件采用 STC89C52 芯片控制 TCS3200 传感器的片选信号，接收传感器的方波频率信号进行分析计算分别得到 R、G、B 分量值，在检测颜色之前执行白平衡标定，定义白色。控制 LCD 显示模块，达到颜色检测、分选彩色铅笔的工作要求。LCD 显示模块选择 LCD1602 液晶显示器，用于显示各颜色分量值及颜色结果。LED 指示模块由 3 个 LED 灯组成，3 个灯分别代表 R、G、B 分量采集的运行状态。

✍ 知识点归纳：

光电式传感器是以光电元件作为转化元件，将被测非电量通过光量的变化再转化成电量的传感器。

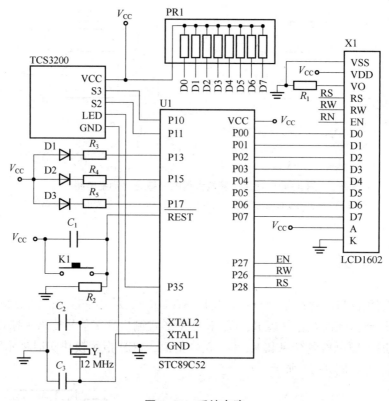

图 4-92 系统电路

（1）光电效应传感器的物理基础是光电效应，光电效应一般包括外光电效应和内光电效应。内光电效应又分为光电导效应和光生伏特效应。

（2）基于外光电效应的光电元件有光电管和光电倍增管等，基于光电导效应的光电元件有光敏电阻、光敏二极管、光敏晶体管及光敏晶闸管等，基于光生伏特效应的光电元件有光电池等。

（3）光电效应传感器的测量电路主要包括光敏电阻测量电路、光敏晶体管测量电路、光电池测量电路和使用运算放大器的光敏元件测量电路。

☑ 课后思考：

（1）什么是光电效应？

（2）请简述光电式传感器的组成及其优点。

工作页

学习任务：	光电式传感器的认知与应用	姓名：	
学习内容：	光电式传感器的工作原理及应用	时间：	

※信息收集
基本概念
（1）温度上升，光敏电阻、光敏二极管、光敏三极管的暗电流（　　）。
A. 上升　　　　　B. 下降　　　　　C. 不变
（2）普通型硅光电池的峰值波长为（　　），落在（　　）区域。
A. 0.8 m　　　　B. 8 mm　　　　C. 0.8 μm　　　　D. 0.8 nm
E. 可见光　　　　F. 近红外光　　　G. 紫外光　　　　H. 远红外光
（3）欲精密测量光的照度，光电池应配接（　　）。
A. 电压放大器　　B. A/D 转换器　　C. 电荷放大器　　D. I/U 转换器
（4）欲利用光电池为手机充电，需将数片光电池（　　）起来，以提高输出电压，再将几组光电池（　　）起来，以提高输出电流。
A. 并联　　　　　B. 串联　　　　　C. 短路　　　　　D. 开路

※**能力扩展**
分析及计算
图 4-93 所示为光电元件的两个基本应用电路，试分析及计算电路的输出电压 U_o。

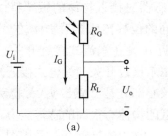
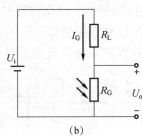

图 4-93　光电元件的应用电路
（a）电路一；（b）电路二

本节总结：

以上问题是否全部理解。是□　否□

确认签名：_____　日期：_____

任务 4.5　接近开关的认知与应用

> 知识目标：1. 掌握接近开关的工作原理。
> 　　　　　2. 熟悉接近开关的工作电路。
> 　　　　　3. 了解接近开关的应用。
> 能力目标：能够正确选取和使用接近开关。
> 思政目标：通过接近开关的介绍，培养对理论知识活学活用、探索创新的品质。

在物料分拣系统中，有一种对接近它的物体具有感知能力的元件，这就是常说的接近开关。接近开关正是利用对接近物体的敏感特性达到控制开关"通"或"断"的目的。

📖 问题引导1：什么是接近开关？都包括哪些？

4.5.1　定义及分类概述

传感器依据其输出量不同可以分为开关量传感器、模拟量传感器和数字量传感器三大类。

接近开关是一种开关量传感器，输出简单的开关量信号（"1"或"0"，"通"或"断"），又称无触点行程开关，利用位移传感器对接近物体的敏感特性制成。因为位移传感器可以根据不同的原理和方法制得，且不同的位移传感器对物体的"感知"方法也不同，所以常见的接近开关有以下几种：电感式接近开关（涡流式接近开关）、电容式接近开关、霍尔接近开关和光电式接近开关等。接近开关的核心部分是"感辨头"，也称探头，它对正在接近的物体有很高的感辨能力。

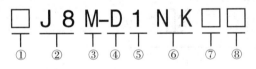

图 4-94　常用的接近开关命名方式

常用的接近开关采用图 4-94 所示的方式命名。其中，各个标识的含义如表 4-3 所示。

表 4-3　常用的接近开关命名标识的含义

序号	分类	标记	含义
①	开关种类	无标记/Z	电感式/电感式自诊断
		C/CZ	电容式/电容式自诊断
		N	NAMUR 安全开关
		X	模拟式
		F	霍尔式
		V	舌簧式

续表

序号	分类	标 记	含 义
②	外形代号	J	螺纹圆柱形
		B	圆柱形
		Q	角柱形
		L	方形
		P	扁平形
		E	矮圆柱形
		U	槽形
		G	组合形
		T	特殊形
③	安装方式	无标记	非埋入式（非齐平安装式）
		M	埋入式（齐平安装式）
④	电源电压	A	交流 20~250 V
		D	直流 10~30 V（模拟量：15~30 V）
		DB	直流 10~65 V
		W	交直流 20~250 V
		X	特殊电压
⑤	检测距离	0.8~120 mm	以开关的感应距离为准
⑥	输出状态	K	二线常开
		H	二线常闭
		C	二线开闭可选
		SK	交流三线常开
		SH	交流三线常闭
		ST	交流三线开+闭
		NK	三线 NPN 常开
		NH	三线 NPN 常闭
		NC	三线 NPN 开闭可选
		PK	三线 PNP 常开
		PH	三线 PNP 常闭
		PC	三线 PNP 开闭可选
		Z	三线 NPN、PNP 开闭全能转换
		GT	交流四线开+闭
		NT	四线 NPN 开+闭
		PT	四线 PNP 开+闭
		J	五线继电器输出
		X	特殊形式

续表

序号	分类	标记	含义
⑦	连接方式	无标记	1.5 m 引线
		A2	2 m 引线（A3 为 3 m，以此类推）
		B	内接线端子
		C2	CX16 二芯航插（C5 为五芯，以此类推）
		F	塑料螺纹四芯插
		G	金属螺纹四芯插
		Q	塑料四芯插
		S2	CS12 二芯航插（C5 为五芯，以此类推）
		L	M8 三芯插
		R	S3 多功能插
		E	特殊接插件
⑧	感应面方向	无标记	对端
		Y	左端
		W	右端
		S	上端
		M	分离式

接近开关中涉及的术语包括动作距离、复位距离、动作滞差、额定工作距离、重复定位准确度（重复性）、动作频率、标准检测体、安装方式、响应频率、响应时间、输出状态、输出形式和导通压降等。

(1) 动作距离：当被测物由正面靠近接近开关的感应面时，使接近开关动作（输出状态变为有效状态）的距离。

(2) 复位距离：当被测物由正面离开接近开关的感应面，接近开关转为复位时，被测物离开感应面的距离。

(3) 动作滞差：复位距离与动作距离之差。动作滞差越大，则抗机械振动干扰的能力越强，但动作准确度越差。

(4) 额定工作距离：额定工作距离指接近开关在实际使用中被设定的安装距离。在此距离内，接近开关不受温度变化、电源波动等外界干扰而产生误动作。注意：额定工作距离应小于动作距离，但不能设置得太小，否则可能无法复位。实际应用中，较为可靠的额定工作距离约为动作距离的 75%。

(5) 重复定位准确度（重复性）：多次测量的最大动作距离的平均值。其数值的离散性的大小一般为最大动作距离的 1%~5%。离散性越小，重复定位准确度越高。

(6) 动作频率：每秒连续不断地进入接近开关的动作距离后又离开的被测物个数或次数。当接近开关的动作频率太低而被测物运动太快时，接近开关就会来不及响应物体的运动状态，从而造成漏检。

(7) 标准检测体：与现场被检物做比较的标准检测体。标准检测体通常为正方形的 A3 钢，厚度为 1 mm，所采用的边长是接近开关检测面直径的 2.5 倍。

(8) 安装方式：如图4-95所示，齐平式（又称埋入型）的接近开关表面可与被安装的金属物件形成同一表面，不易被碰坏，但灵敏度较低；非齐平式（非埋入安装型）的接近开关则需要把感应头露出一定高度，否则将降低灵敏度。

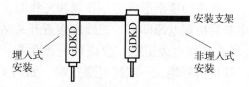

图4-95 常用的接近开关安装方式

(9) 响应频率：在1 s的时间间隔内，接近开关能够响应的动作循环的最大次数，重复频率大于该值时，接近开关无反应。

(10) 响应时间：接近开关检测到物体时间到接近开关出现电平状态翻转的时间之差。可用公式 $t=1/f$ 换算，式中，f 为响应频率。

(11) 输出状态：当无检测物体时，对常开型接近开关而言，由于接近开关内部的输出晶体管截止，所接的负载不工作（失电）；当检测到物体时，内部的输出级NPN晶体管导通，负载得电工作。对常闭型接近开关而言，当未检测到物体时，输出级的PNP晶体管与电压导通状态，接地的负载得电工作；反之则负载失电。

(12) 输出形式：接近开关的输出形式包括直流NPN三线制、直流NPN四线制、直流PNP三线制、直流PNP四线制、直流二线制、交流二线制、交流三线制，以及交流、直流五线制带继电器输出型等，如图4-96所示。

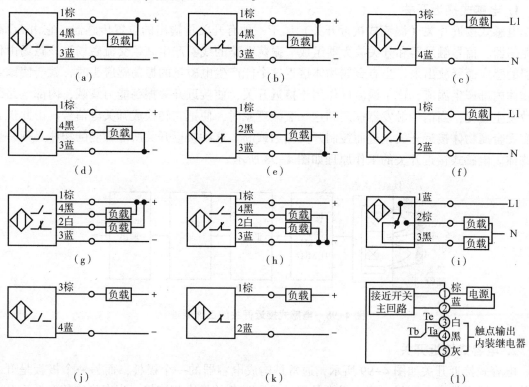

图4-96 接近开关的输出形式

(a) 直流NPN三线制常开型；(b) 直流NPN三线制常闭型；(c) 交流二线制常开型；
(d) 直流PNP三线制常开型；(e) 直流PNP三线制常闭型；(f) 交流二线制常闭型；
(g) 直流NPN四线制常开+常闭型；(h) 直流PNP四线制常开+常闭型；(i) 交流三线制常开+常闭型；
(j) 直流二线制常开型；(k) 直流二线制常闭型；(l) 交流、直流五线制继电器输出型常用的输出形式为二线制和三线制。二线制接近开关的接线比较简单,接近开关与负载串联后接到电源即可。三线制接近开关又分为 NPN 型和 PNP 型。在三线制接近开关中,红(棕)线接电源正端;蓝线接电源负端;黄(黑)线为信号端。NPN 型接近开关的负载,一端接信号端,一端接电源正端,如图 4-96 的 (a) 所示;PNP 型接近开关的负载,一端接信号端,一端接到电源负端,如图 4-96 的 (d) 所示。

(13) 导通压降:接近开关在导通状态时,开关内部的输出三极管集电极与发射极之间的电压降。额定工作电流时,导通压降约为 0.3 V。图 4-97 所示为 NPN 型输出的接近开关导通压降示意图。

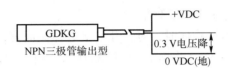

图 4-97　NPN 型输出的接近开关导通压降示意图

4.5.2　工作原理

1. 电感式接近开关

电感式接近开关(涡流式接近开关)属于一种有开关量输出的位置传感器,它由 LC 高频振荡器、信号触发器和开关放大器组成。振荡电路的线圈产生高频交流磁场,该磁场由传感器的感应面释放出来。当有金属物体接近这个能产生电磁场的振荡感应头时,就会使该金属物体内部产生涡流,这个涡流反作用于接近开关,使接近开关振荡能力衰减,内部电路的参数发生变化,当信号触发器探测到这一衰减现象时,便把它转换成开关电信号。由此识别出有无金属物体接近开关,进而控制开关的通或断。这种接近开关所能检测的物体必须是金属物体。电感式接近开关的工作原理如图 4-98 所示。

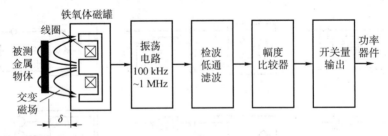

图 4-98　电感式接近开关的工作原理

2. 电容式接近开关

电容式接近开关如图 4-99 所示,通常是构成电容器的一个极板,而另一个极板是开关的外壳。这个外壳在测量过程中通常是接地或与设备的机壳相连接。当有物体移向接近开关时,不论它是否为导体,由于它的接近,总会使电容的介电常数发生变化,从而使电容量发生变化,等效电容 C 增大到设定数值后,RC 振荡器电路起振。输出电压 u_o 经二极管检波和低通滤波器,得到正半周的平均值。再经直流电压放大电路放大后,U_{o1} 与基准电压 U_R 进行比较。若 U_{o1} 超过基准电压时,比较器翻转,输出动作信号(高电平或低电平),进而控制开关的通或断，从而起到了检测有无物体靠近的目的。这种接近开关检测对象不限于导体，可以是绝缘的液体或粉状物等。

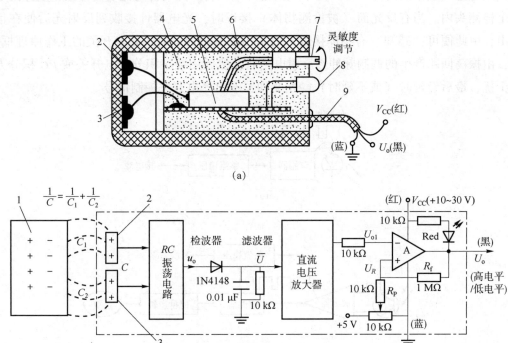

图 4-99 电容式接近开关

(a) 结构；(b) 电路

1—被测物；2—上检测极板（或内圆电极）；3—下检测极板（或外圆电极）；4—充填树脂；5—测量转换电路板；6—塑料外壳；7—灵敏度调节电位器 R_P；8—动作指示灯；9—电缆；U_R—比较器的基准电压

思考讨论：R_P 的作用是什么呢？

3. 霍尔接近开关

霍尔元件是一种磁敏元件，利用霍尔元件做成的开关叫作霍尔接近开关。当磁性物体接近霍尔接近开关时，开关检测面上的霍尔元件因产生霍尔效应而使开关内部电路状态发生变化，由此识别附近有磁性物体存在，进而控制开关的通或断。这种接近开关的检测对象必须是磁性物体。图 4-100 所示为霍尔接近开关的内部结构及转移特性，图中将霍尔元件、稳压电路、放大器、施密特触发器和集电极开路输出门（OC 门）等电路做在同一个芯片上。当外加磁场强度超过规定的工作点时，OC 门由高阻态变为导通状态，输出变为低电平；当外加磁场强度低于释放点时，OC 门重新变为高阻态，输出高电平。

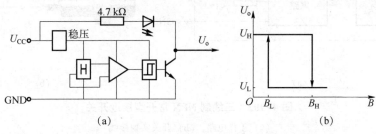

图 4-100 霍尔接近开关的内部结构及转移特性

(a) 霍尔接近开关的内部结构；(b) 输入/输出转移特性

4. 光电式接近开关

利用光电效应做成的开关称为光电式接近开关。将发光器件与光电器件按一定方向装在同一个检测头内。当有反光面（被检测物体）接近时，光电器件接收到反射光后便在信号端输出，由此便可"感知"有物体接近。图 4-101 所示为反射式光电开关的工作原理框图。其中，由振荡回路产生的调制脉冲经反射电路后，然后用数字积分光电开关或 RC 积分方式排除干扰，最后经延时（或不延时）触发驱动器输出光电开关控制信号。

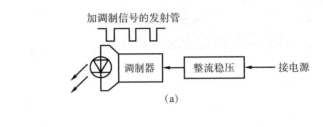

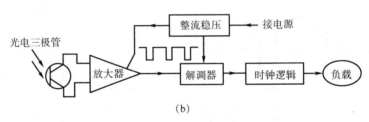

图 4-101 反射式光电接近开关工作原理框图

(a) 发射器；(b) 接收器

4.5.3 工作电路

1. 三线制 NPN 常开型接近开关

工作原理：三线制 NPN 常开型接近开关工作电路和开关实物接线如图 4-102 所示。OUT 端与 GND 端的压降 U_{ces} 约为 0.3 V，流过继电器 KA 的电流 $I_{KA} = (V_{CC} - 0.3)/R_{KA}$。若 I_{KA} 大于继电器 KA 的额定吸合电流，则继电器 KA 能够可靠吸合。

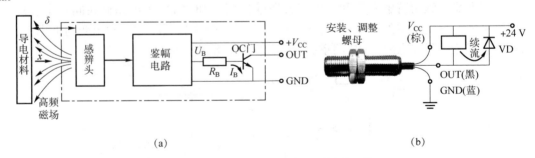

图 4-102 三线制 NPN 常开型接近开关

(a) 工作电路；(b) 开关实物接线

例题4-4：接近开关的电路分析

某一接近开关如图4-102所示，其最大阻性输出电流$I_{KA}=300$ mA，工作电压$V_{CC}=24$ V，求：最小负载电阻（最大负载）R_{min}。

解：$R_{min}=(V_{CC}-0.3)/I_{KA}=(24-0.3)/0.3=79$（Ω）。若负载为感性，应大于此值的一倍，工作电流减为50%以下，且应在感性负载两端并联续流二极管，反向接法，如图4-102所示。

讨论：图4-102（b）所示二极管的作用？

为了使接近开关能更可靠地工作，接近开关设计时，会使其具有施密特特性。结合图4-102和图4-103，当被测物体未靠近接近开关时，基极电压$U_B=0$，OC门的基极电流$I_B=0$，OC门截止，输出OUT端为高阻态（接入负载后为接近电源电压的高电平）；当被测体逐渐靠近，到达动作距离δ_{min}时，OC门的输出端对地导通，输出OUT端对地为低电平（约0.3 V）；当被测物体逐渐远离接近开关，到达复位距离δ_{max}时，OC门再次截止，KA失电，就是NPN常开型接近开关的施密特特性。$\Delta\delta$为接近开关的动作滞差（也称为"回差"）。

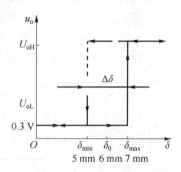

图4-103　NPN常开型接近开关的施密特特性

思考讨论：

（1）表4-4所示为NPN常开型接近开关的施密特特性，以测量金属工件为例，当金属工件从远处逐渐靠近接近开关，到达$\delta_{min}=$ _____ 位置时，开关动作，输出 _____。要想让它翻转回到 _____，则需要让工件倒退至$\delta_{max}=$ _____ 的位置，$\Delta\delta=$ _____。

表4-4　NPN常开型接近开关的施密特特性

距离/mm	∞	5.1	4.9	1.0	6.9	7.1	∞
电平状态	高电平	高电平	低电平	低电平	低电平	高电平	高电平

（2）以图4-104和表4-5所示NPN常闭型接近开关的施密特特性为例，当金属工件从远处逐渐靠近接近开关，输出先是处于 _____ 电平状态，到达$\delta_{min}=$ _____ 位置时，开关动作，输出 _____。要想让它翻转回到 _____，则需要让工件倒退到$\delta_{max}=$ _____ 的位置，$\Delta\delta=$ _____。

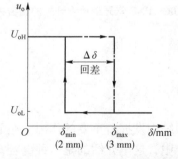

图4-104　NPN常闭型接近开关的施密特特性

表 4-5 NPN 常闭型接近开关的施密特特性

距离/mm	∞	2.1	1.9	1.0	2.9	3.1	∞
电平状态	低电平	低电平	高电平	高电平	高电平	低电平	低电平

2. 三线制 PNP 常开型接近开关

工作原理：三线制 PNP 常开型接近开关工作电路和实物接线图如图 4-105 所示。PNP 型接近开关称为电流流出型开关，负载（KA）接在地线和信号 OUT 端之间，当被测物体未靠近接近开关时，PNP 晶体管（OC 门）截止，OUT 端为高阻态（悬空），输出端与地线等电位，负载不得电。当被测体逐渐靠近，到达动作距离 δ_{min} 时，晶体管导通，此时输出 OUT 端对地为高电平（约 V_{CC}-0.3 V），负载（KA）得电；当被测物体逐渐远离接近开关，到达复位距离 δ_{max} 时，晶体管再次截止，负载（KA）失电，即为 PNP 常开型接近开关的施密特特性，如图 4-106 所示。为了保护 OC 门不至于在断电的瞬间，被电感性负载所产生的过电流所击穿，必须在电感性负载两端并联续流二极管。

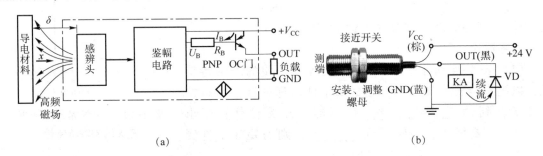

图 4-105 三线制 PNP 常开型接近开关
（a）工作电路；（b）实物接线图

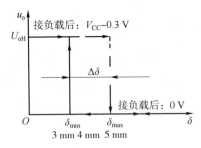

图 4-106 PNP 常开型接近开关的施密特特性

思考：图 4-105（b）中二极管的作用？

4.5.4 应用举例

接近开关在物料自动分拣系统中发挥着重要的作用。在前面的任务中，接近开关以传感器的身份也多次出现在分拣系统中，这里介绍的是一种电容式接近开关的应用。在此例中用电容式接近开关检测非金属容器内物品的存在与否。图 4-107 所示为空包装检测，电容式接近开关检测传动带上的空奶盒。

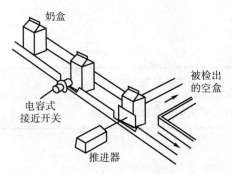

图 4-107 空包装检测

✍ **知识点归纳：**

接近开关是一种开关量传感器，利用位移传感器对接近物体的敏感特性制成。常见的接近开关有以下几种：电感式接近开关（涡流式接近开关）、电容式接近开关、霍尔接近开关和光电式接近开关等。

☑ **课后思考：**

（1）传感器依据其输出量不同可以分为哪几类？
（2）接近开关的输出形式包括哪些，是接触测量还是非接触测量？

工作页

学习任务：	接近开关的认知与应用	姓名：	
学习内容：	接近开关的工作原理及应用	时间：	

※信息收集

基本概念

（1）接近开关可分为_____、_____、_____和_____等类型。

（2）电感式接近开关包括_____、_____和_____三大组成部分。

（3）接近开关中，有一种对接近它的物体有"感知"能力的元件——_____。

（4）霍尔接近开关的检测对象必须是_____物体。

（5）利用_____效应做成的开关称为光电式接近开关。

（6）不能用于接近开关的传感器是（　　）。

A. 电涡流传感器

B. 压电陶瓷传感器

C. 霍尔传感器

D. 光电式传感器

（7）电涡流接近开关可以利用电涡流原理检测出（　　）的靠近程度。

A. 人体　　　　　　　　　　　　B. 水

C. 黑色金属零件　　　　　　　　D. 塑料零件

（8）电容式接近开关能够检测（　　）材质的物体。

A. 塑料

B. 导体

C. 不限于导体，也可检测非导体

D. 人体

（9）接近开关是（　　）传感器。

A. 开关型　　　　B. 手动型　　　　C. 遥控型

原理分析

在带材生产线上，由于带材横向厚度及压辊压力不均等原因，导致带材边缘或纵向标志线与加工机械的中心线不平行或不重合，从而发生带材横向运行偏差，称为"跑偏"。带材"跑偏"时，边缘经常与传送机械发生碰撞，易出现卷边造成废品。需要以带材边缘纵向为基准，实行边缘位置控制进行"纠偏"。图4-108所示为光电式带材跑偏测控系统，用于辅助"纠偏"。请结合图4-108中传感器的安装位置、原理图和电路图对该系统的工作流程予以分析。

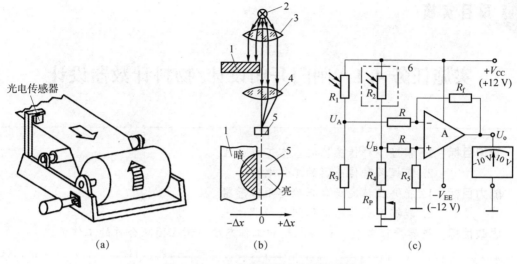

图 4-108 光电式带材跑偏测控系统
(a) 传感器安装位置；(b) 传感器原理图；(c) 传感器电路图
1—被测带材；2—光源；3—透镜1；4—透镜2；5—光敏电阻

本节总结：

以上问题是否全部理解。是□　否□

确认签名：＿＿＿＿＿＿＿＿日期：＿＿＿＿＿＿＿＿

项目实施

实施任务 4.1 闸门开闭设计/物料计数器设计

> **知识目标**：1. 掌握多种传感器的基本工作原理。
> 　　　　　　2. 掌握多种传感器的工作电路。
> **能力目标**：1. 能够在特定场合正确选用传感器。
> 　　　　　　2. 能够完成传感器的组装与调试。
> **思政目标**：培养严谨务实、精益求精的工作态度，树立团队合作的工作意识。

1. 任务解析

1）任务场景

（1）在一些物料自动分拣系统中，设置有若干闸门，避免物料等未按要求进入通道。在一些场合，期望物料靠近闸门时，闸门自动开启，离开后，闸门自动关闭，进一步，借助指示灯来表示闸门的状态（开门或关门），借助继电器实现更好的控制。

（2）为了获知分拣系统中物料的个数，避免人工计数错数、漏数，借助物流计数器来实现自动计数功能。物流计数器的组成如图 4-109 所示，主要由红外发射、红外接收、放大电路、整形电路、BCD 码计数、译码显示、计满输出和稳压电源等模块组成。

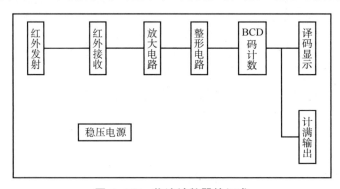

图 4-109　物流计数器的组成

2）核心元器件

（1）红外发射/接收二极管。

红外发射/接收二极管与普通 5 mm 发光二极管外形相同，它们的区别在于红外发射二极管为透明封装，红外接收二极管采用黑胶封装。红外发射二极管工作于正向，电流流过发射二极管时，发射二极管发出红外线，红外接收二极管工作于反向，当没有接收到红外线时呈高阻状态，当接收到红外线时，接收二极管电阻减小。红外发射二极管和红外接收二极管如图 4-110

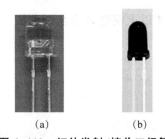

图 4-110　红外发射/接收二极管
(a) 红外发射二极管；(b) 红外接收二极管

所示。

(2) 时基电路 NE555。

时基电路 NE555 是一种具有广泛用途的单片集成电路，外接适当的元件可以轻松地组成多谐振荡器、单稳态触发器、施密特触发器等，在波形产生与变化等诸多领域也有着广泛的应用，因而被称为万能集成电路。NE555 引脚如图 4-111 所示。

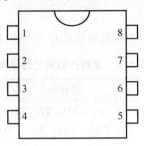

图 4-111　NE555 引脚

1—地 GND：公共接地端为负极；2—触发：低触发端 TR，低于 1/3 电源电压时即导通；
3—输出：输出端 OUT，输出电流可达 200 mA；4—复位：强制复位端，不用时可与电源正极连接或悬空；
5—控制电压：比较器的基准电压，简称控制端 V_{CO}，不用时可悬空或通过 0.01 μF 电容接地；
6—门限（阈值）：高触发端 TH，也称阈值端，高于 2/3 电源电压时截止；
7—放电：放电端 DISC；8—电源电压 V_{CC}。

(3) 二/十进制同步加计数器 CD4518。

CD4518 是一个同步加计数器，在一个封装中含有两个可互换二/十进制计数器，其功能引脚分别为 1~7 和 9~15。CD4518 计数器是单路系列脉冲输入（1脚或2脚；9脚或10脚），4 路 BCD 码信号输出（3脚~6脚；11脚~14脚）。CD4518 引脚排列如图 4-112 所示。其中，CLOCKA、CLOCKB：时钟输入端；RESETA、RESETB：清除端；ENABLEA、ENABLEB：计算允许控制端；Q1A~Q4A、Q1B~Q4B：计算器输出端。

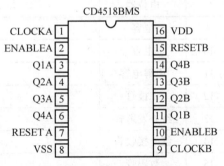

图 4-112　CD4518 引脚排列

CD4518 有两个时钟输入端 CP 和 EN，若用时钟上升沿触发，信号由 CP 输入，此时 EN 端为高电平（1），若用时钟下降沿触发，信号由 EN 输入，此时 CP 端为低电平（0），同时复位端 RESET 也保持低电平（0），只有满足了这些条件，电路才会处于计数状态，否则没办法工作。

(4) 7 段数码管驱动器 CD4511。

CD4511 是一个用于驱动 LED（数码管）显示器的 BCD 码（7 段码）译码器，特点为具有 BCD 转换、消隐和锁存控制、7 段译码及驱动功能的 CMOS 电路能提供较大的拉电流，可直接驱动 LED 显示器。

3）主要工作原理

物料计数器元件清单如表 4-6 所示，物料计数器原理图如图 4-113 所示。电路通电后，红外发射二极管发射的红外线没有射入红外接收二极管中，当物体经过时光线被反射，红外接收二极管导通，此信号通过 Q2 组成的放大电路，对信号进行放大处理，经过处理后的信号进入由 U1 组成的施密特触发电路，将模拟信号转换为脉冲信号，BCD 码加法计数器接收到此信号后，对脉冲上升沿进行加法计数处理，计数电路输出 Q0~Q3 信号，信号分别送入译码显示电路和计满输出电路，译码显示电路由 U3 和 7 段数码管组成，U3 将接收的 BCD 码经过译码后驱动 LED 数码管，使其显示当前计数值，计满输出电路由 R_6、R_7、Q3、Q4 和 K1 等元件组成，当 BCD 码输出为 1001 时继电器 K1 吸合，蜂鸣器响，计数达到 10 件，信号输出启动自动封箱设备。

稳压电路主要由整流滤波电路和三端集成稳压电路组成。

表 4-6 物料计数器元件清单

序号	元件名称	编号	规格
1	测试点	a、b、c、d、e、f、g、GND、T1、T2、T3、T4、T5、T6、T7、T8、TQ0、TQ1、TQ2、TQ3、VCC	PROB
2	三极管	Q2、Q3、Q4	8050
3	电阻	R_2、R_4、R_5、R_6、R_7	10 kΩ
4	电阻	R_8	1 kΩ
5	电阻	R_9	150 Ω
6	电阻	R_{11}、R_{14}、R_{15}、R_{16}、R_{17}、R_{18}、R_{19}、R_{20}	300 Ω
7	电阻	R_{13}	1.5 kΩ
8	电位器	R_{P1}	2 kΩ
9	电容	C_2、C_5、C_6	0.1 μF
10	电容	C_3、C_4、C_7、C_8	104 F
11	电解电容	C_9、C_{12}	470 μF
12	二极管	D5	1N4007
13	红外发射管	TRL	LED
14	红外接收管	REL	LED
15	数码管	DS1	Dpy Red-CC
16	轻触按键	S1	KEY
17	固定孔	G1、G2、G3、G4	PROB
18	跳针	J1、J2	JUMPER
19	继电器	K1	KF3
20	发光二极管	LED1	计满指示红色
21	发光二极管	LED2	电源指示绿色
22	IC	U1	NE555
23	IC	U2	CD4518
24	IC	U3	4511
25	IC	U4	7805
26	蜂鸣器	LS	Bell
27	电源端子	P1	DC 5V IN
28	接线端子	P2	CON3

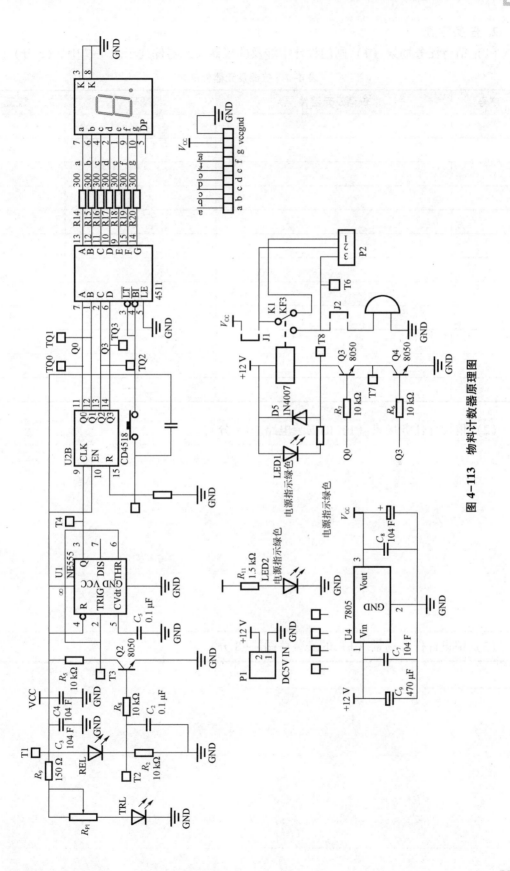

图 4-113 物料计数器原理图

2. 任务实施

(1) 请将任务场景（1）闸门设计中涉及的仪器及元器件列于表 4-7 中。(5 分)

表 4-7　仪器及元器件清单

序号	仪器及元器件	型号	数量

(2) 请设计任务场景（1）的安装电路。(7 分)

(3) 请设计任务场景（1）的安装草图。(8 分)

(4) 请写出在任务场景（1）装配过程中出现的问题。(5 分)

(5) 完成任务场景（2）中元器件的识别与检测。(15 分)

使用万用表检测规定的元器件，把检测结果进行选择及填写在表 4-8 对应的空格中。

表 4-8　元器件的识别与检测

元器件	识别及检测内容			配分	评分标准	评分
电阻器 2 支		测量值		每空 2 分 共计 4 分	检测错误不得分	
	R_3（103）					
	R_{14}（301）					
电容器 1 支	C_2	判断好或坏（在□中用√号表示）		1 分	检测错误不得分	
		□好	□坏			
		类型	介质	2 分	类型、介质各 1 分	
二极管 1 支	D1	正向电阻	反向电阻	2 分	共 2 分	
		判断好或坏（在□中用√号表示）		1 分	检测错误不得分	
		□好	□坏			
三极管 1 支	Q1	判断管型（在□中用√号表示）		2 分	检测错误不得分	
		□PNP 型	□NPN 型			
		判断好或坏（在□中用√号表示）		1 分	检测错误不得分	
		□好	□坏			
		引脚向自己，写出引脚位置 ⊙⊙⊙		2 分	引脚写错不得分	

(6) 完成任务场景（2）中电路板焊接。(共 15 分)

根据给出的物料计数器原理图，并在给出的元件中正确选择所需要的元件，把它们准确地焊接在指定的电路板上。

要求：在电路板上所焊接的元件的焊点大小适中，无漏焊、假焊、虚焊、连焊，焊点光滑、圆润、干净、无毛刺；引脚加工尺寸及成形符合工艺要求；导线长度、剥头长度符合工艺要求，芯线完好，捻头镀锡。

（7）电子产品电路安装。（5分）

正确装配元器件。

要求：电路板上插件位置正确，元器件极性正确，元器件、导线安装及字标方向均应符合工艺要求；接插件、紧固件安装可靠牢固，电路板安装对位；无烫伤和划伤处，整机清洁无污物。

（8）电路的调试与检测（本大项共3小项，共40分）。

要求：根据物料计数器原理图和已按图焊接好的电路板、本项目的各项要求，对电路进行调试与检测。

①调试并实现电路的基本功能。（18分）

请根据表4-9中的技术要求完成电路的调试与功能实现。

表4-9 电路功能实现鉴定

鉴定内容	技术要求	配分	评分标准	得分
实现功能	当物体通过红外线时，计数器加1，当数码管显示为9时，继电器K1吸合，LED亮，同时报警	18分	1. 电源部分能正常工作，能正确输出5 V直流电压，LED2电源指示灯正常点亮。（5分） 2. 红外发射接收电路正常工作。（5分） 3. 由U1、U2和U3组成的计数显示电路能正常工作，按下S1数码管显示归零。（5分） 4. 当数码管显示9时，继电器K1闭合，LED点亮（3分）	

②调试与检测。（15分）

a. 使用毫伏表测量Q1的基极电压为_____V（小数点后2位）。（0.5分）

b. 使用万用表测量C_7两端电压为_____V。（0.5分）

c. K1未闭合时，测量整机工作电流_____mA。（0.5分）

d. 电解电容C_8的作用是_____。（0.5分）

e. 二极管D5的作用是_____。（0.5分）

f. 电路工作正常时，LED2两端电压是_____（0.5分），R_{11}的作用是_____（0.5分），计算R_{11}的实际功耗是_____（1.5分）。

g. 三极管Q3、Q4的输出逻辑关系为_____（与、或、非、与非）。（1分）

h. 电路正常工作时，若D6击穿，C_8端电压_____（升高、降低、不变）。（1分）

i. 电路正常工作时，若R_1开路，C_8电压_____（升高、降低、不变）。（1分）

j. 当K1吸合时，测量Q5和Q1引脚的电压，并将结果填写至表4-10中。（3分，允许少量误差）

表 4-10　Q5 和 Q1 引脚的测量电压

三极管	Q5			Q1		
引脚	C	B	E	C	B	E
电压						

k. 电路在正常工作（无障碍物）时，测量测试点 U1-3 脚波形，并将结果汇总至表 4-11。(4 分)

表 4-11　测试点 U1-3 脚波形测量

波形（2 分）	周期（1 分）	幅度（1 分）
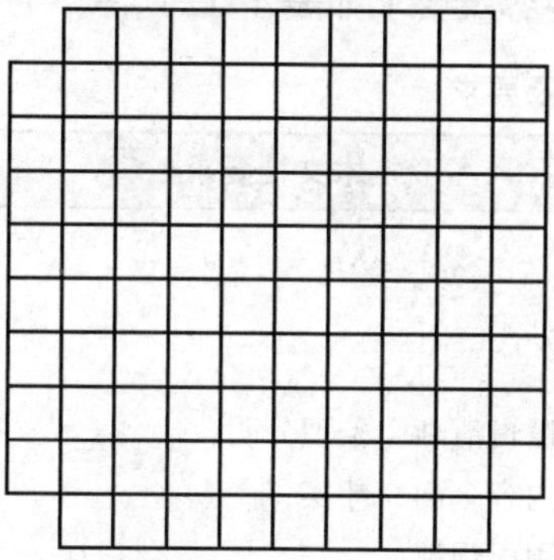	$T=$	$V_{P-P}=$ _____ V

③电路原理和故障分析（7 分）

a. 电路正确安装与调试后，发现计数不是很稳定，容易出现错误计数或者不计数的现象，请仔细根据原理图及 PCB 实物，找出电路故障点的位置是何处？如何解决？(4 分)

b. 目前的物料计数电路是物体经过后（障碍移开后）计数器加 1，试分析电路怎样改进，使物体进入（障碍物刚进入）时加 1？(3 分)

④写出本任务实践活动的收获，从信息获取、收集和任务实施几个方面来描述。

3. 技术文档撰写

在完成上述任务之后，请撰写技术文档，文档撰写内容及要求如表 4-12 所示。

表 4-12　技术文档撰写内容及要求

技术文档内容	技术文档要求
1. 项目方案的选择与制定。 　（1）方案的制定； 　（2）器件的选择。 2. 项目电路的组成及工作原理。 　（1）分析电路的组成及工作原理。 　（2）元件清单与布局图。 3. 项目所用到的仪器、仪表。 4. 项目制作与调试过程中所遇到的问题。 5. 项目收获	1. 文档逻辑清晰、条理分明； 2. 文档内容全面、翔实； 3. 文档用语规范

实施任务 4.2　物料自动分拣系统的组装与调试

> **知识目标**：1. 掌握物料自动分拣系统中多种传感器的基本工作原理。
> 　　　　　　2. 掌握物料自动分拣系统中多种传感器的工作电路。
> **能力目标**：1. 能够依据物料自动分拣系统中特定功能正确选用传感器。
> 　　　　　　2. 能够完成物料自动分拣系统的组装与调试。
> **思政目标**：培养严谨务实、精益求精的工作态度，树立团队合作的工作意识。

1. 任务描述

图 4-114 所示为物料自动分拣系统，请依据其机械、电气图纸和技术要求，完成机械及电气零部件安装、程序的编写和调试。

本任务的内容及要求如表 4-13 所示。

物料分拣系统
的工作流程

项目四 物料自动分拣系统

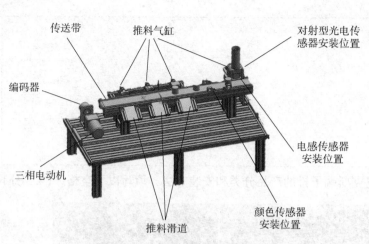

图 4-114 物料自动分拣系统　　分拣系统 PLC 控制电路　　分拣系统主电路

表 4-13 本任务的内容及要求

序号	任务内容	任务要求
1	分析电气原理图	读懂电气原理图，补充图纸/电气元件符号
2	制定电气工作计划	小组讨论并制定合理的工作计划
3	元件安装及电气接线	小组接线，分工合作
4	线路检测	使用万用表对照图纸进行线路检测
5	工具、设备、现场 5S 管理和 TPM 管理	要求每次课后，学生按规定对工具、设备进行 5S 管理，对现场进行 TPM 管理

2. 任务实施

1）信息收集（20 分）

（1）查阅相关资料，列出图 4-115 所示元器件的名称、符号以及作用，阐述图中 C6 标识的含义。(2 分)

图 4-115 相关元器件一

(2) 查阅图4-116所示菲尼克斯端子排的产品分类和安装方法，填写以下空格。(4.5分)

图4-116 菲尼克斯端子排

安装注意事项：

①在组装端子排的时候要注意安装顺序，从左到右依次安装_____、_____、_____。安装三相电源电路采用_____颜色端子，安装零线采用_____颜色端子，安装接地线采用_____颜色端子，不同颜色的端子之间采用_____间隔。(3.5分)

②两个以上的端子若需要短接，可采用_____来短接，无须用导线来进行短接，接地端子由于其内部结构金属片与导轨相连，因此，不需要用_____来短接。(1分)

(3) 查阅并分析表4-14中的元件，写出其名称、作用、安装方法及注意事项。(4分)

表4-14 相关元器件二

	名称： 作用： 安装方法及注意事项：
	名称： 作用： 安装方法及注意事项：

(4) 搜集三相电动机在电气控制中的保护方法。(2分)

(5) 敷设导线时，相线 L 应采用_____颜色的导线，零线 N 应采用_____颜色的导线，接地线 PE 应采用_____颜色的导线。(1.5分)

(6) 查阅资料并列出图 4-117 所示元器件的名称、工作原理以及安装方式。(2分)

图 4-117　相关元器件三

(7) 查阅资料指出西门子 1200 控制器 1215C DC/DC/DC（6ES7 215-1AG40-0XB0）和 1215C DC/DC/Rly（6ES7 215-1HG40-0XB0）的接线区别。(2分)

（8）根据电磁阀符号（图4-118），列出电磁阀的名称以及工作原理。(2分)

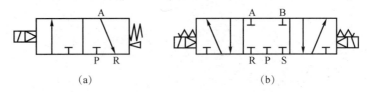

图 4-118 电磁阀

(a) 符号一；(b) 符号二

2）计划与决策（20分）

(1) 工作计划制定。(5分)

小组讨论并制定工作计划，明确工作内容和工作注意事项。工作计划列于表4-15。

表 4-15 工作计划

工作台号：				
序号	工作步骤	设备、工具、辅具、场地	注意事项	工作时间
1				
2				
3				
4				
5				
6				

(2) 工具准备。(5分)

工具使用过程中，不仅要熟悉工具的名称、规格、用途，还需了解工具的保养。工具使用前的检查，也是一项非常重要的工作。请按照表4-16检查工具，若无问题，请打"√"，若有破损，请及时报备。

表4-16 工具检查清单

序号	名称	图示	检查情况
1	剥线钳	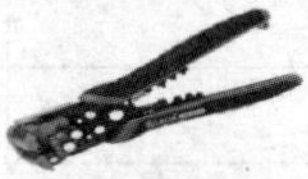	
2	针形端子压线钳		
3	斜口钳		
4	十字螺丝刀		
5	一字螺丝刀		
6	万用表		
7	相序仪		

(3) 备料清单拟定。(5分)

根据电气安装图纸，完成备料清单并做出预算，如表4-17表和4-18所示。

表4-17 电气元件清单（根据提供的电气图纸列出）

序号	名称	型号	数量	单价/元	小计/元	作用

续表

序号	名称	型号	数量	单价/元	小计/元	作用
			总计/元			

表 4-18 耗材清单表

序号	名称	型号/规格	数量	单价/元	小计/元

续表

序号	名称	型号/规格	数量	单价/元	小计/元
		总计/元			

（4）小组计划自检。（5分）

请根据表4-19检查计划及策略的完备性。

表4-19 小组计划自检表

序号	检查点	小组自评	
1	安装工序是否按照安装规范进行	是○	否○
2	各元件是否正常	是○	否○
3	使用的工具是否满足安装规范的要求	是○	否○
4	耗材是否满足要求	是○	否○
5	环保条件是否满足安装规范的要求	是○	否○
6	是否明确安全作业要求	是○	否○
7	小组分工是否合理	是○	否○
8	劳动保护是否达到要求	是○	否○

3）计划实施（30分）

（1）注意事项：

①请按照计划执行，切记不要超时。

②请注意小组合作和沟通，主动与老师、同学进行问题探讨。

③请根据安装规范操作，避免错误的安装和接线。

（2）小组工作开展。（20分）

按照计划和规范开展工作，遵守工作纪律，按时完成任务。

(3) I/O 分配表的制定。(5 分)

根据图纸列出 I/O 分配表见表 4-20。

表 4-20　I/O 分配表

序号	名称	数据类型	地址	注释
1				
2				
3				
4				
5				
6				
7				
8				
9				
10				
11				
12				
13				
14				
15				

(4) 问题记录。(5 分)

记录工作中出现的问题、原因、解决办法及结果。

4) 工作检查 (30 分)

安装完毕后，按照下列各项逐一进行检查。

(1) 电路检查。(8 分)

请依据表 4-21 各检查点进行电路检查，并予以记录。

表 4-21 电路检查

序号	检查点	正常与否	问题记录
1	元器件装配符合专业要求	是〇 否〇	
2	接地保护线连接符合专业要求	是〇 否〇	
3	端子固定牢固（抽样检查）	是〇 否〇	
4	接线按照电路图	是〇 否〇	
5	电线没有损坏	是〇 否〇	
6	导线选择符合要求（截面积、颜色）	是〇 否〇	
7	元器件选择符合要求	是〇 否〇	
8	元器件完好没有损坏	是〇 否〇	
9	接地保护线导通	是〇 否〇	
10	根据图纸用万用表逐点检测，通断符合图纸要求	是〇 否〇	

（2）短路/断路检测。(8 分)

系统上电前，依据表 4-22 各项检测电路中短路、断路情况，并予以记录。

表 4-22 短路/断路检测

序号	测量	内容	正常与否	问题记录
1	三相进线	L1 对 L2	是〇 否〇	
		L1 对 L3	是〇 否〇	
		L2 对 L3	是〇 否〇	
		L1 对 N	是〇 否〇	
		L1 对 PE	是〇 否〇	
2	24 V 控制回路	开关电源正极对负极	是〇 否〇	

（3）电压测量。(8 分)

系统调试前，对电压和相位进行测量并予以记录于表 4-23 中。注意：请先检查所有的过电流保护装置是否都已断电。

表 4-23 电压测量

序号	测量	内容	电压值/V	问题记录
1	三相进线	L1 对 L2		
		L1 对 L3		
		L2 对 L3		
		L1 对 N		
		L1 对 PE		
2	24 V 控制电压	开关电源正极对负极		
3	电源相位检测	L1、L2、L3		

(4) 漏电保护器测试。(6 分)

使用测试按键检测漏电保护器是否脱扣,并予以记录。

漏电保护器脱扣:是○　否○。

3. 技术文档撰写

在完成上述任务之后,请撰写技术文档,文档撰写内容及要求如表 4-24 所示。

表 4-24　技术文档撰写内容及要求

技术文档内容	技术文档要求
1. 项目方案的选择与制定: 　(1) 方案的制定; 　(2) 器件的选择。 2. 项目电路的组成及工作原理: 　(1) 分析电路的组成及工作原理; 　(2) 元件清单与布局图。 3. 项目所用到的仪器、仪表。 4. 项目制作与调试过程中所遇到的问题。 5. 项目收获	(1) 文档逻辑清晰、条理分明; (2) 文档内容全面、翔实; (3) 文档用语规范

项目评价

学习任务:	物料自动分拣系统的项目汇报与评价	姓名:	
学习内容:	作品展示、经验分享以及评价	时间:	

※项目汇报

汇报内容

(1) 展示完成的项目作品。

(2) 描述作品电路的组成及工作原理。

(3) 描述作品方案制定及选择的依据。

(4) 分享作品制作、调试中遇到的问题及解决方法。

汇报要求

(1) 作品展示时,既要对作品结构、功能实现进行演示,同时讲解其主要性能指标。

(2) 作品展示时,请使用 PPT 等演示文档进行辅助表达。

(3) 重点描述作品制作和调试中遇到的问题及解决方法。

※项目评价

评价内容

(1) 作品的结构和功能实现。

(2) 作品主要性能指标满足与否。

(3) 作品制作、调试过程中的思考能力,如是否有独到的方法或见解。
(4) 作品制作、调试过程中的行为表现,如是否文明操作、遵守实训室的管理规定。
(5) 作品制作、调试过程中的团队意识和合作意识。

评价要求

(1) 客观、公正。
(2) 全面、细致。
(3) 认真、负责。

评价标准及依据

项目评价如表 4-25 所示。

表 4-25 项目评价

评价要素	评价标准	评价依据	评价角色权重			要素权重
			个人	小组	教师	
职业素养	1. 工作积极主动,按时完成任务; 2. 自主学习、勤学好问; 3. 与团队成员团结、协作; 4. 遵守纪律、服从管理、文明操作	1. 是否按时完成作品及技术文档; 2. 技术文档的撰写是否规范; 3. 工作台的整理、工具等物品摆放是否规范; 4. 工作态度、纪律意识和团队意识	0.3	0.3	0.4	0.3
专业能力	1. 具有清楚、规范的项目流程; 2. 熟悉多种传感器的工作原理、测量电路及应用场合; 3. 能够独立完成电路的制作与调试; 4. 能够选择合适的仪器、仪表进行调试; 5. 能够对项目实施过程进行评价与总结	1. 项目实施中仪器、仪表等操作是否规范; 2. 专业理论知识掌握是否扎实(结合各任务活动工作页、项目技术文档及项目汇报); 3. 专业技能是否掌握(作品的完成、功能的实现、性能指标的满足以及项目技术文档)	0.2	0.2	0.6	0.6
创新能力	1. 在项目实施中能够提出自己的见解; 2. 能够对项目教学提出建设性的建议或意见; 3. 能够独立制定检测与维修方案,且设计合理	1. 是否提出创新的观念和独到的见解; 2. 是否提出建设性的意见和建议; 3. 新方法是否得以采用并取得成功	0.2	0.2	0.6	0.1

※**结论**
项目收获

```

```

项目小结

物料分拣系统中借助各种传感器,能够对不同属性的物料按预先设计的程序进行分拣,动作灵活多样,在工业和日常生活领域扮演着及其重要的角色。

物料分拣系统中常用的传感器包括电感式传感器、电容式传感器、霍尔传感器和光电式传感器。其中,电感式传感器又分为自感型、互感型和电涡流型;电容式传感器又分为变间隙型、变面积型和变介质型;光电效应式传感器可以分为基于外光电效应、基于内光电效应中光电导效应、基于内光电效应中光生伏特效应。接近开关利用上述传感器的基本原理制成,输出简单的开关量信号("1"或"0","通"或"断"),是一种开关量传感器。

结合物料分拣系统的应用场景,在项目准备阶段,对上述多种传感器的工作原理和测量电路展开学习。

项目初步实施阶段,依据构建的两大任务场景——物料自动分拣系统中能够根据物料靠近、离开自动启闭的闸门和避免人工计数错数、漏数的物料计数器,识别与检测其中涉及的传感器等元器件,理解、设计含有传感器的简单电路,绘制安装草图、完成电路板焊接、元器件连接,并能够对电路进行调试、检测和故障分析。进阶阶段,完成物料自动分拣系统的组装与调试。通过具体项目实施,学习者的理论知识得以巩固,实践技能得以锻炼和提升。

项目汇报与评价阶段,学习者展示项目作品、描述其工作原理、分享项目体验及收获,并进行自评、互评,以此提高学习者学习的积极性和项目的参与度,并锻炼其口头表述能力。

项目五

自动恒温控制系统

项目描述

以工业温度控制系统为驱动，引导讲授不同原理的温度传感器以及工业温度控制器的应用，通过液位检测掌握液位传感器的应用，培养对手册的使用、系统应用设计与装配以及故障排除能力。

(1) 能够通过热电偶和热电阻对水箱内的温度进行测量并设置上下限报警温度，当达到报警温度时控制相应的报警器和控制器进行温度控制。

(2) 能够对水箱的水位进行检测和指示，当水箱的水位达到警戒水位时控制电磁阀进行注水。

(3) 能够以多种方式进行温度和液位的测量和显示。

(4) 能够实现一定稳定度的温度控制和液位控制。

项目准备

热电阻传感器是利用导体或半导体的电阻值随温度变化而变化的原理进行测温的，分为金属热电阻和半导体热电阻两大类，一般把金属热电阻称为热电阻，而把半导体热电阻称为热敏电阻。

热电偶传感器的原理与应用

任务 5.1 热电阻传感器的认知与应用

> 知识目标：1. 了解热敏电阻和热电阻。
> 　　　　　2. 掌握两种温度传感器可以用在哪些场合。
> 能力目标：掌握两种温度传感器的应用。
> 思政目标：节约节能是美德。

> **问题引导1：冰箱里温度是用何种温度传感器来检测的？**

如图 5-1 所示，数字节能电冰箱中有四个感温探头，其中两个感温探头感测冷藏室上部和下部温度，另一个感温探头感测冷冻室温度，还有一个位于台面的感温探头感测环境温度。通过四个探头感测环境、冷藏、冷冻的温度，再传输到控制系统进行处理，根据结果精确控制电冰箱的工作。这里就涉及热电阻和热敏电阻的相关知识。

任务提示：
日常生活中经常使用的冰箱

保温功能精确
温度控制要求高

图 5-1 数字节能冰箱

5.1.1 热敏电阻

热敏电阻主要由热敏探头、引线壳体构成。热敏电阻由半导体材料制成，按照物理特性可分为负温度系数热敏电阻（NTC）、正温度系数热敏电阻（PTC）和临界温度系数热敏电阻（CTR）三类。

1. 特点

优点：

（1）灵敏度高，电阻温度系数绝对值比一般金属电阻大 10~100 倍；

（2）体积小；

（3）使用方便，热惯性小，阻值范围大（$10^2 \sim 10^3 \, \Omega$），不需要冷端补偿，功耗小，易实现远距离测量。

缺点：

阻值与温度变化呈非线性，元件稳定性、互换性差。

2. 基本参数

1）标称电阻值 $R_{25}(\Omega)$

热敏电阻在 25 ℃时的值，值的大小由热敏电阻材料和几何尺寸决定。

2）电阻温度系数

指热敏电阻的温度变化 1 ℃时，其阻值变化率与阻值之比为

$$\alpha_t = \frac{1}{R_t} \cdot \frac{dR_t}{dt} = -\frac{B}{t^2} \tag{5-1}$$

式中，α_t 为温度为 $t(K)$ 时的电阻温度系数，决定了工作范围内的温度灵敏度；R_t 为温度为 $t(K)$ 时的电阻阻值。

3）材料常数 B

描述热敏材料物理特性的一个常数，B 越大，阻值越大，灵敏度越高。

4）时间常数

数值上等于热敏电阻在零功率的测量状态下，当环境温度突变时，热敏电阻随温度的变化量从 0~63.2% 所需的时间，表明了热敏电阻加热和冷却的速度。

5）其余参数

其余参数有耗散系数、额定功率、测量功率等。

3. 主要特性

1）电阻-温度特性

具有负温度系数的热敏电阻的电阻-温度特性曲线如图 5-2 所示，其一般数学表达为

$$R_t = R_0 e^{B\left(\frac{1}{t} - \frac{1}{t_0}\right)} \tag{5-2}$$

式中，B 为负温度系数的热敏电阻的材料常数，一般取 2 000～6 000 K；R_t、R_0 为温度为 t 和 t_0 时热敏电阻的阻值；t 为热力学温度。

注意：为应用方便，可将上式两边取对数，电阻-温度特性曲线转化为线性。

具有正温度系数的热敏电阻的电阻-温度特性曲线如图 5-3 所示，其一般数学表达式为

$$R_t = R_0 e^{B(t - t_0)} \tag{5-3}$$

式中，B 为正温度系数的热敏电阻的材料常数；R_t、R_0 为温度为 t 和 t_0 时热敏电阻的阻值。

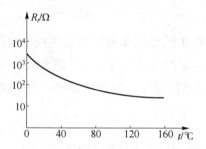

图 5-2　热敏电阻的电阻-温度特性曲线
（负温度系数）

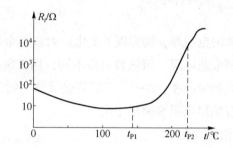

图 5-3　热敏电阻的电阻-温度特性曲线
（正温度系数）

三类热敏电阻的温度特性如图 5-4 所示。

2）伏安特性

具有负温度系数的热敏电阻的伏安特性曲线如图 5-5 所示，Oa 段为线性工作区域；随温度增加，阻值下降，电流则增加，电压增加，当电流达到 I_m 时，电压值达到最大 U_m；随电流的不断增加，引起电阻温升加快，当阻值下降速度超过电流增加速度时，电压开始下降；电流超过一定允许值时，热敏电阻将被烧坏。

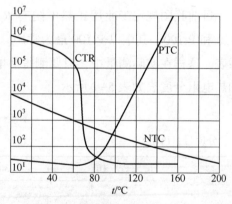

图 5-4　三类热敏电阻的温度特性

具有正电阻温度系数的热敏电阻的伏安特性曲线如图 5-6 所示，曲线起始段 Oa 为近似直线，斜率与热敏电阻在环境温度下的电阻值相等。这是因为流过的电流很小，耗散功率引起的温升可以忽略不计的缘故；当热敏电阻的温度超过环境温度时，引起阻值增大，曲线开始变弯；当电压增至 U_m 时，有最大电流 I_m；如电压继续增加，由于温升引起的电阻值增加的速度超过电压增加的速度，电流反而减小，曲线斜率由正变负。

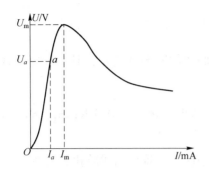

图 5-5 具有负温度系数的热敏
电阻的伏-安特性曲线

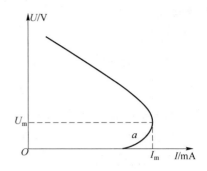

图 5-6 具有正温度系数的热敏
电阻的伏安特性曲线

5.1.2 热电阻

导体的电阻率 ρ 随温度 t 变化，大多数金属具有正的温度系数，温度越高，电阻越大，据此可制成热电阻。跟热敏电阻不同，用于制造热电阻的材料应具有尽可能大和稳定的电阻温度系数和电阻率，R-t 关系最好呈线性，物理化学性能稳定，复现性好等。目前最常用的热电阻有铂热电阻和铜热电阻。

1. 铂热电阻

铂热电阻的特点是精度高、稳定性好、性能可靠，所以在温度传感器中得到了广泛应用。热电阻在温度 t 时的电阻值与 R_0 有关。铂热电阻在氧化性介质中，高温下的物理、化学性质稳定；而在还原性介质中，电阻-温度特性会发生改变。

目前我国规定工业用铂热电阻有 $R_0 = 10\ \Omega$ 和 $R_0 = 100\ \Omega$ 两种，它们的分度号分别为 Pt10 和 Pt100，其中以 Pt100 最为常用。铂热电阻不同分度号亦有相应分度表，即 R_t-t 的关系表，这样在实际测量中，只要测得热电阻的阻值 R_t，便可从分度表上查出对应的温度值。铂热电阻分度表如表 5-1 所示。

表 5-1　铂热电阻分度表

分度号：Pt100　　　　　　　　　　　　　　　　　　　　　　　　　　$R_0 = 100\ \Omega$

温度/℃	0	10	20	30	40	50	60	70	80	90
	电阻/Ω									
−200	18.49									
−100	60.25	56.19	52.11	48.00	43.87	39.71	35.53	31.32	27.08	22.80
0	100.00	96.09	92.16	88.22	84.27	80.31	76.33	72.33	68.33	64.30
0	100.00	103.90	107.79	111.67	115.54	119.40	123.24	127.07	130.89	134.70
100	138.50	142.29	146.06	149.82	153.58	157.31	161.04	164.76	168.46	172.16
200	175.84	179.51	183.17	186.82	190.45	194.07	197.69	201.29	204.88	208.45

续表

温度/℃	0	10	20	30	40	50	60	70	80	90
	电阻/Ω									
300	212.02	215.57	219.12	222.65	226.17	229.67	233.17	236.65	240.13	243.59
400	247.04	250.48	253.90	257.32	260.72	264.11	267.49	270.86	274.22	277.56
500	280.90	284.22	287.53	290.83	294.11	297.39	300.65	303.91	307.15	310.38
600	313.59	316.80	319.99	323.18	326.35	329.51	332.66	335.79	338.92	342.03
700	345.13	348.22	351.30	354.37	357.37	360.47	363.50	366.52	369.53	372.52
800	375.51	378.48	381.45	384.40	387.34	390.26				

按 IEC 标准，铂热电阻的使用温度范围为 -200 ~ +850 ℃，铂热电阻的特性方程为

$$R_t = \begin{cases} R_0[1+At+Bt^2+C(t-100)t^3] & (-200 \sim 0\ ℃) \\ R_0(1+At+Bt^2) & (0 \sim 850\ ℃) \end{cases} \quad (5-4)$$

式中，R_t 和 R_0 分别为 t ℃ 和 0 ℃ 时铂热电阻值；A、B 和 C 为常数，$A = 3.908 \times 10^{-3}$（1/℃）；$B = -5.802 \times 10^{-7}$（1/℃）；$C = -4.2735 \times 10^{-12}$（1/℃）。

2. 铜热电阻

铜热电阻电阻值与温度近似线性，电阻温度系数大，易加工，价格便宜；但电阻率小，温度超过 100 ℃ 时易被氧化，测温范围一般在 -50 ~ 100 ℃；因此，在一些测量精度要求不高且温度较低的场合，可采用铜热电阻进行测温。

铜热电阻在测量范围内其电阻值与温度的关系可近似地表示为

$$R_t = R_0(1+\alpha t) \quad (5-5)$$

式中，α 为铜热电阻的电阻温度系数，取 $\alpha = 4.28 \times 10^{-3}$（1/℃）；$R_t$ 为温度为 t ℃ 时，铜热电阻的电阻值；R_0 为温度为 0 ℃ 时，铜热电阻的电阻值。

铜热电组的两种分度号为 Cu50（$R_{50} = 50\ \Omega$）和 Cu100（$R_{100} = 100\ \Omega$）。

铜热电阻线性好，价格便宜，但它易氧化，不适宜在腐蚀性介质或高温下工作。

📖 **问题引导 2**：热电阻式传感器可以用在哪些场合？

5.1.3 热电阻传感器应用

热电阻内部引线方式有两线制、三线制和四线制三种，其内部引线方式如图 5-7 所示。二线制中引线电阻对测量影响大，用于测温精度不高场合；三线制可以减小热电阻与测量仪表之间连接导线的电阻因环境温度变化所引起的测量误差；四线制可以完全消除引线电阻对测量的影响，用于高精度温度检测。工业用铂热电阻测温采用三线制或四线制。

1. 三线制测温消除导线误差原理

三线制测温电路如图 5-8 所示，因为三线制测温时，相临两桥臂增加同一阻值的电阻，对电桥的平衡无影响。设计时使 $R \gg R_t$、$R \gg R_0$ 即可，此时 U_o 为

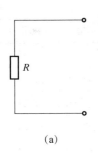 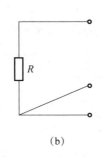 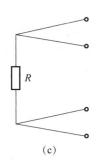

(a)   (b)   (c)

图 5-7 内部引线方式

(a) 两线制；(b) 三线制；(c) 四线制

$$U_o = \left(\frac{R_t+r}{R+R_t+r} - \frac{R_0+r}{R+R_0+r}\right)E$$

$$= \frac{(R_t-R_0)R}{(R+R_t+r)(R+R_0+r)}E \tag{5-6}$$

$$\approx \frac{R_t-R_0}{R}E$$

2. 四线制测温

四线制测温电路如图 5-9 所示，运放采用 ICL7650 差动放大器，恒流源供电，此时 U_o 为

$$U_o = \frac{R_f}{R_1} \times IR_t \tag{5-7}$$

$$= \frac{R_f}{R_1} \times IR_0(1+\alpha t)$$

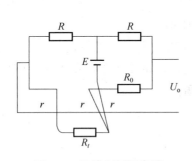 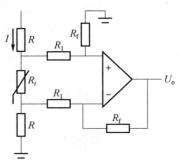

图 5-8 三线制测温电路   图 5-9 四线制测温电路

5.1.4 热敏电阻传感器应用

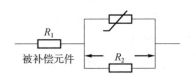

图 5-10 温度补偿示意图

1. 温度补偿

对一些仪表的重要元器件进行温度补偿。如图 5-10 所

示,若被补偿元器件具有正的温度系数,则热敏电阻具有负的温度系数。

设温度增加 Δt,阻值增加 ΔR_1,$R_t \gg R_{锰}$,R_t 与 $R_{锰}$ 并联后阻值减小了 ΔR_2,使得 $\Delta R_1 + \Delta R_2 \approx 0$ 实现补偿。

2. 家电控温

如图 5-11 所示,温度过高时,R_t 减小,K 失电,K1 断开,负载 D 失电。若 R_t 为正温度系数,R_W 与 R_t 对调即可。

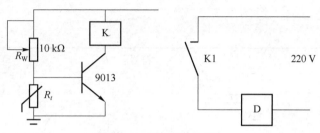

图 5-11 家电控温示意图

✎ **练一练**:

写出热电阻传感器和热敏电阻传感器的应用场合和优缺点。

答案:

✿ **知识点归纳**:

热电阻传感器是利用导体或半导体的电阻值随温度变化而变化的原理进行测温的。在不用的条件下要应用不同的传感器。热电阻传感器优点如下:

(1) 测量精度高。

(2) 有较大的测量范围,一般为 -200~500 ℃。

(3) 易于使用在自动测量和远距离测量中。

☑ **课后思考**:

前面所述冰箱里温度是用何种温度传感器来检测的?

工作页

学习任务：	热电阻传感器的认知与应用	姓名：	
学习内容：	热电阻传感器、热敏电阻传感器	时间：	

※**信息收集**

热敏电阻

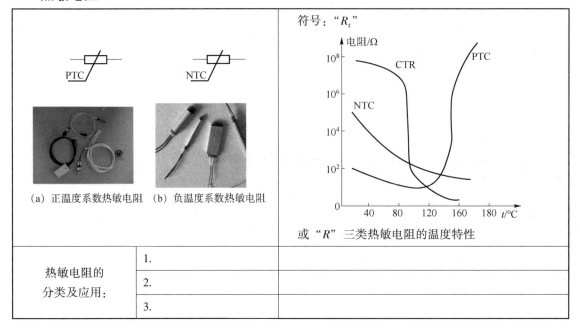

热敏电阻的分类及应用：	1.
	2.
	3.

※**能力拓展**

习题

(1) 在热电阻温度计中，R_0 和 R_{100} 分别表示_____和_____时的阻值。

A. 0 ℃　　　B. 100 ℃　　　C. 500 ℃　　　D. 1 000 ℃　　　E. 2 000 ℃

(2) 一种测温电路的测温范围为 0~200 ℃，其电路图如图 5-12 所示，图中 $R_t = 10(1+0.005t)$ kΩ 为感温热电阻；$R_0 = 10$ kΩ，工作电压 $E = 10$ V，M 与 N 两点的电位差为输出电压 U_{MN}。问：①写出 U_{MN} 的数学表达式。②求 0~100 ℃ 时测量电路的灵敏度。③利用 (PTC) 热敏电阻制作一个温度报警电路，万用表选择 "欧姆" "200" 挡接于 PTC 两端，监测 PTC 电阻值的变化。

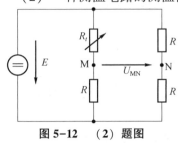

图 5-12　(2) 题图

打开 "直流电源" 开关，调节 "2~20 V 直流稳压电源" 为 5 V，将 "2~20 V 直流稳压电源" 输出接入 "加热器" 电源输入端，加热源温度慢慢上升。

将水银温度计放至加热器表面上（加热器已固定在平行梁的下悬臂梁背面）。

用水银温度计测量加热源表面温度，观察 PTC 电阻值随温度的变化情况。

根据上面的温度特性设计温度报警电路。

📖 **本节总结：**

_____
_____
_____
_____
_____
_____
_____
_____
_____
_____
_____
_____
_____
_____
_____
_____
_____
_____
_____

☞ 以上问题是否全部理解。是☐ 否☐

确认签名：_____ 日期：_____

任务 5.2　热电偶传感器的认知与应用

> **知识目标**：1. 认识热电偶及其构成条件。
> 　　　　　　2. 了解电偶的种类和结构。
> 　　　　　　3. 掌握热电偶的基本定律。
> 　　　　　　4. 掌握热电偶的冷端温度补偿方法。
> **能力目标**：能够熟练应用热电偶传感器。
> **思政目标**：温度补偿让我们明白亡羊补牢，为时不晚。

问题引导 1：炼钢炉炉温是如何检测的？

如图 5-13 所示炼钢炉炉温控制示意图，思考问题：电压表是测量哪个量？A、B 是什么？是否可以换成一种？一定要插入金属液体里吗？补偿导线是什么？起什么作用？带着这些问题，我们进入本节的学习内容。

5.2.1　认识热电偶

在温度测量中，热电偶的应用极为广泛，它具有结构简单、制造方便、测量范围广、精度高、惯性小和输出信号便于远传等许多优点。另外，由于热电偶是一种有源传感器，测量时不需外加电源，使用十分方便，所以常被用作测量炉子、管道内的气体或液体的温度及固体的表面温度。

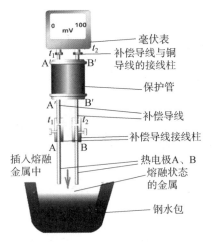

图 5-13　炼钢炉炉温控制示意图

图 5-14　热电偶

1. 热电偶的构成条件

如图 5-14 所示，当有两种不同的导体或半导体 A 和 B 组成一个回路，其两端相互连接构成闭合回路，两个接点分别置于温度不同的热源中，该回路内会产生热电动势。

热电动势的大小反映两个接点温度差。一端温度为 t，称为工作端或热端，另一端温度为 t_0，称为参考端（也称自由端或冷端），该电动势的大小和方向与导体的材料及两接点的温度有关。保持 t_0 不变，热电势随着温度 t 变化而变化，测得热电动势的值，即可知道温度 t 的大小。

2. 热电效应

上述热电动势常用 $E_{AB}(t,t_0)$ 表示，同时，在回路中有一定大小的电流，把上述这种现象称为"热电效应"，产生的电动势则称为"热电动势"。

热电极：闭合回路中的导体或半导体 A、B，称为热电极；

热电偶：闭合回路中的导体或半导体 A、B 的组合，称为热电耦；
工作端：两个结点中温度高的一端，称为工作端；
参考端：两个结点中温度低的一端，称为参考端；

热电动势由两部分电动势组成：一部分是两种导体的接触电动势，另一部分是同一导体的温差电动势，即

$$\text{热电动势} = \text{两导体的接触电动势} + \text{同一导体的温差电动势}$$

1）接触电动势

由于两种不同导体的自由电子密度不同而在接触处形成的电动势称为接触电动势。两种导体接触时，自由电子由密度大的导体向密度小的导体扩散（$N_A > N_B$，A 到 B），在接触处失去电子的一侧带正电，得到电子的一侧带负电，形成稳定的接触电动势。接触电动势的数值取决于两种不同导体的性质和接触点的温度。

接触电动势表示为 $e_{AB}(t)$，若 $N_A > N_B$，则 $e_{AB}(t) > 0$，反之亦然。

$$e_{AB}(t) = \frac{kt}{e} \ln \frac{N_A}{N_B} \tag{5-8}$$

式中，t 为节点所处温度；k 为波尔兹曼常数，$k = 1.38 \times 10^{-23}$ J/k；e 为单位电荷电量，$e = 1.6 \times 10^{-19}$；N_A、N_B 为导体 A、B 的电子浓度。

2）同一导体温差电动势

同一导体的两端因其温度不同而产生的一种热电动势称为温差电动势。同一导体的两端温度不同时，高温端的电子能量跑到低温端，比从低温端跑到高温端的要多，结果高温端因失去电子而带正电，低温端因获得多余的电子而带负电，形成一个静电场，该静电场阻止电子继续向低温端迁移，最后达到动态平衡。因此，在导体两端便形成温差电动势：

$$e_A(t, t_0) = \int_{t_0}^{t} \sigma_A dt \tag{5-9}$$

式中，σ_A 为汤姆逊系数，表示同一导体（上式为 A 导体公式）两端的温度差为 1 ℃ 时所产生的温差电动势，与材料性质和两端温度有关。

若 $t > t_0$，则 $e_A(t, t_0) > 0$，反之亦然。

3）回路总电动势

热电偶回路中总的热电动势应是接触电动势与温差电动势之和。

📖 **例题 5-1：**

如图 5-15 所示，若 $t > t_0$，$N_A > N_B$，用小写 e 表示接触或温差电动势，用大写 E 表示回路总电动势，则

$$\begin{aligned} E_{AB}(t, t_0) &= e_{AB}(t) + e_B(t, t_0) + e_{BA}(t_0) + e_A(t_0, t) \\ &= e_{AB}(t) + e_B(t, t_0) - e_A(t, t_0) - e_{AB}(t_0) \\ &= \frac{Kt}{e} \ln \frac{N_{At}}{N_{Bt}} - \frac{Kt_0}{e} \ln \frac{N_{At_0}}{N_{Bt_0}} + \int_{t_0}^{t} (\sigma_B - \sigma_A) dt \end{aligned}$$

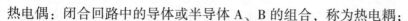

图 5-15　例题 5-1 图

在总热电动势中，温差电动势比接触电动势小很多，在精度要求不高的情况下，可忽略温差电动势。

实际应用中，热电动势与温度之间关系是通过热电偶分度表来确定的。分度表是在参考端温度为 0 ℃时，通过实验建立起来的热电动势与工作端温度之间的数值对应关系。

热电偶回路的几点结论：

(1) 如果构成热电偶的两个热电极为材料相同的均质导体，则无论两结点温度如何，热电偶回路内的总热电动势为零。必须采用两种不同的材料作为热电极。

(2) 如果热电偶两结点温度相等，热电偶回路内的总热电动势亦为零。

(3) 热电偶 AB 的热电动势与 A、B 材料的中间温度无关，只与结点温度有关。

3. 热电偶的基本定律

问题引导 2：利用热电偶进行测温，必须在回路中引入连接导线和仪表，接入导线和仪表后会不会影响回路中的热电动势呢？

1) 中间导体定律

中间导体定律说明：在热电偶测温回路内，接入第三种导体，我们称之为中间导体（A、B 热电极之外的其他导体），只要中间导体两端温度相同，则对回路的总热电动势没有影响。

接入第三种导体回路时，由于温差电动势可忽略不计，则回路中的总热电动势等于各接点的接触电动势之和。

同理，加入第四、第五种导体后，只要加入的导体两端温度相等，同样不影响回路中的总热电动势。

热电偶的这种性质在实用上有着重要的意义，它使我们可以方便地在回路中直接接入各种类型的显示仪表或调节器，也可以将热电偶的两端不焊接而直接插入液态金属中或直接焊在金属表面进行温度测量。

2) 参考电极定律（标准电极定律）

设结点温度为 t 和 t_0，则用导体 A、B 组成的热电偶产生的热电动势等于导体 A、C 组成的热电偶和导体 C、B 组成的热电偶产生的热电动势的代数和。如图 5-16 所示，有

$$E_{AB}(t,t_0) = E_{AC}(t,t_0) + E_{CB}(t,t_0) \quad (5-10)$$

标准电极定律是一个极为实用的定律，可大大简化热电偶的选配工作。实际测温中，只要获得有关热电极与参考电极配对时的热电动势值，那么任何两种热电极配对时的热电动势均可按公式而无须再逐个去测定。

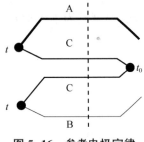

图 5-16　参考电极定律示意图

用作参考电极（标准电极）的材料，目前主要为纯铂丝材，因为铂的熔点高、易提纯，且在高温与常温时的物理、化学性能都比较稳定。选用高纯铂丝作为标准电极，只要测得各种金属与纯铂组成的热电偶的热电动势，则各种金属之间相互组合而成的热电偶的热电动势可根据式 (5-10) 直接计算出来。

例题 5-2：

热端为 100 ℃，冷端为 0 ℃时，镍铬合金与纯铂组成的热电偶的热电动势为 2.95 mV，而考铜与纯铂组成的热电偶的热电动势为 -4.0 mV，则镍铬和考铜组合而成的热电偶所产生的热电动势应为

$$2.95-(-4.0) = 6.95 \text{(mV)}$$

3）中间温度定律

若热电偶 AB 两接点温度为 t、t_0，中间温度为 t_C，则热电偶两节点的热电动势等于该热电偶在节点温度为 t、t_C 和 t_C、t_0 时的相应热电动势的代数和。

中间温度定律可以用式（5-11）表示：

$$E_{AB}(t,t_0) = E_{AB}(t,t_C) + E_{AB}(t_C+t_0) \tag{5-11}$$

根据这一定律，只要给出自由端 0 ℃时的热电动势和温度关系，就可求出冷端为任意温度 t_0 的热电偶电动势。在实际热电偶测温回路中，利用热电偶这一性质，可对参考端温度不为 0 ℃的热电动势进行修正。

结论：

（1）中间温度定律为制定热电偶的分度表奠定了理论基础。从分度表查出参考端为 0 ℃时的热电动势，即可求得参考端温度不为 0 ℃时的热电动势。

（2）中间温度定律为补偿导线的使用提供了理论依据。它表明：若热电偶的热电极被导体延长，只要接入的导体组成热电偶的热电特性与被延长的热电偶的热电特性相同，且它们之间连接的两点温度相同，则总回路的热电动势与连接点温度无关，只与延长以后的热电偶两端的温度有关。

例题 5-3：

用镍铬-镍硅热电偶测量热处理炉炉温。冷端温度 $t_0 = 30$ ℃，此时测得热电动势 $E(t,t_0) = 39.17$ mV，则实际炉温是多少？

解：由 $t_0 = 30$ ℃查分度表得：$E(30,0) = 1.2$ mV，

则 $E(t,0) = E(t,30) + E(30,0) = 39.17 + 1.2 = 40.37$（mV）

再由 40.37 mV 查分度表，得实际炉温 $t = 977$ ℃。

5.2.2 热电偶的种类和结构

1. 种类

国际电工委员会在 1975 年向世界各国推荐七种标准型热电偶。我国生产的符合 IEC 标准的热电偶有六种，分别是：

1）铂铑 30-铂铑 6 热电偶（B 型）

这种热电偶分度号为"B"。它的正极是铂铑丝（铂 70%、铑 30%），负极也是铂铑丝（铂 94%、铑 6%），故俗称双铂铑，测温范围为 0~1 700 ℃。其特点是测温上限高，分度值如表 5-1 所示。在冶金反应、钢水测量等高温领域中得到了广泛的应用。

2）铂铑 10-铂热电偶（S 型）

这种热电偶分度号为"S"。它的正极是铂铑丝（铂 90%、铑 10%），负极是纯铂丝，测温范围为 0~1 700 ℃。其特点是热电性能稳定，抗氧化性强，宜在氧化性、惰性气氛中工作。由于精度高，故国际温标中规定它为 630.74~1 064.43 ℃复现温标的标准仪器，常用作标准热电偶或用于高温测量。

3）镍铬-镍硅热电偶（K 型）

这种热电偶分度号为"K"。它的正极是镍铬合金（镍 90.5%、铬 9.5%），负极为镍硅（镍 97.5%、硅 2.5%），测温范围为 -200~+1 300 ℃。其特点是测温范围很宽、热电动势与

温度关系近似线性、热电动势大且价格低。其缺点是热电动势的稳定性较 B 型或 S 型热电偶差，且负极有明显的导磁性。

4）镍铬-康铜热电偶（E 型）

这种热电偶分度号为"E"。它的正极是镍铬合金，负极是铜镍合金（铜 55%、镍 45%），测温范围为 -200~+1 000 ℃。其特点是热电动势较其他常用热电偶大，适宜在氧化性或惰性气氛中工作。

5）铁-康铜热电偶（J 型）

这种热电偶分度号为"J"。它的正极是铁，负极是铜镍合金，测温范围为 -200~+1 300 ℃。其特点是价格便宜，热电动势较大，仅次于 E 型热电偶，其缺点是铁极易氧化。

6）铜-康铜热电偶（T 型）

这种热电偶分度号为"T"。它的正极是铜，负极是铜镍合金，测温范围为 -200~+400 ℃。特点是精度高，在 0~-200 ℃，可制成标准热电偶，准确度可达 ±0.1 ℃，其缺点是铜极易氧化，故在氧化性气氛中使用时，一般不能超过 300 ℃。

最后要说明的是，IEC 公布的标准型热电偶中，还有铂铑 13-铂，分度号为"R"。因在国际上只有少数国家采用，且其温度范围与铂铑 10-铂重合，所以我国不准备发展这个品种。

2. 结构

为了适应不同生产对象的测温要求和条件，热电偶的结构形式有普通工业装配型热电偶、铠装型热电偶和薄膜热电偶等。

1）普通工业装配型热电偶

普通工业装配型热电偶作为测量温度的变送器，通常和显示仪表、记录仪表和电子调节器配套使用。它可以直接测量各种生产过程中从 0~1 800 ℃ 的液体、蒸汽和气体介质以及固体的表面温度。热电偶通常由热电极、绝缘管、保护套管和接线盒等几个主要部分组成，其常见外形如图 5-17 所示。

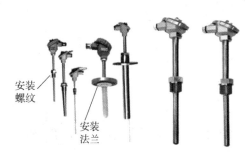

图 5-17 装配型热电偶外形

普通装配型热电偶的结构如图 5-18 所示。

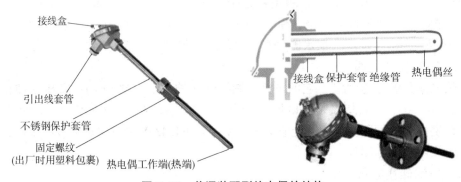

图 5-18 普通装配型热电偶的结构

热电极又称偶丝，它是热电偶的基本组成部分。普通金属做成的偶丝，其直径一般为 0.5~3.2 mm，贵重金属做成的偶丝，直径一般为 0.3~0.6 mm。偶丝的长度则由使用情况、安装条件，特别是工作端在被测介质中插入的深度来决定，通常为 300~2 000 mm，常用的长度为 350 mm。

绝缘管又称绝缘子，是用于热电极之间及热电极与保护套管之间进行绝缘保护的零件。形状一般为圆形或椭圆形，中间开有 2 个、4 个或 6 个孔，偶丝穿孔而过。材料为黏土质、高铝质、刚玉质等，材料选用视使用的热电偶而定。在室温下，绝缘管的绝缘电阻应在 5 MΩ 以上。

保护套管是用来保护热电偶感温元件免受被测介质化学腐蚀和机械损伤的装置。保护套管应具有耐高温、耐腐蚀的性能，要求导热性能好，气密性好。其材料有金属、非金属以及金属陶瓷三大类。金属材料有铝、黄铜、碳钢、不锈钢等，其中 1Cr18Ni9Ti 不锈钢是目前热电偶保护套管使用的典型材料。非金属材料有高铝质（85%~90% Al_2O_3）、刚玉质（99% Al_2O_3），使用温度都在 1 300 ℃ 以上。金属陶瓷材料如氧化镁加金属钼，这种材料使用温度在 1 700 ℃，且在高温下有很好的抗氧化能力，适用于钢水温度的连续测量，形状一般为圆柱形。

接线盒是用来固定接线座和作为连接补偿导线的装置。根据被测量温度的对象及现场环境条件，设计有普通式、防溅式、防水式和插座式等四种结构形式。普通式接线盒无盖，仅由盒体构成，其接线座用螺钉固定在盒体上，适用于环境条件良好、无腐蚀性气体的现场。防溅式、防水式接线盒有盖，且盖与盒体是由密封圈压紧密封，适用于雨水能溅到的现场或露天设备现场。插座式接线盒结构简单、安装所占空间小，接线方便，适用于需要快速拆卸的环境。

2）铠装型热电偶

铠装型热电偶具有能弯曲、耐高压、热响应时间快和坚固耐用等许多优点，它和工业用装配式热电偶一样，作为测量温度的变送器，通常和显示仪表、记录仪表和电子调节器配套使用，同时亦可作为装配式热电偶的感温元件。它可以直接测量各种生产过程中从 0~800 ℃ 的液体、蒸汽和气体介质以及固体表面的温度。其结构示意图如图 5-19 所示。

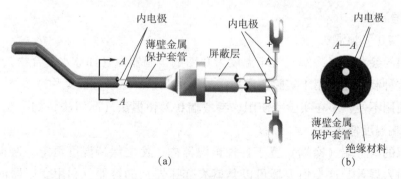

图 5-19 铠装型热电偶结构图

(a) 外形图；(b) 径向剖面图

铠装型热电偶的结构原理是由导体、高绝缘氧化镁、外套 1Cr18Ni9Ti 不锈钢保护套管，经多次一体拉制而成。铠装型热电偶产品主要由接线盒、接线端子和铠装热电偶组成基本结构，并配以各种安装固定装置组成。

（1）接壳式：热电偶的测量端与金属套管接触并焊接在一起，适用于测量温度高、压力大、腐蚀性较强的介质。

（2）绝缘式：热电偶的测量端焊接后填以绝缘材料再与金属套管焊接，适用范围同接壳式，特点是偶丝与保护金属套管不接触，具有电气绝缘性能。

（3）圆接插式：金属套管端头部分的直径为原直径的一半，故时间常数更小。

（4）扁接插式：分为接壳式和绝缘式两种，其时间常数最小，反应速度更快。

铠装型热电偶冷端连接补偿导线的接线盒的结构，根据不同的使用条件，有不同的形式，如简易式、带补偿导线式、插座式等，这里不做详细介绍，选用时可参考有关资料。

由于铠装型热电偶具有寿命长、机械性能好、耐高压、可挠性等许多优点，因而深受欢迎。

3）薄膜热电偶

薄膜热电偶是由两种薄膜热电极材料，用真空蒸镀、化学涂层等办法蒸镀到绝缘基板上面制成的一种特殊热电偶，薄膜热电偶的热接点可以做得很小（可薄到 $0.01\sim0.1~\mu m$），具有热容量小，反应速度快等特点，热相应时间达到微秒级，适用于微小面积上的表面温度以及快速变化的动态温度测量。

📄 问题引导3：热电偶的冷端温度补偿有哪些方法？

从热电效应的原理可知，热电偶产生的热电动势与两端温度有关。只有将冷端的温度恒定，热电动势才是热端温度的单值函数。由于热电偶分度表是以冷端温度为 0 ℃ 时做出的，因此在使用时要正确反映热端温度（被测温度），最好设法使冷端温度恒为 0 ℃。但在实际应用中，热电偶的冷端通常靠近被测对象，且受到周围环境温度的影响，其温度不是恒定不变的。为此，必须采取一些相应的措施进行补偿或修正，常用的方法有以下几种。

5.2.3 热电偶补偿法

1. 冷端恒温法

1）参考端 0 ℃ 恒温法

将热电偶的参考端（冷端）置于温度为 0 ℃ 的恒温器内（如冰水混合物），使冷端温度处于 0 ℃，这种装置通常用于实验室或精密的温度测量。这种方法又称冰浴法，可避免校正的麻烦，但使用不便，多在实验室使用。参考端 0 ℃ 恒温法（冰浴法）如图 5-20 所示。

2）参考端温度修正法

将热电偶的参考端（冷端）置于各种恒温器内，使之保持温度恒定，避免由于环境温度的波动而引入误差。这类恒温器可以是盛有变压器油的容器，利用变压器油的热惯性恒温，也可以是电加热的恒温器。这类恒温器的温度不为 0℃，故最后还需对热电偶进行冷端温度修正。

2. 补偿导线法

在实际测温时，需要把热电偶输出的电动势信号传输到远离现场数十米的控制室里的显

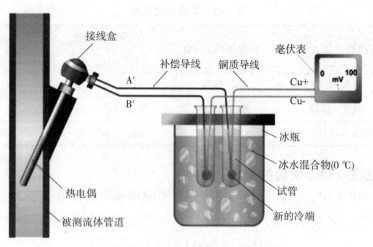

图 5-20　参考端 0 ℃恒温法（冰浴法）

示仪表或控制仪表上，这样参考端温度 t_0 也比较稳定。热电偶由于受到材料价格的限制不可能做得很长，而要使其冷端不受测温对象的温度影响，必须使冷端远离温度对象，采用补偿导线就可以做到这一点。所谓补偿导线，实际上是一对材料不同的导线，但价格相对要便宜，而且在 0~100 ℃ 要求补偿导线和所配热电偶具有相同的热电特性。补偿导线法如图 5-21 所示。

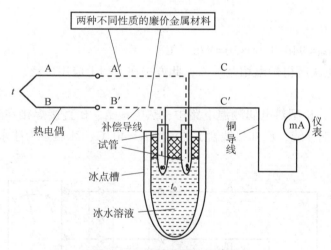

图 5-21　补偿导线法示意图

若我们利用补偿导线，将热电偶的冷端延伸到温度恒定的场所（如仪表室），其实质是相当于将热电极延长。根据中间温度定律，只要热电偶和补偿导线的两个接点温度一致，是不会影响热电动势输出的。

注意：

（1）冷端需有自动补偿装置，补偿导线才有意义，且连接处<100 ℃；

（2）补偿导线不能选错，如表 5-2 所示。

铂铑-铂热电偶：补偿线用铜-镍铜；

镍铬-镍硅热电偶：补偿线用铜-康铜。

表 5-2 常用补偿导线

型号	配用热电偶正-负	补偿导线正-负	导线外皮颜色		100 ℃时的热电动势/J
			正	负	
SC	铂铑 10-铂	铜-铜镍	红	绿	0.646±0.023
KC	镍铬-镍硅	铜-锰白铜	红	蓝	4.096±0.063
WC5/26	钨铼 5-钨铼 26	铜-铜镍	红	橙	1.451±0.051

3. 计算修正法（讲个例题的求解过程）

冷端温度 $t_0 \neq 0$ ℃时，$E_{AB}(t,t_0)$ 与冷端为 0 ℃时所测得的热电动势 $E_{AB}(t,0)$ 不等。若冷端温度高于 0 ℃，则 $E_{AB}(t,t_0) < E_{AB}(t,0)$。可以利用下式计算并修正测量误差：

$$E_{AB}(t,0) = E_{AB}(t,t_0) + E_{AB}(t_0,0)$$

例如，用镍铬-镍硅热电偶测炉温，当冷端温度为 30 ℃（且为恒定时），测出热端温度为 t 时的热电动势为 39.17 mV，求炉子的真实温度。

由镍铬-镍硅热电偶分度表查出 $E(30,0) = 1.203$ mV，根据上式计算后，再通过分度表查出其对应的实际温度为：$t = 977$ ℃。

📖 例题 5-4：

在例题 5-2 中，指示温度：$t' = 946$ ℃；当 $E(t,t_0) = 39.17$ mV 时，查分度表可得冷端温度：$t_0 = 30$ ℃；

查表得：$k = 1.00$

则实际炉温：$t = t' + kt_0 = 946 + 1.00 \times 30 = 976$（℃）

和热电动势修正法所得炉温相差 1 ℃，此方法在工程上应用广泛。

📖 例题 5-5：

如图 5-22 所示，K 型热电偶测温电路中，热电极 A、B 直接焊接在钢板上，A′、B′为补偿导线，Cu 表示铜导线，已知接线盒 1 的温度 $t_1 = 40$ ℃，冰瓶中为冰水混合物，接线盒 3 的温度 $t_3 = 20.0$ ℃。

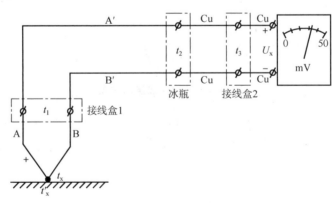

图 5-22 例题 5-5 图

求：（1）冰瓶的温度 t_2；

（2）将热电极直接焊在钢板上是应用了热电偶的什么定律？

（3）当 $U_x = 29.97$ mV 时，估算被测点温度 t_x；

（4）如果冰瓶中的冰完全融化，温度上升到与接线盒 1 的温度相同，此时的 U_x 减小到 28.36 mV，再求 t_x。

解：（1）冰瓶的温度 $t_2 = 0$ ℃。

（2）将热电极直接焊在钢板上是应用了热电偶的中间导体定律。

（3）当 $U_x = 29.97$ mV 时，直接查分度表得被测点温度 $t_x = 720$ ℃。

注：接线盒 3 的温度 t_3 不是冷端温度，属于中间温度，与测量结果无关。

（4）$E_{AB}(t,0) = E_{AB}(t,40) + E_{AB}(40,0) = 28.36 + 1.61 = 29.97$（mV）

反查 K 型热电偶的分度表，仍然得到 $t_x = 720$ ℃。

◻ **问题引导 4**：热电偶的应用有哪些？

热电偶测温时，它可以直接与显示仪表（如电子电位差计、数字表、温度变送器等）配套使用，图 5-23 所示为几种典型的热电偶测温线路。

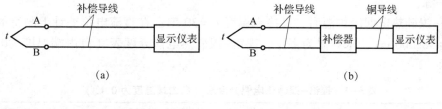

(a)   (b)

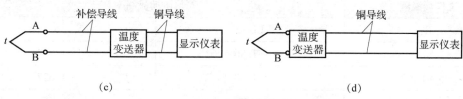

(c)   (d)

图 5-23　几种典型的热电偶测温线路

如用一台显示仪表显示多点温度时，可按图 5-24 连接，这样可节约显示仪表和补偿导线。

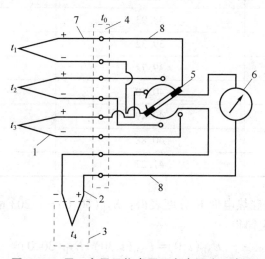

图 5-24　用一台显示仪表显示多点温度示意图

1—主热电偶；2—辅助热电偶；3—恒温箱；4—接线端子排；5—切换开关；6—显示仪表；7—补偿导线；8—铜导线

测量两点的温度差示意图如图 5-25 所示，用两只相同型号的热电偶，配用相同的补偿导线，反向串联，产生的热电动势为 $E_t = E_{AB}(t_1, t_0) - E_{AB}(t_2, t_0)$

测量平均温度示意图如图 5-26 所示，用几只型号特性相同的热电偶并联在一起。

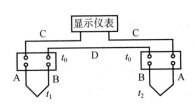

图 5-25 测量两点的温度差示意图

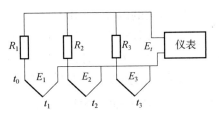

图 5-26 测量平均温度示意图

$$E_t = \frac{1}{3}(E_1 + E_2 + E_3) \tag{5-12}$$

✎ **练一练：**

用镍铬-镍硅热电偶测炉温时，其冷端温度 $t_0 = 30\ ℃$，在直流电位差计上测得的电动势 $E_{AB}(t, 30) = 38.500\ \text{mV}$，求炉温为多少？镍铬-镍硅热电偶分度表（自由端温度为 0 ℃）如表 5-3 所示。

表 5-3 镍铬-镍硅热电偶分度表（自由端温度为 0 ℃）

工作端温度	热电动势/mV	
℃	EU-2	K
50	−1.86	−1.889
40	−1.50	−1.627
10	0.40	0.397
20	0.80	0.798
30	1.20	1.203
940	38.93	38.915
950	39.32	39.310
960	39.72	39.703
970	40.10	40.096
980	40.49	40.488
990	40.88	40.897
1 000	41.27	41.264

解：（1）查镍铬-镍硅热电偶 K 分度表得：$E_{AB}(30, 0) = 1.203\ \text{mV}$。

（2）根据中间温度定律得：

$$E_{AB}(t, 0) = E_{AB}(t, 30) + E_{AB}(30, 0)$$
$$= 38.500 + 1.203$$
$$= 39.703\ (\text{mV})$$

(3) 查镍铬-镍硅热电偶 K 分度表得：$t = 960$ ℃。

知识点归纳：

在温度测量中，热电偶的应用极为广泛，它具有结构简单、制造方便、测量范围广、精度高、惯性小和输出信号便于远传等许多优点。另外，由于热电偶是一种有源传感器，测量时不需外加电源，使用十分方便，所以常被用作测量炉子、管道内的气体或液体的温度及固体的表面温度。

（1）两种不同的导体或半导体构成闭合回路，且两个接点置于温度不同的热源中，会产生热电动势；

（2）热电动势=两导体的接触电动势+同一导体的温差电动势；

（3）只要中间导体两端温度相同，则对回路的总热电动势没有影响；

（4）补偿导线是一对材料不同的导线，且价格相对要便宜。

课后思考：

（1）什么是金属导体的热电效应？试说明热电偶的测温原理。

（2）试分析金属导体产生接触电动势和温差电动势的原因。

（3）简述热电偶的几个重要定律，并分别说明它们的实用价值。

（4）试述热电偶冷端温度补偿的几种主要方法和补偿原理。

工作页

学习任务：	热电偶传感器的认知与应用	姓名：	
学习内容：	热电偶传感器	时间：	

※**信息收集**

热电偶

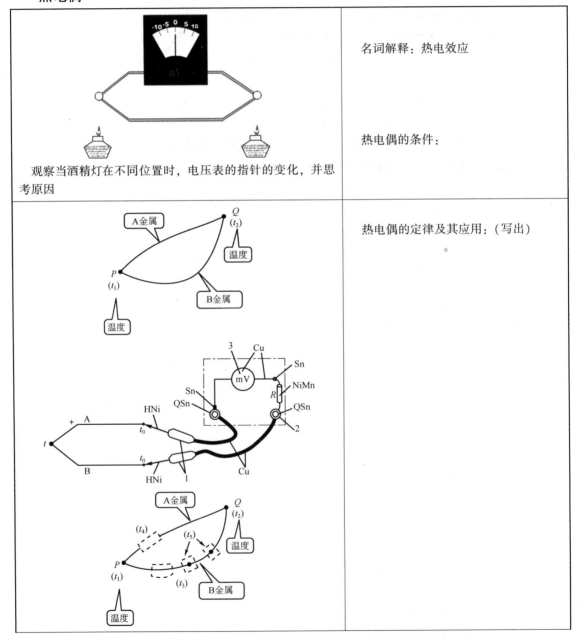

观察当酒精灯在不同位置时，电压表的指针的变化，并思考原因	名词解释：热电效应
	热电偶的条件：
	热电偶的定律及其应用：（写出）

续表

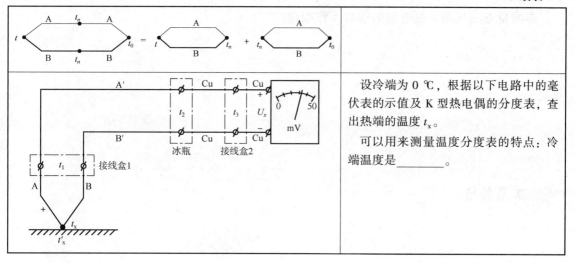

| | 设冷端为 0 ℃，根据以下电路中的毫伏表的示值及 K 型热电偶的分度表，查出热端的温度 t_x。可以用来测量温度分度表的特点：冷端温度是_____。|

※**能力扩展**

习题

（1）（　　）的数值越大，热电偶输出的热电动势就越大。

A. 热端直径　　　　　　　　　　B. 热端和冷端的温度

C. 热端和冷端的温差　　　　　　D. 热电极的电导率

（2）写出常见的热电偶的型号。

镍铬-镍硅热电偶的分度号是_____

在热电偶测温回路中用补偿导线的主要目的是（　　）。

A. 补偿热电偶冷端热电动势的损失　　B. 起冷端温度补偿的作用

C. 将热电偶冷端延长到原理高温区的地方　D. 提高灵敏度

（3）已知用镍铬-镍硅 K 型热电偶测量炉温时，当冷端温度 $t=30$ ℃时，测得热电动势 $E(t,t_0)=39.17$ mV。

请根据下表回答问题：

温度	热电动势
10 ℃	0.397 mV
20 ℃	0.798 mV
30 ℃	1.200 mV
600 ℃	24.602 mV
620 ℃	25.751 mV
650 ℃	27.022 mV
670 ℃	27.867 mV
980 ℃	40.37 mV

$E(20,0)=$ _____；

$E(30,0) =$ _____ ;

本测量方法利用了热电偶的哪些工作原理?

求待测温度?

本节总结：

🏆 以上问题是否全部理解。是☐ 否☐

确认签名：_____ 日期：_____

任务 5.3　测量电路——模数转换器的应用

> **知识目标**：1. 掌握数字信号和模拟信号的基本概念。
> 　　　　　　2. 了解数字信号和模拟信号特点和区别。
> 　　　　　　3. 了解模数转换电路及其种类。
> 　　　　　　4. 掌握集成 A/D 转换器。
> **能力目标**：能够掌握基本的模数转换方法和参数计算。
> **思政目标**：中国测量要求精确度历史，大国工匠精神贵在精益求精。

模拟电路和数字电路是电子行业的基础之一。模拟电路主要涉及放大器、振荡电路、反馈、各种运算电路等。数字电路有组合逻辑、时序逻辑两大块。手机、电脑、电视……无一不包含数字和模拟电路。信号的采集、处理、小信号的放大也离不开数字电路和模拟电路，它们是电子业的基石。学习模拟电路和数字电路首先要知道什么是模拟信号和数字信号。

模数转换的分析与应用

📁 **问题引导 1**：什么是数字信号和模拟信号？各有什么特点呢？

5.3.1　模拟信号

在自然界中，我们可以感知的，在时间和幅值上都是连续的物理量称为模拟信号；在电学中，用传感器将这样的物理量转变成为电信号，这种连续变化的电信号也是模拟信号。例如流星的速度、阳光的温度、声音等都是模拟信号，如图 5-27 所示。

5.3.2　数字信号

与模拟信号对应，在一系列离散的时间点上对物理量以一定的分辨率进行取值（采样），得到一系列离散的数字量。将这些离散的数字量均用 0 和 1 组成的二进制数值来表示，即为数字信号，如图 5-28 所示。

数字信号是一组由 0 和 1 表示的二进制数值，在数字电路中，通常用低电平表示 0，用高电平表示 1。

如图 5-29 所示，以 5 V 的系统为例，数字信号高低电平并不是指一个精确的电压值，而是一段电压范围，在数字电路中，用示波器测量出的波形、高低电平

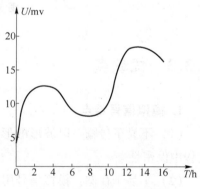

图 5-27　模拟信号示意图

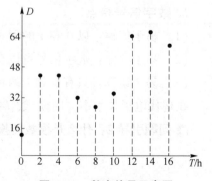

图 5-28　数字信号示意图
（2 h 采样一次）

的电压值不同,但在允许的高/低电平范围内,就有确定的二值信号。5 V 二值对应关系如图 5-30 所示,可见数字信号具有很好的抗干扰性能。

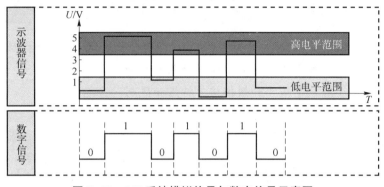

图 5-29 5 V 系统模拟信号与数字信号示意图

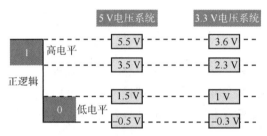

图 5-30 5 V 系统二值对应关系

5.3.3 优缺点

1. 模拟信号特点

(1) 不易于传输:以波形的形式传输,容易受其他信号的干扰而失真变形,且在传输过程中保密性差。

(2) 不易于存储:模拟信号用磁盘和磁带进行存储,易损坏。

(3) 不易于运算:模拟信号电路分析难度大,容易受干扰。

2. 数字信号特点

(1) 易于传输:以 0 和 1 的形式进行传输,不易受其他杂散信号的干扰。

(2) 易于存储:数字信号可以存放到 Flsah 和 ROM 的器件中,比如 U 盘、SD 卡等。

(3) 易于运算:只有 0 和 1 两种代码。

在现代电子技术中,用模/数转换器实现模拟信号和数字信号的转换。

◻ 问题引导 2:什么是模数转换电路?

5.3.4 模数转换基本概念

模数转换即将模拟电量转换为数字量，使输出的数字量与输入的模拟电量成正比。实现模数转换的电路称模数转换器（Analog-Digital Converter），简称 A/D 转换器或 ADC。

5.3.5 模数转换 A/D 转换器的种类

常用 ADC 主要有并联比较型、双积分型和逐次逼近型。其中，并联比较型 ADC 转换速度最快，但价格贵；双积分型 ADC 精度高、抗干扰能力强，但速度慢；逐次逼近型速度较快、精度较高、价格适中，因而被广泛采用。

1. 并联比较型 A/D 转换器

以 3 位并联比较型 A/D 转换器为例，如图 5-31 所示，它由电阻分压器、电压比较器、寄存器和代码转换器组成。分压器将基准电压分为 $\dfrac{U_{REF}}{15}$、$\dfrac{3U_{REF}}{15}$、…、$\dfrac{11U_{REF}}{15}$、$\dfrac{13U_{REF}}{15}$ 不同电压值，分别作为比较器 C1~C7 的参考电压。输入电压为 u_i 的大小决定各比较器的输出状态，例如，当 $0 \leqslant u_i \leqslant \dfrac{U_{REF}}{15}$ 时，C1~C7 的输出状态都为 0，当 $\dfrac{3U_{REF}}{15} \leqslant u_i \leqslant \dfrac{5U_{REF}}{15}$ 时，比较器 C6 和 C7 的输出等于 1，其余各比较器的状态均为 0。比较器的输出状态由 D 触发器储存，经代码转换器编码，得到数字信号输出。

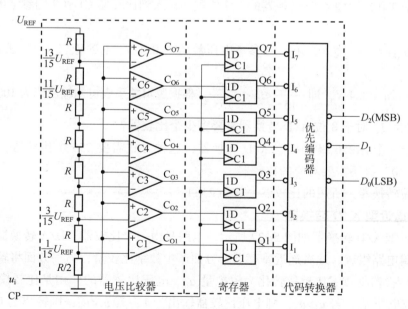

图 5-31　3 位并联比较型 A/D 转换器

设 u_i 变化范围为 $0 \sim U_{REF}$，输出 3 位数字量为 $D_2 D_1 D_0$，3 位并联比较型 A/D 转换器的逻

辑状态关系如表 5-4 所示。

表 5-4 3 位并联 A/D 转换器逻辑状态关系

输入电压 u_i	寄存器状态							编码器输出		
	Q_7	Q_6	Q_5	Q_4	Q_3	Q_2	Q_1	D_2	D_1	D_0
(0~1/15) U_{REF}	0	0	0	0	0	0	0	0	0	0
(1/15~3/15) U_{REF}	0	0	0	0	0	0	1	0	0	1
(3/15~5/15) U_{REF}	0	0	0	0	0	1	1	0	1	0
(5/15~7/15) U_{REF}	0	0	0	0	1	1	1	0	1	1
(7/15~9/15) U_{REF}	0	0	0	1	1	1	1	1	0	0
(9/15~11/15) U_{REF}	0	0	1	1	1	1	1	1	0	1
(11/15~13/15) U_{REF}	0	1	1	1	1	1	1	1	1	0
(13/15~1) U_{REF}	1	1	1	1	1	1	1	1	1	1

为了更好地说明并联比较型 A/D 转换器的工作原理，下面以例题展示并联比较型 A/D 转换器的工作过程。

例题 5-6：

在图 5-31 中，若输入模拟电压 $u_i = 3.4$ V，基准电压 $U_{REF} = 6$ V，试确定 3 位并联比较型 A/D 转换器的输出码。

解：根据并联比较型 A/D 转换器的工作原理，输入到比较器 C1~C7 的参考电压为 $\frac{U_{REF}}{15}$ ~ $\frac{13U_{REF}}{15}$，将 $U_{REF} = 6$ V 代入，求得各参考电压数值为 0.4 V、1.2 V、2.0 V、2.8 V、3.6 V、4.4 V、5.2 V。$u_i = 3.4$ V，即 $\frac{7U_{REF}}{15} < U_i < \frac{9U_{REF}}{15}$，根据逻辑关系表可知输出码为 100。

例题 5-7：对于 8 位 A/D 转换器需要多少个比较器？

答：对于一个有 256 级的 8 位 A/D 转换器，这种方式需要 255 个比较器。这个可以解释为，对于"0"级不需要对应的比较器。

一个 n 位转换器，所用的比较器个数为 $2^n - 1$。

2. 逐次逼近型 A/D 转换器

逐次逼近型 A/D 转换器如图 5-32 所示，电路是由一个比较器、D/A 转换器、缓冲寄存器及控制逻辑电路组成。逐次逼近寄存器一方面产生数字比较量，另一方面将转换结果进行输出。D/A 转换器将数字比较量转化为模拟量 u_o。电压比较器的作用是比较模拟输入电压 u_i 与模拟比较电压 u_o，若 $u_i > u_o$，则电压比较器输出为 1；若 $u_i < u_o$，则输出为 0。控制电路的作用是产生各种时序脉冲和控制信号。

逐次逼近型 A/D 转换器的基本原理是从高位到低位逐位试探比较，好像用天平称物体，从重到轻逐级增减砝码进行试探，最后得到一个最接近未知量的近似值。

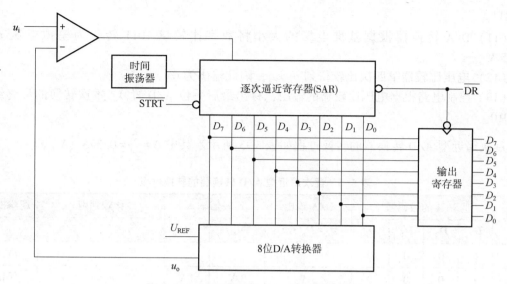

图 5-32 逐次逼近型 A/D 转换器逻辑图

逐次逼近法转换过程：

（1）转换开始前先将所有寄存器清零。
（2）开始转换以后，时钟脉冲首先将寄存器最高位置 1，使输出数字为 100…0。
（3）这个数码被 D/A 转换器转换成相应的模拟电压 u_o，送到比较器中与 u_i 进行比较。
① 若 $u_i > u_o$，说明数字过大了，故将最高位的 1 清除；
② 若 $u_i < u_o$，说明数字还不够大，应将这一位保留。
（4）然后，再按同样的方式将次高位置 1，并且经过比较以后确定这个 1 是否应该保留。这样逐位比较下去，一直到最低位为止。
（5）比较完毕后，寄存器中的状态就是所要求的数字量输出。

📖 **例题 5-8：**

有一个 4 位逐次逼近型 A/D 转换器，设 $U_{REF} = 6$ V，$u_i = 4$ V，求 A/D 转换后的结果。

解：

（1）转换开始时，寄存器输出第一次数字比较量 1000。
（2）D/A 转换器根据基准电压的大小将数字比较量转化为模拟电压 $u_o = 3$ V。
（3）电压比较器第一次比较得到 $u_o < u_i$，因此输出为 1。
（4）控制电路根据电压比较器的输出，移出最高位 A/D 置 1，并输出第二次数字比较量 1100。
（5）D/A 转换器根据基准电压的大小将数字比较量 1100 转化为模拟电压 $u_o = 4.5$ V。
（6）电压比较器第二次比较得到 $u_o > u_i$，因此输出为 0。
（7）控制电路根据电压比较器的输出，移出最高位 A/D 置 0，并输出第三次数字比较量 1010。
（8）D/A 转换器根据基准电压的大小将数字比较量转化为模拟电压 $u_o = 3.75$ V。
（9）电压比较器第三次比较得到 $u_o < u_i$，因此输出为 1。
（10）控制电路根据电压比较器的输出，移出本位 A/D 置 1，并输出第四次数字比较量 1011。

(11) D/A 转换器根据基准电压的大小将数字比较量 1011 转化为模拟电压 $u_o = 4.125 \text{ V}$。

(12) 电压比较器第四次比较得到 $u_o > u_i$,因此输出为 0。

(13) 控制电路根据电压比较器的输出,移出最后一位 A/D 置 0。本次转换的最终结果为 1010。

逐次逼近型 A/D 转换器的转换过程如表 5-5 所示。其中 $\Delta = \dfrac{6}{2^4} = 0.375$ (V)。

表 5-5 逐次逼近型 A/D 转换器的转换过程

节拍 CP	SAR 的数码值				D/A 输出	比较器输入		比较判别	逻辑操作
	D_3	D_2	D_1	D_0	$u_o = D_n \cdot \Delta$	u_o	u_i		
0	0	0	0	0					清零
1	1	0	0	0	3 V	3 V	4 V	$u_o < u_i$	保留
2	1	1	0	0	4.5 V	4.5 V	4 V	$u_o > u_i$	去除
3	1	0	1	0	3.75 V	3.75 V	4 V	$u_o < u_i$	保留
4	1	0	1	1	4.125 V	4.125 V	4 V	$u_o > u_i$	去除
5	1	0	1	0	3.75 V	采样		输出/采样	

📖 例题 5-9:

逐次逼近型 A/D 转换器(4 位)如图 5-33 所示,当 $u_i = 1.4 \text{ V}$ 时,问:

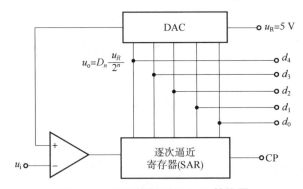

图 5-33 位逐次逼近型 A/D 转换器

(1) 输出的二进制数 $D_4 D_3 D_2 D_1 D_0 = ?$
(2) 转换误差为多少?
(3) 如何提高转换精度?

解:(1) 量化单位 Δ 为 $\Delta = \dfrac{5}{32} = 0.15625$ (V)

转换结果 $D_n = (01000)_2$

(2) 转换误差为

$$D_n = \dfrac{1.4}{0.15625} = 8.96$$

$$1.4 - 8 \times 0.156\ 25 = 1.4 - 1.25 = 0.15$$

(3) 在 D/A 输出加一个负向偏移电压 $1/2\Delta$。

3. 双积分型 A/D 转换器

双积分型 A/D 转换器原理图如图 5-34 所示,是常用的一种间接 A/D 转换器,其基本原理是在某一个固定时间内对输入模拟信号求积分,首先将输入电压平均值转换为与之成正比的时间间隔,然后,再利用时钟脉冲和计数器测出此时间间隔,得到与输入模拟量对应的数字量输出。因此这种 A/D 转换器称为电压-时间变换型(简称 V-T 型)。电路由积分器、比较器、控制电路和计数器组成。

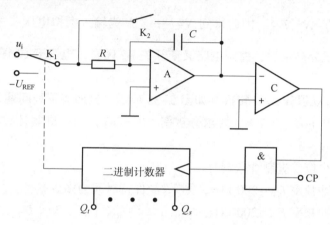

图 5-34 双积分型 A/D 转换器原理图

电路的工作过程分为以下几个阶段进行。

(1) 准备阶段。转换开始前控制电路将计数器清零,开关 K2 闭合,积分电容 C 完全放电完毕。

(2) 第一次积分。启动脉冲到来时转换开始,控制电路控制 K2 断开,K1 接通 u_i,积分器积分(C 充电)。积分器的输出电压以与 u_i 大小成正比的斜率从 0 V 开始下降,其波形如图 5-35 所示,积分器的输出电压为

$$u_{C_1} = -\frac{1}{RC}\int_0^{T_1} u_i \mathrm{d}t = -\frac{u_i}{RC}T_1 \tag{5-13}$$

此时,$u_{C_1} < 0$ V,比较器输出为 1,控制电路启动对时钟 CP 脉冲计数,计满 2^n 个 CP 脉冲后,计数器复位为 0,同时触发控制电路是开关 K1 接通 u_R。

(3) 第二次积分。由于 $u_R < 0$,因此第

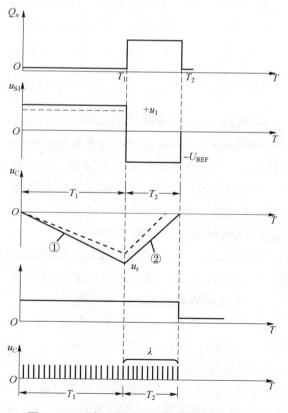

图 5-35 双积分型 A/D 转换器的工作波形

二次积分是反向积分（C 放电），同时计数器又开始从 0 计数。直到 $u_C=0$ V，比较器输出值为 1，计数器停止计数，计数器的二进制计数值即为 A/D 转换值。第二次积分回到 0 的时间比第一次积分时间短，且积分时间与输入模拟电压 u_i 成比例。二次积分电压为

$$u_{C_2} = -\frac{1}{RC}\int_{T_1}^{T_2}(-u_R)dt = \frac{u_R}{RC}(T_2-T_1) \qquad (5-14)$$

两次积分完成后电压之和为 0，根据式（5-13）和式（5-14）得：$u_i = \frac{T_2-T_1}{T_1}u_R$，其中 $T_1 = 2^n \cdot T_{CP}$，$T_2-T_1 = N \cdot T_{CP}$。因此得到 $N = \frac{2^n u_i}{u_R}$，N 为输入模拟电压 u_i 模数转换后输出的数字量。在第二次积分结束后，控制电路又使开关 K2 闭合，电容 C 放电，电路为下一次转换做准备。

📖 例题 5-10：双积分 A/D 转换器如图 5-35 所示，试回答下列问题。

（1）若被测电压 $u_{i(max)} = 2$ V，要求分辨率 $\leqslant 0.1$ mV，则二进制计数器的计数总容量 N 应大于多少？

（2）需要用多少位二进制计数器？

（3）若时钟脉冲频率 $f_{CP} = 200$ kHz，则采样/保持时间为多少毫秒？

（4）若时钟脉冲频率 $f_{CP} = 200$ kHz，$|u_i| < |U_{REF}|$，已知 $|U_{REF}| = 2$ V，积分器输出电压 u_o 的最大值为 5 V，问积分时间长数 RC 为多少毫秒？

解：（1）N 应大于 $(2\times10^3)/0.1+1 = 20\ 001$；

（2）15 位二进制计数器，如包括附加计数器则需 16 位二进制计数器；

（3）采样保持时间 $T_H \geqslant 2^n T_{CP} = 2^n(1/f_{CP}) = 163.84$ ms；

（4）$u_{omax} = \frac{|U_{REF}|2^n T_{CP}}{RC}$，式中 $T_{CP} = 1/f_{CP}$，则 $RC = 65.536$ ms。

4. 集成 A/D 转换器（ADC0809）

ADC0809 是一种普遍使用且成本较低的、由 National 半导体公司生产的 CMOS 材料 A/D 转换器。它具有 8 个模拟量输入通道，可在程序控制下对任意通道进行 A/D 转换，得到 8 位二进制数字量。由于芯片有输出数据锁存器，输出的数字量可直接与连接在计算机 CPU 数据总线相接，而不需要附加接口电路。

1) ADC0809 的主要技术指标

电源电压：5 V；分辨率：8 位；时钟频率：640 kHz；转换时间：100 μs；未经调整误差：1/2LSB 和 1LSB；模拟量输入电压范围：0~5 V；功耗：15 mW。

2) ADC0809 转换器的内部结构

如图 5-36 所示，通道选择开关为八选一模拟开关，实现分时采样 8 路模拟信号；通过 ADDA、ADDB、ADDC 三个地址选择端及译码作用控制通道选择开关。采用逐次逼近 A/D 转换器：包括比较器、8 位开关树型 D/A 转换器、逐次逼近寄存器。转换的数据从逐次逼近寄存器传送到 8 位锁存器后经三态门输出。采用 8 位锁存器和三态门：当输入允许信号 OE 有效时，打开三态门，将锁存器中的数字量经数据总线送到 CPU。由于 ADC0809 具有三

态输出，因而数据线可直接挂在 CPU 数据总线上。

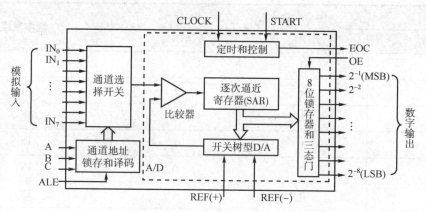

图 5-36 ADC0809 内部结构图

ADC0809 的外部引脚图和芯片实物如图 5-37 所示，各引脚功能如下：

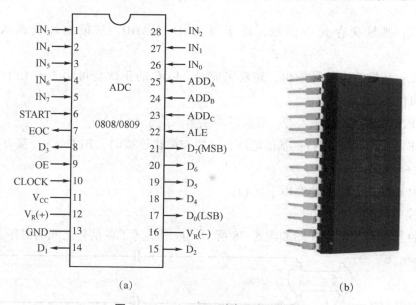

图 5-37 ADC0809 引脚图和实物图

(a) 引脚图；(b) 实物图

（1）$IN_0 \sim IN_7$：8 路模拟输入通道。

（2）$D_0 \sim D_7$：8 位数字量输出端。

（3）START：启动转换命令输入端，由 1→0 时启动 A/D 转换，要求信号宽度 > 100 ns。

（4）OE：输出使能端，高电平有效。

（5）ADD_A、ADD_B、ADD_C：地址输入线，用于选通 8 路模拟输入中的一路进入 A/D 转换。其中 ADD_A 是 LSB 位，这三个引脚上所加电平的编码为 000～111，分别对应 $IN_0 \sim IN_7$，例如，当 $ADD_C = 0$，$ADD_B = 1$，$ADD_A = 1$ 时，选中 IN_3 通道。地址信号与选中通道对应关系如表 5-6 所示。

表 5-6　地址信号与选中通道对应关系

地址			选中通道
ADD_C	ADD_B	ADD_A	
0	0	0	IN_0
0	0	1	IN_1
0	1	0	IN_2
0	1	1	IN_3
1	0	0	IN_4
1	0	1	IN_5
1	1	0	IN_6
1	1	1	IN_7

（6）ALE：地址锁存允许信号，用于将 $ADD_A \sim ADD_C$ 三条地址线送入地址锁存器中。

（7）EOC：转换结束信号输出。转换完成时，EOC 的正跳变可用于向 CPU 申请中断，其高电平也可供 CPU 查询。

（8）ClOCK：时钟脉冲输入端，要求时钟频率不高于 640 kHz。

（9）REF（+）、REF（-）：基准电压，一般与微机连接时，REF（-）接 0 V 或 -5 V，REF（+）接 +5 V 或 0 V。

ADC0809 在使用时需要注意以下问题：

（1）转换时序。

ADC0809 控制信号的时序图如图 5-38 所示，该图描述了各信号之间的时序关系。

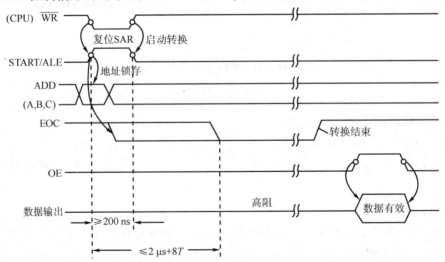

图 5-38　ADC0809 控制信号的时序图

当通道选择地址有效时，ALE 信号一出现，地址便马上被锁存，这时转换启动信号紧随 ALE 之后（或与 ALE 同时）出现。START 的上升沿将逐次逼近寄存器 SAR 复位，在该上升沿之后的 2 μs 加 8 个时钟周期内，EOC 信号将变低电平，以指示转换操作正在进行中，直到转换完成后 EOC 再变高电平。微处理器收到变为高电平的 EOC 信号后，便立即送出 OE 信号，打开三态门，读取转换结果。

（2）参考电压的调节。

在使用 A/D 转换器时，为保证其转换精度，要求输入电压满量程使用。如果输入电压动态范围较小，则可调节参考电压 U_{REF} 以保证小信号输入时 ADC0809 芯片 8 位的转换精度。

（3）接地。

A/D 和 D/A 转换电路中要特别注意地线的正确连接，否则就会产生严重的干扰，影响转换结果的准确性。A/D、D/A 和取样保持芯片上都提供了独立的模拟地（AGND）和数字地（DGND）的引脚。在线路设计中，必须将所有器件的模拟地和数字地分别相连，然后将模拟地与数字地仅在一点上相连接。

4.3.6 模数转换器的主要技术指标

1. 分辨率

A/D 转换器的分辨率用输出二进制数的位数表示，位数越多，误差越小，转换精度越高。

例如：输入模拟电压的变化范围为 0~5 V，输出 8 位二进制数可以分辨的最小模拟电压为 $5×2^{-8}≈20$（mV）；而输出 12 位二进制数可以分辨的最小模拟电压为 $5×2^{-12}≈1.22$（mV）。

2. 相对精度

在理想情况下，所有的转换点应当在一条直线上。相对精度是指实际的各个转换点偏离理想特性的误差。

3. 转换速度

转换速度是指完成一次转换所需的时间。转换时间是指从接到转换控制信号开始，到输出端得到稳定的数字输出信号所经过的这段时间。

✎ 练一练：

如图 5-39 所示，写出把 3.4 V 电压转换成数字量 1010 的过程。

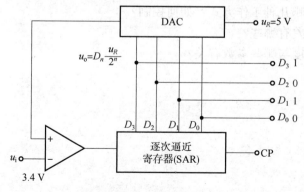

图 5-39 练一练题图

答案：

知识点归纳：

模数转换器的功能是将输入的模拟信号转换成一组多位的二进制数字输出。不同的模数转换方式具有各自的特点：

（1）常用 ADC 主要有并联比较型、双积分型和逐次逼近型。其中，并联比较型 ADC 转换速度最快，但价格贵；双积分型 ADC 精度高、抗干扰能力强，但速度慢；逐次逼近型 ADC 的优点是速度快、分辨率高、成本低，因此在计算机系统得到广泛应用。

（2）并联比较型 A/D 转换器。

①由于转换是并行的，其转换时间只受比较器、触发器和编码电路延迟时间的限制，因此转换速度最快。

②随着分辨率的提高，元件数目要按几何级数增加。一个 n 位转换器，所用比较器的个数为 2^n-1，如 8 位的并行 A/D 转换器就需要 $2^8-1=255$ 个比较器。由于位数越多，电路越复杂，因此制成分辨率较高的集成并行 A/D 转换器是比较困难的。

③精度取决于分压网络和比较电路。

④动态范围取决于 U_{REF}。

（3）双积分型 A/D 转换器。

电路中不存在 D/A 转换器，结构简单，转换不受 RC 参数的影响，因此抗干扰能力强、精度高。但是转换需要二次积分，所以转换速度较慢。

课后思考：

（1）什么叫 A/D 转换；

（2）A/D 转换器为什么要对模拟信号进行采样和保持？

（3）DAC0832 有哪几种工作方式？如何控制？

（4）D/A 转换误差有哪些？

（5）D/A 转换精度与哪些参数有关？

工作页

学习任务：	测量电路-模数转换的应用	姓名：	
学习内容：	模数转换	时间：	

※信息收集
转换电路的分类

能够识别电路图，并且能理解其推导过程和应用。
分类：并联比较型、双积分型和逐次、逼近型

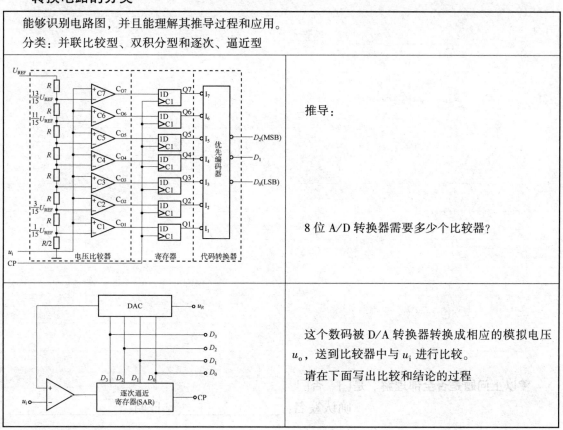

推导：

8位 A/D 转换器需要多少个比较器？

这个数码被 D/A 转换器转换成相应的模拟电压 u_o，送到比较器中与 u_i 进行比较。
请在下面写出比较和结论的过程

※能力拓展
练习

逐次逼近型 A/D 转换器如图 5-32 所示。当 $u_i = 1.4$ V 时，参考电压是 5 V，问：
(1) 输出的二进制数 $D_4 D_3 D_2 D_1 D_0 = ?$
(2) 转换误差为多少？
(3) 如何提高转换精度？

测量技术及应用

本节总结：

♛以上问题是否全部理解。是□ 否□

　　　　　　　　　确认签名：＿＿＿＿＿＿＿＿ 日期：＿＿＿＿＿＿＿＿

任务 5.4　测量电路——数模转换器的应用

> 知识目标：1. 了解什么是数模转换电路。
> 　　　　　2. 了解数模转换 D/A 转换器的种类。
> 　　　　　3. 掌握集成 D/A 转换器。
> 能力目标：能够掌握基本的数模转换方法和参数计算。
> 思政目标：中国航天精神和其中存在的精益文化。

📌 **问题引导 1：什么是数模转换电路？**

将数字量转换为模拟量的电路（Digital to Analog Converter），简称 D/A 转换器或 DAC。

ADC 和 DAC 是沟通模拟电路和数字电路的桥梁，也可称之为两者之间的接口。ADC 和 DAC 应用示意图如图 5-40 所示。

数模转换的
分析与应用

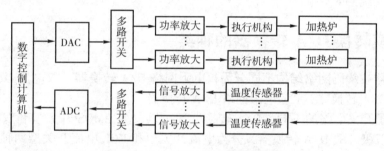

图 5-40　ADC 和 DAC 应用示意图

5.4.1　数模转换基本概念

D/A 转换器一般由数码缓冲寄存器、模拟电子开关、参考电压、解码网络和求和电路等组成，如图 5-41 所示，图中数字量以并行或者串行方式输入并存储于数码寄存器中，寄存器的输出驱动对应数位上的电子开关，将相应数位的权值相加得到与数字量对应的模拟量。

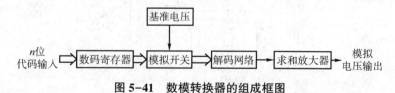

图 5-41　数模转换器的组成框图

由于构成数字代码的每一位都有一定的"权重"，因此为了将数字量转换成模拟量，就必须将每一位代码按其"权重"转换成相应的模拟量，然后再将代表各位的模拟量相加，即可得到与该数字量成正比的模拟量，这就是构成 D/A 变换器的基本思想。DAC 转换器示意图如图 5-42 所示。

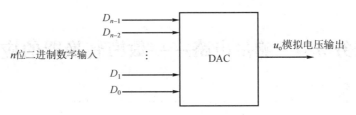

图 5-42 DAC 转换器示意图

D/A 转换器实质是一个译码器（解码器）。一般常用的线性 D/A 转换器，其输出模拟电压 u_o 和输入数字量 D_n 之间成正比关系。设 U_{REF} 表示参考电压，则

输入：n 位二进制数字量，为 $D = [D_{n-1}D_{n-2}\cdots D_1 D_0]$

对应的十进制数为：$D_n = D_{n-1}\cdot 2^{n-1}+D_{n-2}\cdot 2^{n-2}+\cdots+D_1\cdot 2^1+D_0\cdot 2^0 = \sum\limits_{i=0}^{n-1} D_i 2^i$

输出：与之为正比的模拟量为

$$u_o = D_n U_{REF}$$
$$= D_{n-1}\cdot 2^{n-1}\cdot U_{REF} + D_{n-2}\cdot 2^{n-2}\cdot V_{REF} + \cdots + D_1\cdot 2^1\cdot U_{REF} + D_0\cdot 2^0\cdot U_{REF}$$
$$= \sum_{i=0}^{n-1} D_i 2^i\, U_{REF} \tag{5-15}$$

5.4.2 数模转换 D/A 转换器的种类

D/A 转换器按解码网络结构不同分为权电阻网络 D/A 转换器、权电流 D/A 转换器、倒 T 型电阻网络 D/A 转换器、T 型电阻网络 D/A 转换器。

按模拟电子开关电路的不同，D/A 转换器还可以分为 CMOS 开关型和双极开关型 D/A 转换器。其中双极开关 D/A 转换器又分为电流开关型和 ECL 电流开关型两种，在速度要求不高的情况下，可选用 CMOS 开关型。如果要求较高的转换速度则应选用双极电流开关型 D/A 转换器，或转换速度更快的 ECL 电流开关型 D/A 转换器。

1. 权电阻型 D/A 转换器

1）电路组成

如图 5-43 所示，该 4 位权电阻型 D/A 转换器由电子模拟开关 S0~S3、权电阻译码网络、求和运算放大器和基准电压 U_{REF} 组成。

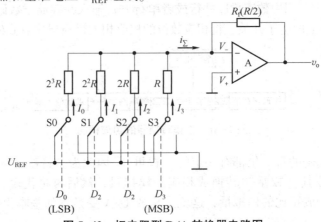

图 5-43 权电阻型 D/A 转换器电路图

2）工作原理

输入 4 位数字量 $D = [D_{n-1} D_{n-2} \cdots D_1 D_0]$。$D_i = 0$，控制模拟开关 S_i 接地。按图 5-44 所示电路可得

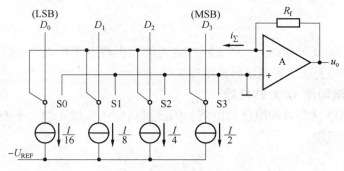

图 5-44 权电流 D/A 转换器

$$i_\Sigma = I_3 + I_2 + I_1 + I_0 = \frac{U_{REF}}{R}D_3 + \frac{U_{REF}}{2R}D_2 + \frac{U_{REF}}{4R}D_1 + \frac{U_{REF}}{8R}D_0 \tag{5-16}$$

$$u_o = -i_\Sigma R_f = -\frac{U_{REF} R_f}{8R}(2^3 D_3 + 2^2 D_2 + 2^1 D_1 + 2^0 D_0)$$
$$= -\frac{U_{REF}}{2^4}(2^3 D_3 + 2^2 D_2 + 2^1 D_1 + 2^0 D_0) \tag{5-17}$$

若 $U_{REF} = 5$ V，$D = [D_{n-1} D_{n-2} \cdots d_1 D_0] = 1000$B，则 $u_o = 2.5$ V；若 $D = 1111$B，则 $u_o = 4.6875$ V。表明当数字输入量为 D 时，相对应输出模拟量为 $U_{REF} \times D/2^n$。

◆ 例题 5-11：权电阻 D/A 转换器中 $R_0 = 2^3 R = 80$ kΩ，$R_f = 5$ kΩ，则 $R_1 = 2^2 R$，$R_2 = 2^1 R$，$R_3 = 2^0 R$，各应选择多大数？若 = 5 V，输入的二进制数码 $D_3 D_2 D_1 D_0 = 1111$，求输出电压 $v_o = ?$

解：由于 $R_0 = 2^3 R = 80$ kΩ，所以 $R = R_0/2^3 = 10$ kΩ

故 $R_1 = 2^2 R = 40$ kΩ；$R_2 = 2^1 R = 20$ kΩ；$R_3 = 2^0 R = 10$ kΩ；$u_o = -4.69$ V。

3）特点

权电阻型 D/A 转换器电路结构简单，且因组成数字量的各位同时进行转换，转换速度很快。但权电阻网络中电阻阻值的取值范围较复杂，位数越多，权电阻品种越多，不易做得很精确，且阻值变化范围大，不易于集成，因此这种类型的 D/A 转换器实际应用较少。

2. 权电流 D/A 转换器

一般在要求 D/A 转换器的精度较高的场合，可用权电流 D/A 转换器。

1）电路组成

4 位权电流 D/A 转换器如图 5-44 所示。电路中，用一组恒流源代替了倒 T 型电阻网络。这组恒流源从高电位到低位电流的大小依次为 $I/2$、$I/4$、$I/8$、$I/16$。

2）工作原理

在图 5-44 所示电路中，当输入数字量的某一位数码 $D_i = 1$ 时，开关 S_i 接运算放大器的反相端，相应权电流流出求和电路；当 $S_i = 0$ 时，开关 S_i 接地。分析该电路可得

$$u_o = \frac{I}{2^4} \cdot R_f (D_3 2^3 + D_2 2^2 + D_1 2^1 + D_1 2^1 + D_0 2^0) \tag{5-18}$$

每个支路电流的大小，与有关数字量的权重密切相关。

3）特点

（1）速度快。

（2）当采用了恒流源电路后，各支路权电流的大小均不受开关导通电阻和压降的影响，降低了对开关电路的要求，提高了转换精度。

3. 倒 T 型电阻网络 D/A 转换器

倒 T 型电阻网络只有两种阻值的电阻，因此最适合于集成工艺。下面以 4 位 D/A 转换器为例说明其工作原理。

1）电路组成

倒 T 型电阻网络 D/A 转换器电路图如图 5-45 所示，该电路也是由电阻网络、电子开关和反相加法运算放大器组成的，但电阻网络中只有 R、$2R$ 两种阻值的电阻元件，便于集成电路的设计与制作。

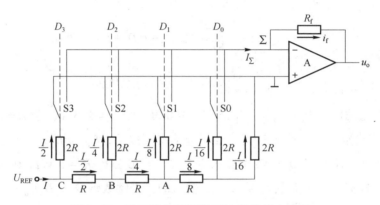

图 5-45 倒 T 型电阻网络 D/A 转换器电路图

2）工作原理

在图 5-45 中，因为同相输入端为"虚地"，无论模拟开关 S_i 接到何种位置，与其相连接的电阻 $2R$ 都相当于接"地"，流过每个支路上的电流与开关状态无关，都不会改变。因此从每个节点向左看，每个二端口网络的等效电阻都等于 $2R$，且对地等效电阻均为 R。若经过 U_{REF} 的电流 $I = U_{REF}/R$，则从右到左流过各开关支路电流分别为 $\frac{I}{2}$、$\frac{I}{4}$、$\frac{I}{8}$ 和 $\frac{I}{16}$。

于是，可得总电流为

$$i_\Sigma = \frac{U_{REF}}{2^1 R} D_3 + \frac{U_{REF}}{2^2 R} D_2 + \frac{U_{REF}}{2^3 R} D_1 + \frac{U_{REF}}{2^4 R} D_0 = \frac{U_{REF}}{2^4 R} \sum_{i=0}^{3} (D_i \cdot 2^i) \tag{5-19}$$

输出电压为

$$u_o = -i_\Sigma R_f = -\frac{R_f}{R} \cdot \frac{U_{REF}}{2^4} \sum_{i=0}^{3} (D_i \cdot 2^i) \tag{5-20}$$

若取 $R_f = R$，则

$$u_o = -\frac{U_{REF}}{2^4} \times (D_3 2^3 + D_2 2^2 + D_1 2^1 + D_0 2^0) = -\frac{U_{REF}}{2^4} N_B \quad (5\text{-}21)$$

式中

$$N_B = \sum_{i=0}^{n-1} D_i \times 2^i = D_{n-1} 2^{n-1} + D_{n-2} 2^{n-2} + \cdots + D_1 2^1 + D_0 2^0 \quad (5\text{-}22)$$

当 $U_{REF} = 10$ V 时，得到输入数字量和输出模拟电压的对应关系如表 5-7 所示。

表 5-7 输入数字量和输出模拟电压的对应关系

D_3	D_2	D_1	D_0	u_o/u
0	0	0	0	0.000
0	0	0	1	-0.625
0	0	1	0	-1.250
0	0	1	1	-1.875
0	1	0	0	-2.500
0	1	0	1	-3.125
0	1	1	0	-3.750
0	1	1	1	-4.375
1	0	0	0	-5.000
1	0	0	1	-5.625
1	0	1	0	-6.250
1	0	1	1	-6.875
1	1	0	0	-7.500
1	1	0	1	-8.125
1	1	1	0	-8.750
1	1	1	1	-9.375

3）特点

（1）各支路电流直接流入运算放大器的输入端，它们之间不存在传输上的时间差，提高了转换速度。

（2）减少了动态过程中输出端可能出现的尖脉冲。

（3）基准电压稳定性要好。

（4）倒 T 型电阻网络中 R 和 $2R$ 电阻比值的精度要高。

（5）每个模拟开关的开关电压降要相等，为实现电流从高位到低位按 2 的整数倍递减，模拟开关的导通电阻相应地按 2 的整数倍递增。

例题 5-12：倒 T 形电阻网络 DAC 中，设 $U_{REF} = 5$ V，$R_f = R = 10$ kΩ，求对应于输入 4 位二进制数码为 0101、0110、1101 时的输出电压 u_o。

解：

当 $D = 0101$ 时，$u_o = -(5/16) \times 5 = -1.5625$ (V)

当 $D = 0110$ 时，$u_o = -(6/16) \times 5 = -1.875$ (V)

当 $D = 1101$ 时，$u_o = -(13/16) \times 5 = -4.0625$ (V)

4. T型电阻网络D/A转换器（可以在里面加上例题）

T型电阻网络D/A转换器如图5-46所示，如果输入的是n位二进制数，则

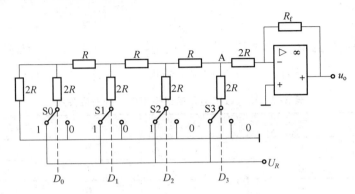

图5-46 T型电阻网络D/A转换器示意图

$$u_o = -\frac{U_R}{2^n}(D_{n-1} \cdot 2^{n-1} + D_{n-2} \cdot 2^{n-2} + \cdots + D_1 \cdot 2^1 + D_0 \cdot 2^0) \quad (5-23)$$

例题5-13：在T型电阻网络D/A转换器中 $U_{REF}=5\text{ V}$，$R_f=30\text{ k}\Omega$，$R=10\text{ k}\Omega$，求对应输入4位二进制数码为0101、0110、1101的输出电压 u_o。

解：T型电阻网络D/A转换器中

$$u_o = -\frac{U_{REF}}{2^4} \cdot \frac{R_f}{3R} \sum_{i=0}^{3} D_i 2^i$$

由于 $R_f = 3R$

所以 $u_o = -\dfrac{U_{REF}}{2^4} \sum_{i=0}^{3} D_i 2^i$

当 $D_3D_2D_1D_0 = 0101$ 时

$$u_o = -\frac{5}{16} \times 5 = -1.56 \text{ (V)}$$

当 $D_3D_2D_1D_0 = 0110$ 时

$$u_o = -\frac{5}{16} \times 6 = -1.88 \text{ (V)}$$

当 $D_3D_2D_1D_0 = 1101$ 时

$$u_o = -\frac{5}{16} \times 13 = -4.06 \text{ (V)}$$

5. 集成D/A转换器（AD7520）

集成D/A转换器的品种很多，按输入的二进制数的位数分，有8位、10位、12位和16位等；按器件内部电路的组成部分又可以分成两大类，一类器件的内部只包含电阻网络和模拟电子开关，另一类器件的内部还包含了参考电压源发生器和运算放大器。

在使用前一类器件时，必须外接参考电压源和运算放大器。为了保证数模转换器的转换精度和速度，应注意合理地确定对参考电压源稳定度的要求，选择零点漂移和转换速率都恰当的运算放大器。本书主要介绍目前应用较为广泛的典型D/A芯片AD7520。

1) 技术指标

AD7520 是 10 位的 D/A 转换集成芯片,与微处理器完全兼容。该芯片以接口简单、转换控制容易、通用性好、性能价格比高等特点得到广泛的应用。AD7520 的主要技术指标为:

电源电压:+5~+15 V;分辨率:10;位转换速度:500 ns;线性误差:±1/2LSB(LSB 表示输入数字量最低位),若用输出电压满刻度范围 FSR 的百分数表示则为 0.05%FSR;逻辑电平输入:与 TTL 电平兼容;温度系数:0.001%/℃。

2) 内部结构

AD7520 转换器的内部结构如图 5-47 所示,该芯片只包含倒 T 型电阻网络、电流开关和反馈电阻,不含运算放大器,输出端为电流输出。

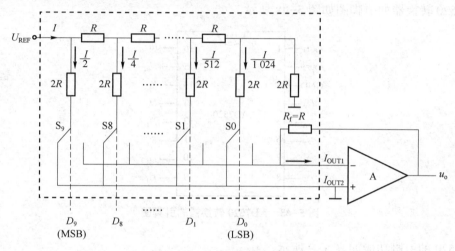

图 5-47 AD7520 的内部结构

AD7520 具有一组 10 位数据线 $D_0 \sim D_9$,用于输入数字量。一对模拟输出端 I_{OUT1} 和 I_{OUT2} 用于输出与输入数字量成正比的电流信号,一般外部连接由运算放大器组成的电流/电压转换电路。转换器的基准电压输入端 U_{REF} 一般在-10~+10 V。

表 5-8 所示为 AD7520 输入数字量与输出模拟量的对应关系,其中 $2^n = 2^{10} = 1024$。

表 5-8 AD7520 输入数字量和输出模拟量的对应关系

输入数字量										输出模拟量
D_9	D_8	D_7	D_6	D_5	D_4	D_3	D_2	D_1	D_0	u_0
0	0	0	0	0	0	0	0	0	0	0
0	0	0	0	0	0	0	0	0	1	$-\dfrac{1}{1\,024}U_R$
⋮										⋮
0	1	1	1	1	1	1	1	1	1	$-\dfrac{511}{1\,024}U_R$
1	0	0	0	0	0	0	0	0	0	$-\dfrac{512}{1\,024}U_R$

续表

输入数字量										输出模拟量
				⋮						⋮
1	1	1	1	1	1	1	1	1	0	$-\dfrac{1\,023}{1\,024}U_R$
1	1	1	1	1	1	1	1	1	1	$-\dfrac{1\,024}{1\,024}U_R$

3) 引脚功能

AD7520 转换器如引脚图如图 5-48 所示。

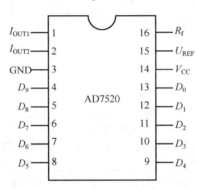

图 5-48 AD7520 转换器的引脚图

AD7520 的引脚功能如表 5-9 所示。

表 5-9 AD7520 的引脚功能

引脚	功能
$D_0 \sim D_9$	10 位数据输入端,TTL 电平
I_{OUT1} 和 I_{OUT2}	模拟电流输出端
R_f	反馈电阻,被制作在芯片内,与外接的运算放大器配合构成电流/电压转换电路
U_{REF}	转换器的基准电压,电压范围 $-10 \sim +10$ V
V_{CC}	工作电源输入端,$+5 \sim +15$ V
GND	接地端

4) AD7520 的应用

AD7520 可与计数器组成锯齿波发生电路,如图 5-49 所示。10 位二进制加法计数器从全 "0" 加到全 "1",电路的模拟输出电压 u_o 由 0 V 增加到最大值。如果计数脉冲不断,则可在电路的输出端得到周期性的锯齿波。

输出的锯齿波波形如图 5-50 所示。

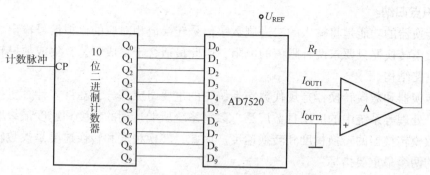

图 5-49　AD7520 组成的锯齿波发生器

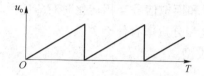

图 5-50　锯齿波发生器输出的锯齿波形

5.4.3　数模转换器的主要技术指标

1. 分辨率

分辨率用输入二进制数的有效位数表示。在分辨率为 n 位的 D/A 转换器中，输出电压能区分 2^n 个不同的输入二进制代码状态，能给出 2^n 个不同等级的输出模拟电压。

分辨率也可以用 D/A 转换器的最小输出电压（数字量变化一个单位时，输出电压的变化量）与最大输出电压（数字量为 11…1 时的输出电压值）的比值来表示。10 位 D/A 转换器的分辨率为：$\dfrac{1}{2^{10}-1} = \dfrac{1}{1\,023} \approx 0.001$。

2. 转换精度

D/A 转换器的转换精度是指输出模拟电压的实际值与理想值之差，即最大静态转换误差。

3. 输出建立时间

从输入数字信号起，到输出电压或电流到达稳定值时所需要的时间，称为输出建立时间。

✏ **练一练：**

在 T 型电阻网络 D/A 转换器中，若 $n=10$ 时，$D_9 = D_7 = 1$，其余位均为 0，在输出端测得电压 $u_o = 3.125$ V，问该 D/A 转换器的基准电压？设电路中 $R_f = 3R$。

答案：

✍ **知识点归纳：**

数模转换器的功能是将输入的二进制数字信号转换成相对应的模拟信号输出。由于 T 型电阻网络数模转换器只要求两种阻值的电阻，因此最适合于集成工艺，集成数模转换器普遍采用这种电路结构。

模数转换器和数模转换器是现代数字系统中的重要组成部分，在许多计算机控制、快速检测和信号处理等系统中的应用日益广泛。数字系统所能达到的精度和速度最终取决于模数转换器和数模转换器的转换精度和转换速度。因此，转换精度和转换速度是模数转换器和数模转换器的两个最重要指标。

☑ **课后思考：**

（1）什么叫 D/A 转换，D/A 转换器一般由哪些部分组成？

（2）写出并说明数字信号和模拟信号互相转化时对应的量化关系表达式。

（3）A/D 转换的转换精度和分辨率有什么关系？

（4）简述 A/D 转换器的类型。

工作页

学习任务：	测量电路——数模转换的应用	姓名：	
学习内容：	数模转换	时间：	

※任务描述

温度传感器传递来的信号是模拟信号，需要进行显示和记录，因此需要数据在模拟信号和数字信号之间的转换，系统框图如图5-51所示。

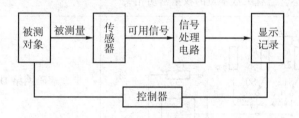

图 5-51 系统框图

※信息收集
转换电路的分类

基本组成：模拟开关、电阻网络、运算放大器	
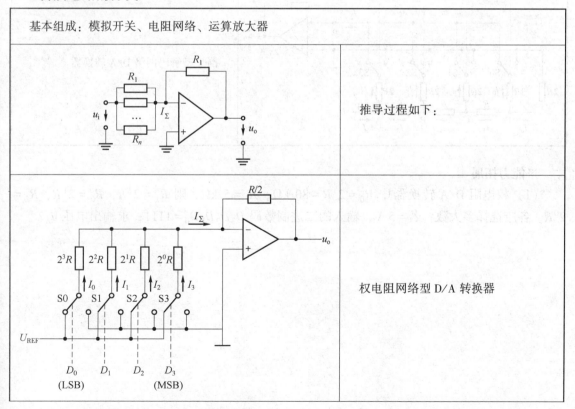	推导过程如下：
	权电阻网络型 D/A 转换器

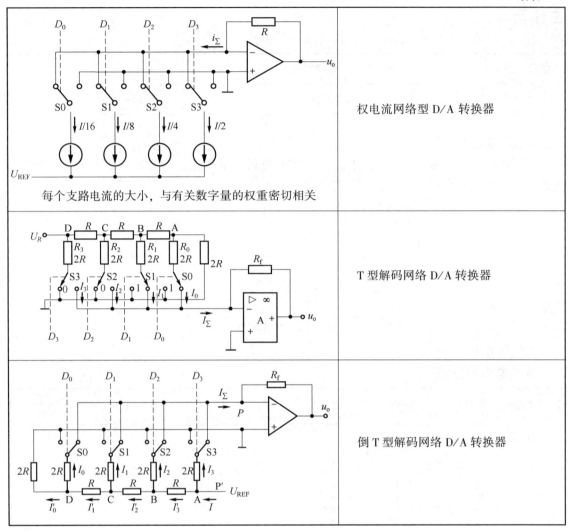

※能力拓展

（1）权电阻 D/A 转换器中 $R_0 = 2^3 R = 80\ \text{k}\Omega$，$R_f = 5\ \text{k}\Omega$，则 $R_1 = 2^2 R$，$R_2 = 2^1 R$，$R_3 = 2^0 R$，各应选择多大数？若 = 5 V，输入的二进制数码 $D_3 D_2 D_1 D_0 = 1111$；求输出电压 u_o？

（2）T 型电阻网络 D/A 转换器中 $U_{REF}=5$ V，$R_f=30$ kΩ，$R=10$ kΩ，求对应输入 4 位二进制数码为 0101、0110、1101 的输出电压 u_o。

本节总结：

☞以上问题是否全部理解。是□ 否□

确认签名：_____ 日期：_____

工作页（实验）

学习任务：	模数与数模转换的实验	姓名：	
学习内容：	模数与数模转换的实验	时间：	

※信息收集

知识储备

并行 A/D 转换器

$R\text{-}2R$ D/A 转换器

※实验实施

1. 并行 A/D 转换器

首先借助于一个四级并行转换器，把 0 V 和 5 V 之间的模拟量的输入电压转化为数字量。按照图 5-52 所示电路图搭建一个 A/D 转换器。为了产生输入电压 U_e，应该在+5 V 和地上连接 100 kΩ 的变阻器。在抽头中部可以取得在 0 和+5 V 之间变化的电压。

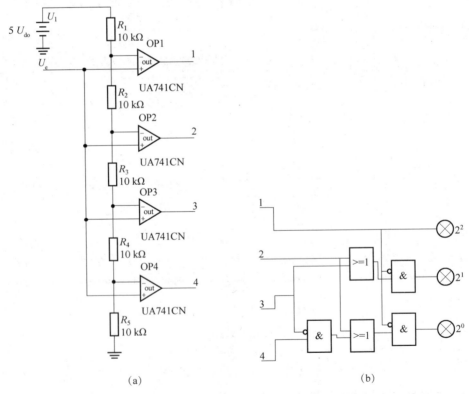

图 5-52 并行 A/D 转换器电路图

(a) A/D 转换；(b) 优先逻辑电路

在实验开始的时候，只搭建电路的左边部分，并在输出端 1~4 连上发光二极管。给电路接上一个电压范围在 0~5 V 的欲转化为数字量的输入电压 U_e。慢慢地把电压从小调大，并用万用表测量 U_e 的电压，在该电压下单个的比较器转换。在实验报告中说明，得到的电压值是多少？

电压值＝_____

_____

对于一个完整的 8 位 A/D 转换器的 256 个值，需要几个比较器？

2. 按照 R-2R 原理的 D/A 转换器

搭建一个 4 位的 R-2R 网络，用它可以把一个二进制的信号转换成一个模拟输出信号。按照图 5-53 所示电路图接线，电路中的 R 用 5 kΩ 替代。此外，使用 R_f = 2 kΩ 及 U_e = +15 V。

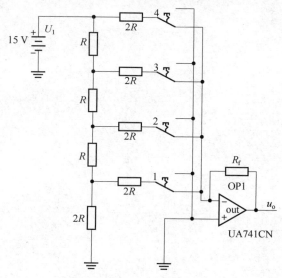

图 5-53　R-2R 网络电路图

注意：由于运放 OP1 的反相作用，输出 u_o 是负值。

测量将开关 1~4 置于"high"时的输出电压，把这些值记录在表格中。

请在实验报告中解释 D/A 转换器的功能。得出二进制位值 2^0 = 1 时的最低电压；检验电压是否等于 2^n 倍？解释可能产生的偏差。

※结论

请写出本次实验中的心得体会。

本节总结：

🏆 以上问题是否全部理解。是□ 否□

　　　　　　　　　确认签名：＿＿＿＿＿＿＿＿ 日期：＿＿＿＿＿＿＿＿

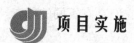 **项目实施**

> 知识目标：理解自动恒温系统的原理。
> 能力目标：1. 选型热电偶、温度控制器。
> 　　　　　2. 实现温度控制器的装配与调试。
> 　　　　　3. 实现热电偶和加热器的装配与调试。
> 思政目标：温度控制器是可以上下范围可调的，就如人的情绪一样，要学给自己一定的调节空间。

实施任务 5.1　自动恒温控制系统的方案设计

1. 自动恒温控制系统的原理

温度是工业上和日常生活中非常重要的一个物理量，对温度的检测与控制具有重要意义，在很多场合需要保持温度维持在一个恒定不变的值，满足一些特定场合的应用。例如，在工业生产上，有化工、建材、冶金、食品加工、机械制造需要对温度进行精确的自动控制，还有根据动物生活习性的需求控制饲养棚的温度来进行孵卵或动物培养等；在农业上，通过温度控制植物生长等；在医学上，用于早产儿的保护箱等。

自动恒温系统的工作原理

本任务以恒温箱为载体来分析自动恒温系统的工作原理。恒温箱具有体积小、性价比高、功能强等特点。如图 5-54 所示，恒温箱是通过数显仪表与温度传感器的连接来控制工作室的温度，采用不同类型的加热装置或者热风机实现温度的升高，同时可以通过停止加热、散热或利用制冷装置制冷的方式实现温度的降低。其必须具有温度自动控制功能。通过温度控制器所连接的温度传感器实施监测恒温箱工作室内的温度，同时可以通过与预先设置的温度值进行比较，如果室内温度低于设置值控制加热设备进行加热。如果高于预先设置的温度值则停止加热或启动制冷。根据所使用的制热制冷设备的不同，控制器所使用的控制方式也不同，比如利用继电器控制电热丝的通断电、利用固态继电器控制红外加热管的精确温控等。为了实现温度的更精确控制，温度控制器都会采用 PID 算法的闭环控制。

图 5-54　恒温箱实物图

自动恒温系统的工作原理就是温度传感器将温度信号传送至控制器，和控制器上设置的值进行比较，低了启动加热，高了启动制冷。其关键的控制部分有四个：

1）温度传感器

温度传感器是自动恒温系统中获取温度信息的关键部件，它将温度信号转换成电信号，安装在恒温箱内部的空气中，注意不能与物体或是箱壁接触，用来实时监测箱内的温度。温度传感器有不同的类型，比如热电阻、热电偶、数字式温度传感器等，它们具有不同的特点和应用场合，实际应用中根据使用场合和控制器进行选择。

2）加热装置

加热装置用来提升恒温工作室的温度，常用的有电热丝、电热管、红外线加热管等，如图 5-55 所示。一般主要由大功率电热丝组成，由于恒温箱要求的升温速率较大，因此加热系统功率都比较大，可以在底板设有加热器。

3）制冷装置

制冷装置用来降低恒温箱工作室内的温度，有的用风机散热，有的用专门的制冷装置，比如压缩机或半导体制冷片。图 5-56 所示为制冷风扇。

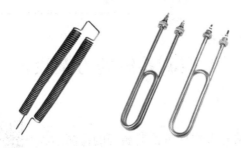

图 5-55　加热装置

图 5-56　制冷风扇

4）温度控制器

温度控制器如图 5-57 所示，与标准热电偶配套，显示值为温度，而且均已线性化，通过其操作界面可以设置恒温箱的恒温范围，即设置允许的温度上限和下限，当探头检测到温度低于下限时，开启加热，温度开始回升，当探头检测到温度高于上限时，开启制冷，温度下降，如此来回控制。

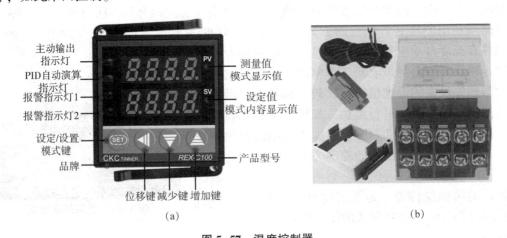

图 5-57　温度控制器

(a) 正面图；(b) 背面图

恒温箱的控制器是整个系统的核心模块，它是使用一种可编程的芯片制作而成的，事先可以将一些软件编程写入芯片当中，通过将温度传感器的采集信号与系统的内部设置值进行比较，并通过相应的控制算法实现对制冷和制热装置的控制，从而实现恒温控制，同时控制器还提供温度的显示与系统的参数设置等功能。

2. 自动恒温控制系统的方案设计

本项目需要完成的自动恒温控制系统的恒温箱需达到以下指标要求：

（1）温度控制范围在+10～250 ℃，温度的波动度在±1 ℃的控制范围。

（2）电源为市电 220 V，50 Hz。

（3）系统的功率为 0.8 kW。

（4）全量程报警上下限可设置。

根据恒温箱的工作原理，其原理框图如图 5-58 所示。

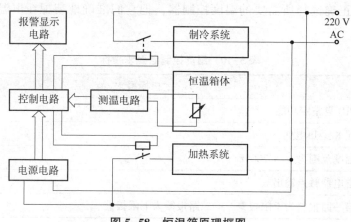

图 5-58　恒温箱原理框图

1）测温电路

测温电路用于输出电压值指示被测温度。当此处的设计选择铠装型热电偶，温度范围为 0～1 200 ℃。

2）温度控制电路

控制系统的核心——控制器，选择一个能够满足指标需求的温度控制器。此温度控制器需满足：具有 PID 自整定功能，配 K 型热电偶，温度范围为 0～1 200 ℃，继电器触点输出，第一路报警为上限报警，第二路报警为下限报警。

3）报警电路

设计一个报警电路，当恒温箱的温度处于设定的正常范围时 LED 灯灭，当温度超设定范围时，LED 灯闪烁。

4）电源电路

220 V 交流电变换成稳定的低电压直流电源供控制电路使用。

实施任务 5.2　自动恒温控制系统的装配与调试

要求：仪器、工具正确放置，按正确的操作规程进行操作，操作过程中爱护仪器、工具、工作台，防止出现触电。

自动恒温控制系统（恒温箱）的装配与调试

装配与调试时间：_____　　人员：_____

1. 选择温度控制器

根据表 5-10 正确选择所需要的温度控制器，把它们准确地装配在恒温箱体中。

表 5-10　温度控制器要求指标

序号	指标要求
1	PID 自整定功能
2	配 K 型热电偶
3	温度范围为 0~1 200 ℃
4	继电器触点输出
5	第一路报警为上限报警，第二路报警为下限报警

温控器是如何进行选型的呢？

温控器的型号由品牌、尺寸、输出方式、输入方式组成，选择时可参考图 5-59。

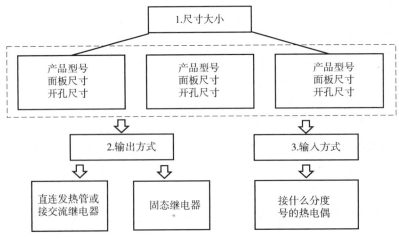

图 5-59　温度控制器的选型

2. 选择温度传感器——热电偶

根据表 5-11 中的常见热电偶的特点，正确选择热电偶。

表 5-11 热电偶的选型

分度号	名称	测量温度范围/℃	特点
B	铂铑 30-铂铑 6	50~1 820	在还原性气体中易被侵蚀，价格昂贵
R	铂铑 13-铂	−50~1 768	准确度高、性能稳定，高温下连续使用时特性会逐渐变坏，价格昂贵
S	铂铑 10-铂	−50~1 768	高温检测，可作标准电极，价格昂贵
K	镍铬-镍硅（铝）	−270~1 370	热电动势较大、价廉，工业中应用最为广泛
E	镍铬-铜镍（康铜）	−270~800	多用于 300 ℃ 左右温度的测量

3. 选择加热装置

选择恒温箱内置的电热管，通过温度控制器的继电器触点的通断电来实现其对工作室加热的控制。由于本恒温箱主要用来维持较高的恒温，在控制器内部设置温度的稳定偏差，故不设置制冷控制。

4. 恒温箱系统的装配与调试

恒温箱的装配主要包括热电偶和温度控制器的连接，加热控制装置的装配。恒温箱系统装配电气示意图如图 5-60 所示。

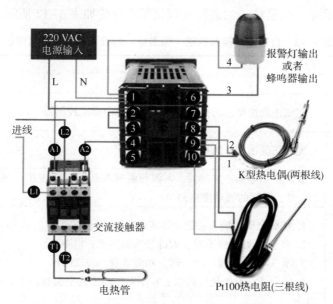

图 5-60 恒温箱系统装配电气示意图

1）热电偶与温度控制器的装配

电气连线与装配的步骤如下：

（1）K 型热电偶的蓝色端子连接温度控制器的 9 号端子。

（2）K 型热电偶的红色端子连接温度控制器的 10 号端子。

2）报警显示电路的装配

报警灯的一端连接温度控制器的 1 号端子，另一端连接 6 号端子。

3）加热控制装置的装配

根据工作原理，加热控制装置的控制通过一个交流接触器来控制加热管电源的通断来实现，其装配的步骤如下：

（1）交流接触器的线圈一端 A1 连接温度控制器的 1 号端子。

（2）交流接触器的线圈的另一端 A2 连接温度控制器的 4 号端子。

（3）交流接触器的两组常开触点的输出端 T1、T2 分别接加热管的两端，两组常开触点的输入点分别接电源的零线 L1 和火线 L。

4）系统接入总电源的装配

系统接入总电源为 220 V 的交流电，其装配的步骤如下：

（1）220 V 电源的零线 N 接入温度控制器的 1 号端子。

（2）220 V 电源的火线 L 接入温度控制器的 2 号端子。

（3）温度控制器的 3 号和 7 号端子连接 2 号端子。

以上就是安装装配的全部。

项目评价

1. 评价

项目的评价部分分为两部分，包含专业技能部分的应用和综合素养。

自动恒温控制系统（恒温箱）的装配与调试项目评价如表 5-12 所示。

表 5-12 自动恒温控制系统（恒温箱）的装配与调试项目评价

评价项目	项目配分	评价标准	评分人		
			个人	小组	教师
温度控制器的选型	10 分	完成正确选型，选择 REX-C100 型智能温度控制器			
热电偶的选型	10 分	完成正确选型，选择 K 型热电偶			
温度控制连线	50 分	要求：热电偶、加热器、电源与温度控制器正确连接，温度控制范围在 +10～250 ℃，温度的波动度在 ±1 ℃ 1. 接线全部正确，功能全部实现，得 50 分。 2. 有 1～2 处接线不对，大部分功能实现，得 40 分。 3. 有 3～5 处接线不对，部分功能实现，得 25 分。 4. 有严重（6 处超过处以上）不对，功能几乎实现不了，得 10 分			
工艺	30 分	外观布置合理，符合要求，美观；接线工艺符合要求，线号正确，接线端子牢固，整机的走线布线合理安全，不露线、不掉线、不断线 1. 全部符合要求，得 30 分； 2. 个别（1～2 个）不符合要求，得 20 分； 3. 3～5 个不符合要求，得 15 分； 4. 6 个以上不符合要求，得 10 分			
得分					

2. 综合评价

主要从职业素养、专业能力、创新能力三方面来进行评价，具体评价如表 5-13 所示。

表 5-13 自动恒温控制系统（恒温箱）装配与调试综合素养评价

评价要素	评价标准	评价依据	评价方式（各部分所占比重）			权重
			个人	小组	教师	
职业素养	1. 能文明操作、遵守实训室的管理规定； 2. 能与其他学员团结协作； 3. 自主学习，按时完成工作任务； 4. 工作积极主动，勤学好问； 5. 能遵守纪律，服从管理	1. 工具的摆放是否规范； 2. 仪器仪表的使用是否规范； 3. 工作台的整理情况； 4. 项目任务书的填写是否规范； 5. 平时表现； 6. 学生制作的作品	0.3	0.3	0.4	0.3
专业能力	自动恒温控制系统（恒温箱）装配与调试项目评价	自动恒温控制系统（恒温箱）装配与调试得分	0.1	0.2	0.6	0.7
创新能力	1. 在项目分析中提出自己的见解； 2. 对项目教学提出建议或意见具有创新； 3. 独立完成项目方案的撰写，并设计合理	1. 提出创新的观念； 2. 提出意见和建议被认可； 3. 好的方法被采用； 4. 在设计报告中有独特见解	0.2	0.2	0.6	0.1
得分						

3. 撰写技术文档

技术文档的内容和要求如表 5-14 所示。

表 5-14 自动恒温控制系统（恒温箱）项目技术文档要求

技术文档内容	技术文档要求
1. 项目方案的选择与制定。 　（1）方案的制定。 　（2）温度控制器、传感器的选择。 2. 项目电路的组成及工作原理 　（1）分析系统的组成及工作原理。 　（2）传感器和温度控制器的选型。 3. 自动恒温控制系统（恒温箱）装配与调试。 4. 项目收获。 5. 项目制作与调试过程中所遇到的问题	1. 内容全面翔实。 2. 填写相应的电路设计。 3. 填写相应的调试报告。 4. 填写相应的问题解决方案

本节总结：

★以上问题是否全部理解。是□ 否□

确认签名：＿＿＿＿＿＿＿＿ 日期：＿＿＿＿＿＿＿＿

项目小结

本章以工业温度控制系统为驱动为引导，讲授不同原理的温度传感器以及工业温度控制器的应用，培养学生对手册的使用能力、系统应用设计能力和装配、故障排除能力等。

通过本章的学习，学生能够通过热电偶和热电阻对水箱内的温度进行测量并设置上下限报警温度，当达到报警温度时控制相应的报警器和控制器进行温度控制；能够对水箱的水位进行检测和指示，当水箱的水位达到警戒水位时控制电磁阀进行注水；能够以多种方式进行温度和液位的测量和显示；能够实现一定稳定度的温度控制和液位控制等。

本章主要知识点如下：在任务 5.1 中主要认识并掌握热电阻式传感器，重点讲解热敏电阻的概念、特点、分类、基本参数、主要特征等，并介绍两种温度传感器的应用；任务 5.2 认识并应用热电偶传感器，掌握热电偶的构成条件、热电效应、热电偶的基本定律、热电偶的种类和结构等，以及热电偶的冷端温度补偿方法，主要介绍冷端恒温法、补偿导线法和计算修正法；任务 5.3 掌握模数转换，主要介绍数字信号和模拟信号的概念及特点、模数转换 A/D 转换器的种类中主要介绍并联比较型 A/D 转换器、逐次逼近型 A/D 转换器、双积分型 A/D 转换器和集成 A/D 转换器；任务 5.4 掌握数模转换，主要有数模转换基本概念和特点、数模转换 D/A 转换器的种类，主要介绍权电阻型 D/A 转换器、权电阻流型 D/A 转换器、倒 T 型电阻网络 D/A 转换器、T 型电阻网络 D/A 转换器和集成 D/A 转换器。

自动恒温控制系统（本项目以恒温箱为例）的项目实施中，了解如何进行热电偶和温度控制器的选型，同时装配和调试时必须按照工艺标准来执行，例如布置合理，符合要求，美观；接线工艺符合要求，线号正确，接线端子牢固，整机的走线布线合理安全，不露线、不掉线、不断线等。通过项目的实施更好地理解和掌握工业上测量温度的方法。

附录 A

Pt100 热电阻分度表

温度/ ℃	0	1	2	3	4	5	6	7	8	9
	电阻值/Ω									
−200	18.52									
−190	22.83	22.40	21.97	21.54	21.11	20.68	20.25	19.82	19.38	18.95
−180	27.10	26.67	26.24	25.82	25.39	24.97	24.54	24.11	23.68	23.25
−170	31.34	30.91	30.49	30.07	29.64	29.22	28.80	28.37	27.95	27.52
−160	35.54	35.12	34.70	34.28	33.86	33.44	33.02	32.60	32.18	31.76
−150	39.72	39.31	38.89	38.47	38.05	37.64	37.22	36.80	36.38	35.96
−140	43.88	43.46	43.05	42.63	42.22	41.80	41.39	40.97	40.56	40.14
−130	48.00	47.59	47.18	46.77	46.36	45.94	45.53	45.12	44.70	44.29
−120	52.11	51.70	51.29	50.88	50.47	50.06	49.65	49.24	48.83	48.42
−110	56.19	55.79	55.38	54.97	54.56	54.15	53.75	53.34	52.93	52.52
−100	60.26	59.85	59.44	59.04	58.63	58.23	57.82	57.41	57.01	56.60
−90	64.30	63.90	63.49	63.09	62.68	62.28	61.88	61.47	61.07	60.66
−80	68.33	67.92	67.52	67.12	66.72	66.31	65.91	65.51	65.11	64.70
−70	72.33	71.93	71.53	71.13	70.73	70.33	69.93	69.53	69.13	68.73
−60	76.33	75.93	75.53	75.13	74.73	74.33	73.93	73.53	73.13	72.73
−50	80.31	79.91	79.51	79.11	78.72	78.32	77.92	77.52	77.12	76.73
−40	84.27	83.87	83.48	83.08	82.69	82.29	81.89	81.50	81.10	80.70
−30	88.22	87.83	87.43	87.04	86.64	86.25	85.85	85.46	85.06	84.67
−20	92.16	91.77	91.37	90.98	90.59	90.19	89.80	89.40	89.01	88.62
−10	96.09	95.69	95.30	94.91	94.52	94.12	93.73	93.34	92.95	92.55
0	100.00	99.61	99.22	98.83	98.44	98.04	97.65	97.26	96.87	96.48
0	100.00	100.39	100.78	101.17	101.56	101.95	102.34	102.73	103.12	103.51
10	103.90	104.29	104.68	105.07	105.46	105.85	106.24	106.63	107.02	107.40
20	107.79	108.18	108.57	108.96	109.35	109.73	110.12	110.51	110.90	111.29
30	111.67	112.06	112.45	112.83	113.22	113.61	114.00	114.38	114.77	115.15
40	115.54	115.93	116.31	116.70	117.08	117.47	117.86	118.24	118.63	119.01

续表

温度/℃	0	1	2	3	4	5	6	7	8	9
	电阻值/Ω									
50	119.40	119.78	120.17	120.55	120.94	121.32	121.71	122.09	122.47	122.86
60	123.24	123.63	124.01	124.39	124.78	125.16	125.54	125.93	126.31	126.69
70	127.08	127.46	127.84	128.22	128.61	128.99	129.37	129.75	130.13	130.52
80	130.90	131.28	131.66	132.04	132.42	132.80	133.18	133.57	133.95	134.33
90	134.71	135.09	135.47	135.85	136.23	136.61	136.99	137.37	137.75	138.13
100	138.51	138.88	139.26	139.64	140.02	140.40	140.78	141.16	141.54	141.91
110	142.29	142.67	143.05	143.43	143.80	144.18	144.56	144.94	145.31	145.69
120	146.07	146.44	146.82	147.20	147.57	147.95	148.33	148.70	149.08	149.46
130	149.83	150.21	150.58	150.96	151.33	151.71	152.08	152.46	152.83	153.21
140	153.58	153.96	154.33	154.71	155.08	155.46	155.83	156.20	156.58	156.95
150	157.33	157.70	158.07	158.45	158.82	159.19	159.56	159.94	160.31	160.68
160	161.05	161.43	161.80	162.17	162.54	162.91	163.29	163.66	164.03	164.40
170	164.77	165.14	165.51	165.89	166.26	166.63	167.00	167.37	167.74	168.11
180	168.48	168.85	169.22	169.59	169.96	170.33	170.70	171.07	171.43	171.80
190	172.17	172.54	172.91	173.28	173.65	174.02	174.38	174.75	175.12	175.49
200	175.86	176.22	176.59	176.96	177.33	177.69	178.06	178.43	178.79	179.16
210	179.53	179.89	180.26	180.63	180.99	181.36	181.72	182.09	182.46	182.82
220	183.19	183.55	183.92	184.28	184.65	185.01	185.38	185.74	186.11	186.47
230	186.84	187.20	187.56	187.93	188.29	188.66	189.02	189.38	189.75	190.11
240	190.47	190.84	191.20	191.56	191.92	192.29	192.65	193.01	193.37	193.74
250	194.10	194.46	194.82	195.18	195.55	195.91	196.27	196.63	196.99	197.35
260	197.71	198.07	198.43	198.79	199.15	199.51	199.87	200.23	200.59	200.95
270	201.31	201.67	202.03	202.39	202.75	203.11	203.47	203.83	204.19	204.55
280	204.90	205.26	205.62	205.98	206.34	206.70	207.05	207.41	207.77	208.13
290	208.48	208.84	209.20	209.56	209.91	210.27	210.63	210.98	211.34	211.70
300	212.05	212.41	212.76	213.12	213.48	213.83	214.19	214.54	214.90	215.25
310	215.61	215.96	216.32	216.67	217.03	217.38	217.74	218.09	218.44	218.80
320	219.15	219.51	219.86	220.21	220.57	220.92	221.27	221.63	221.98	222.33
330	222.68	223.04	223.39	223.74	224.09	224.45	224.80	225.15	225.50	225.85
340	226.21	226.56	226.91	227.26	227.61	227.96	228.31	228.66	229.02	229.37
350	229.72	230.07	230.42	230.77	231.12	231.47	231.82	232.17	232.52	232.87
360	233.21	233.56	233.91	234.26	234.61	234.96	235.31	235.66	236.00	236.35
370	236.70	237.05	237.40	237.74	238.09	238.44	238.79	239.13	239.48	239.83
380	240.18	240.52	240.87	241.22	241.56	241.91	242.26	242.60	242.95	243.29
390	243.64	243.99	244.33	244.68	245.02	245.37	245.71	246.06	246.40	246.75

续表

温度/°C	0	1	2	3	4	5	6	7	8	9
	电阻值/Ω									
400	247.09	247.44	247.78	248.13	248.47	248.81	249.16	249.50	245.85	250.19
410	250.53	250.88	251.22	251.56	251.91	252.25	252.59	252.93	253.28	253.62
420	253.96	254.30	254.65	254.99	255.33	255.67	256.01	256.35	256.70	257.04
430	257.38	257.72	258.06	258.40	258.74	259.08	259.42	259.76	260.10	260.44
440	260.78	261.12	261.46	261.80	262.14	262.48	262.82	263.16	263.50	263.84
450	264.18	264.52	264.86	265.20	265.53	265.87	266.21	266.55	266.89	267.22
460	267.56	267.90	268.24	268.57	268.91	269.25	269.59	269.92	270.26	270.60
470	270.93	271.27	271.61	271.94	272.28	272.61	272.95	273.29	273.62	273.96
480	274.29	274.63	274.96	275.30	275.63	275.97	276.30	276.64	276.97	277.31
490	277.64	277.98	278.31	278.64	278.98	279.31	279.64	279.98	280.31	280.64
500	280.98	281.31	281.64	281.98	282.31	282.64	282.97	283.31	283.64	283.97
510	284.30	284.63	284.97	285.30	285.63	285.96	286.29	286.62	286.85	287.29
520	287.62	287.95	288.28	288.61	288.94	289.27	289.60	289.93	290.26	290.59
530	290.92	291.25	291.58	291.91	292.24	292.56	292.89	293.22	293.55	293.88
540	294.21	294.54	294.86	295.19	295.52	295.85	296.18	296.50	296.83	297.16
550	297.49	297.81	298.14	298.47	298.80	299.12	299.45	299.78	300.10	300.43
560	300.75	301.08	301.41	301.73	302.06	302.38	302.71	303.03	303.36	303.69
570	304.01	304.34	304.66	304.98	305.31	305.63	305.96	306.28	306.61	306.93
580	307.25	307.58	307.90	308.23	308.55	308.87	309.20	309.52	309.84	310.16
590	310.49	310.81	311.13	311.45	311.78	312.10	312.42	312.74	313.06	313.39
600	313.71	314.03	314.35	314.67	314.99	315.31	315.64	315.96	316.28	316.60
610	316.92	317.24	317.56	317.88	318.20	318.52	318.84	319.16	319.48	319.80
620	320.12	320.43	320.75	321.07	321.39	321.71	322.03	322.35	322.67	322.98
630	323.30	323.62	323.94	324.26	324.57	324.89	325.21	325.53	325.84	326.16
640	326.48	326.79	327.11	327.43	327.74	328.06	328.38	328.69	329.01	329.32
650	329.64	329.96	330.27	330.59	330.90	331.22	331.53	331.85	332.16	332.48
660	332.79									

附录 B

镍铬-镍硅（K）热电偶分度表

K 型镍铬-镍硅（镍铬-镍铝）热电偶分度表

温度/℃	热电动势/mV（参考端温度为 0 ℃）									
	0	1	2	3	4	5	6	7	8	9
-50	-1.889	-1.925	-1.961	-1.996	-2.032	-2.067	-2.102	-2.137	-2.173	-2.208
-40	-1.527	-1.563	-1.6	-1.636	-1.673	-1.709	-1.745	-1.781	-1.817	-1.853
-30	-1.156	-1.193	-1.231	-1.268	-1.305	-1.342	-1.379	-1.416	-1.453	-1.49
-20	-0.777	-0.816	-0.854	-0.892	-0.93	-0.968	-1.005	-1.043	-1.081	-1.118
-10	-0.392	-0.431	-0.469	-0.508	-0.547	-0.585	-0.624	-0.662	-0.701	-0.739
0	0	-0.039	-0.079	0.118	-0.157	-0.197	0.236	-0.275	-0.314	-0.353
0	0	0.039	0.079	0.119	0.158	0.198	0.238	0.277	0.317	0.357
10	0.397	0.437	0.477	0.517	0.557	0.597	0.637	0.677	0.718	0.758
20	0.798	0.838	0.879	0.919	0.96	1	1.041	1.081	1.122	1.162
30	1.203	1.244	1.285	1.325	1.366	1.407	1.448	1.489	1.529	1.57
40	1.611	1.652	1.693	1.734	1.776	1.817	1.858	1.899	1.94	1.981
50	2.022	2.064	2.105	2.146	2.188	2.229	2.27	2.312	2.353	2.394
60	2.436	2.477	2.519	2.56	2.601	2.643	2.684	2.726	2.767	2.809
70	2.85	2.892	2.933	2.875	3.016	3.058	3.1	3.141	3.183	3.224
80	3.266	3.307	3.349	3.39	3.432	3.473	3.515	3.556	3.598	3.639
90	3.681	3.722	3.764	3.805	3.847	3.888	3.93	3.971	4.012	4.054
100	4.095	4.137	4.178	4.219	4.261	4.302	4.343	4.384	4.426	4.467
110	4.508	4.549	4.59	4.632	4.673	4.714	4.755	4.796	4.837	4.878
120	4.919	4.96	5.001	5.042	5.083	5.124	5.164	5.205	5.246	5.287
130	5.327	5.368	5.409	5.45	5.49	5.531	5.571	5.612	5.652	5.693

附录 B 镍铬-镍硅（K）热电偶分度表

续表

温度/℃	热电动势/mV（参考端温度为 0 ℃）									
	0	1	2	3	4	5	6	7	8	9
140	5.733	5.774	5.814	5.855	5.895	5.936	5.976	6.016	6.057	6.097
150	6.137	6.177	6.218	6.258	6.298	6.338	6.378	6.419	6.459	6.499
160	6.539	6.579	6.619	6.659	6.699	6.739	6.779	6.819	6.859	6.899
170	6.939	6.979	7.019	7.059	7.099	7.139	7.179	7.219	7.259	7.299
180	7.338	7.378	7.418	7.458	7.498	7.538	7.578	7.618	7.658	7.697
190	7.737	7.777	7.817	7.857	7.897	7.937	7.977	8.017	8.057	8.097
200	8.137	8.177	8.216	8.256	8.296	8.336	8.376	8.416	8.456	8.497
210	8.537	8.577	8.617	8.657	8.697	8.737	8.777	8.817	8.857	8.898
220	8.938	8.978	9.018	9.058	9.099	9.139	9.179	9.22	9.26	9.3
230	9.341	9.381	9.421	9.462	9.502	9.543	9.583	9.624	9.664	9.705
240	9.745	9.786	9.826	9.867	9.907	9.948	9.989	10.029	10.07	10.111
250	10.151	10.192	10.233	10.274	10.315	10.355	10.396	10.437	10.478	10.519
260	10.56	10.6	10.641	10.882	10.723	10.764	10.805	10.848	10.887	10.928
270	10.969	11.01	11.051	11.093	11.134	11.175	11.216	11.257	11.298	11.339
280	11.381	11.422	11.463	11.504	11.545	11.587	11.628	11.669	11.711	11.752
290	11.793	11.835	11.876	11.918	11.959	12	12.042	12.083	12.125	12.166
300	12.207	12.249	12.29	12.332	12.373	12.415	12.456	12.498	12.539	12.581
310	12.623	12.664	12.706	12.747	12.789	12.831	12.872	12.914	12.955	12.997
320	13.039	13.08	13.122	13.164	13.205	13.247	13.289	13.331	13.372	13.414
330	13.456	13.497	13.539	13.581	13.623	13.665	13.706	13.748	13.79	13.832
340	13.874	13.915	13.957	13.999	14.041	14.083	14.125	14.167	14.208	14.25
350	14.292	14.334	14.376	14.418	14.46	14.502	14.544	14.586	14.628	14.67
360	14.712	14.754	14.796	14.838	14.88	14.922	14.964	15.006	15.048	15.09
370	15.132	15.174	15.216	15.258	15.3	15.342	15.394	15.426	15.468	15.51
380	15.552	15.594	15.636	15.679	15.721	15.763	15.805	15.847	15.889	15.931
390	15.974	16.016	16.058	16.1	16.142	16.184	16.227	16.269	16.311	16.353
400	16.395	16.438	16.48	16.522	16.564	16.607	16.649	16.691	16.733	16.776
410	16.818	16.86	16.902	16.945	16.987	17.029	17.072	17.114	17.156	17.199
420	17.241	17.283	17.326	17.368	17.41	17.453	17.495	17.537	17.58	17.622
430	17.664	17.707	17.749	17.792	17.834	17.876	17.919	17.961	18.004	18.046
440	18.088	18.131	18.173	18.216	18.258	18.301	18.343	18.385	18.428	18.47

续表

温度/℃	热电动势/mV（参考端温度为 0 ℃）									
	0	1	2	3	4	5	6	7	8	9
450	18.513	18.555	18.598	18.64	18.683	18.725	18.768	18.81	18.853	18.896
460	18.938	18.98	19.023	19.065	19.108	19.15	19.193	19.235	19.278	19.32
470	19.363	19.405	19.448	19.49	19.533	19.576	19.618	19.661	19.703	19.746
480	19.788	19.831	19.873	19.916	19.959	20.001	20.044	20.086	20.129	20.172
490	20.214	20.257	20.299	20.342	20.385	20.427	20.47	20.512	20.555	20.598
500	20.64	20.683	20.725	20.768	20.811	20.853	20.896	20.938	20.981	21.024
510	21.066	21.109	21.152	21.194	21.237	21.28	21.322	21.365	21.407	21.45
520	21.493	21.535	21.578	21.621	21.663	21.706	21.749	21.791	21.834	21.876
530	21.919	21.962	22.004	22.047	22.09	22.132	22.175	22.218	22.26	22.303
540	22.346	22.388	22.431	22.473	22.516	22.559	22.601	22.644	22.687	22.729
550	22.772	22.815	22.857	22.9	22.942	22.985	23.028	23.07	23.113	23.156
560	23.198	23.241	23.284	23.326	23.369	23.411	23.454	23.497	23.539	23.582
570	23.624	23.667	23.71	23.752	23.795	23.837	23.88	23.923	23.965	24.008
580	24.05	24.093	24.136	24.178	24.221	24.263	24.306	24.348	24.391	24.434
590	24.476	24.519	24.561	24.604	24.646	24.689	24.731	24.774	24.817	24.859
600	24.902	24.944	24.987	25.029	25.072	25.114	25.157	25.199	25.242	25.284
610	25.327	25.369	25.412	25.454	25.497	25.539	25.582	25.624	25.666	25.709
620	25.751	25.794	25.836	25.879	25.921	25.964	26.006	26.048	26.091	26.133
630	26.176	26.218	26.26	26.303	26.345	26.387	26.43	26.472	26.515	26.557
640	26.599	26.642	26.684	26.726	26.769	26.811	26.853	26.896	26.938	26.98
650	27.022	27.065	27.107	27.149	27.192	27.234	27.276	27.318	27.361	27.403
660	27.445	27.487	27.529	27.572	27.614	27.656	27.698	27.74	27.783	27.825
670	27.867	27.909	27.951	27.993	28.035	28.078	28.12	28.162	28.204	28.246
680	28.288	28.33	28.372	28.414	28.456	28.498	28.54	28.583	28.625	28.667
690	28.709	28.751	28.793	28.835	28.877	28.919	28.961	29.002	29.044	29.086
700	29.128	29.17	29.212	29.264	29.296	29.338	29.38	29.422	29.464	29.505
710	29.547	29.589	29.631	29.673	29.715	29.756	29.798	29.84	29.882	29.924
720	29.965	30.007	30.049	30.091	30.132	30.174	30.216	20.257	30.299	30.341
730	30.383	30.424	30.466	30.508	30.549	30.591	30.632	30.674	30.716	30.757
740	30.799	30.84	30.882	30.924	30.965	31.007	31.048	31.09	31.131	31.173
750	31.214	31.256	31.297	31.339	31.38	31.422	31.463	31.504	31.546	31.587

附录 B 镍铬-镍硅（K）热电偶分度表

续表

温度/℃	热电动势/mV（参考端温度为 0 ℃）									
	0	1	2	3	4	5	6	7	8	9
760	31.629	31.67	31.712	31.753	31.794	31.836	31.877	31.918	31.96	32.001
770	32.042	32.084	32.125	32.166	32.207	32.249	32.29	32.331	32.372	32.414
780	32.455	32.496	32.537	32.578	32.619	32.661	32.702	32.743	32.784	32.825
790	32.866	32.907	32.948	32.99	33.031	33.072	33.113	33.154	33.195	33.236
800	33.277	33.318	33.359	33.4	33.441	33.482	33.523	33.564	33.606	33.645
810	33.686	33.727	33.768	33.809	33.85	33.891	33.931	33.972	34.013	34.054
820	34.095	34.136	34.176	34.217	34.258	34.299	34.339	34.38	34.421	34.461
830	34.502	34.543	34.583	34.624	34.665	34.705	34.746	34.787	34.827	34.868
840	34.909	34.949	34.99	35.03	35.071	35.111	35.152	35.192	35.233	35.273
850	35.314	35.354	35.395	35.435	35.476	35.516	35.557	35.597	35.637	35.678
860	35.718	35.758	35.799	35.839	35.88	35.92	35.96	36	36.041	36.081
870	36.121	36.162	36.202	36.242	36.282	36.323	36.363	36.403	36.443	36.483
880	36.524	36.564	36.604	36.644	36.684	36.724	36.764	36.804	36.844	36.885
890	36.925	36.965	37.005	37.045	37.085	37.125	37.165	37.205	37.245	37.285
900	37.325	37.365	37.405	37.443	37.484	37.524	37.564	37.604	37.644	37.684
910	37.724	37.764	37.833	37.843	37.883	37.923	37.963	38.002	38.042	38.082
920	38.122	38.162	38.201	38.241	38.281	38.32	38.36	38.4	38.439	38.479
930	38.519	38.558	38.598	38.638	38.677	38.717	38.756	38.796	38.836	38.875
940	38.915	38.954	38.994	39.033	39.073	39.112	39.152	39.191	39.231	39.27
950	39.31	39.349	39.388	39.428	39.467	39.507	39.546	39.585	39.625	39.664
960	39.703	39.743	39.782	39.821	39.861	39.9	39.939	39.979	40.018	40.057
970	40.096	40.136	40.175	40.214	40.253	40.292	40.332	40.371	40.41	40.449